コストと品質の
バランスを
最適化する

設計のムダ取り

公差設計入門

栗山 弘 著

日経ものづくりの本

はじめに

日本のものづくりを支えてきたのは、高品質かつ低コストという強い競争力であった。その土台が、長年培ってきた公差のノウハウである。ところが、多くの企業でこの公差の「質」がいつの間にか低下し、このままでは世界で闘う競争力が失われてしまう。

部品の寸法や形状などのばらつき範囲を規制する「公差」は、当然コストに直結する。公差は、ものづくりに携わる設計・技術者にとって基本中の基本である。そして、設計と製造現場との大事な架け橋である。

日本企業がグローバルなものづくりを実現していくには、どこの国で部品を作っても、どこの国で組み立てても、最終的に同じ品質の製品が完成できるようにしなければならない。今の時代に合った質の高い公差設計力を再構築することが、勝負の行方を左右する大きなアドバンテージとなる。

多くの方の期待を受けて本書の執筆を始めた。これまでの先輩たちが、この公差設計を実際の図面で実際の現場の中での OJT で伝承をしてきたわけで、公差設計の全てを本書で記述することはできない。多くの企業の設計者の方々と実際の図面に基づいて計算し、議論しあい成果を出してきた。その実践指導に勝るものはないが、本書を通じて出来るだけ広範囲の公差設計をお伝えできればと願っている。

企業の方からは、「大きな品質問題を解析していけば、最後に残るのは公差の問題である」「まさか、ウチの設計者が公差設計をやっていなかったとは……」という声をよく聞く。企業のトップは当たり前と考えていることが、実は出来ていない。一方で、若い設計者からは、「公差設計を勉強しようとしても参考となる本が無い」「聴ける先輩もいなくなってしまった」という現実もある。その背景には、「公差だけは絶対に他社に知られてはならない」と、各企業が機密として扱ってきたという経緯もある。

「この公差で加工できるならお前がやってみろ」と現場で鍛えられ、量産で思わぬ問題が出ると、「ああ、（公差計算を）落としてしまった」と反省し、確かに「公差計算をやってある部分からは問題は発生していない」と実感してきた設計者も多い。

設計への要求項目が多くなりながらも、開発サイクルは短期化し、設計業務が細分化していることが公差の検討を難しくしている。加工現場も大きく変化し、海外生産・調達も急速に進む。多忙な中でも公差を否定する人はいない。どうやって実行していくかが最大の課題である。

公差設計は、設計者自身のために行うものである。企業としても、世界初の商品、そうでなくても自社にとって初の商品を開発し続けなければ企業の発展はあり得ない。先輩の図面がない、参考にする商品も無い中で、それを実現するには、公差設計は不可欠なものとなる。公差設計を勉強したい、という方にとって本書がその一助になれば幸いである。

最後に、本書執筆にあたり、引用あるいは参考とさせていただいた文献の著者の方々や、写真等のご提供をいただいた各機関および企業の皆様に深く謝意を表するとともに、出版にあたってご高配を賜った日経ＢＰの中山力氏に厚く御礼を申し上げる。

2011 年 11 月　　栗山　弘

書籍名について

設計のムダ取り「公差設計入門」
～コストと品質を最適化する～

公差設計をしない設計者のムダとは、次のことである。

- 量産でトラブルを起こすムダ
- 市場でトラブル（リコール）を起こすムダ
- 完成品で調整工程が必要となるムダ
- 量産開始直後で切ったり・貼ったりするムダ
- 出図後の設計変更が増加するムダ
- 金型修正費用が増大するムダ
- 設計ノウハウを伝承できないムダ
- 海外でトラブルを起こすムダ
- 結果的に新製品の出図が遅れるムダ

公差設計を実施して、設計の効率を上げよう。

目　次

はじめに　i

第0章　公差の大切さを知る

0.1　なぜ今、公差なのか……001
0.2　基本知識を学ぶ……006

第1章　公差設計の概要

1.1　トータルコストを考える……013
1.1.1　公差設計のPDCA……013
1.1.2　設計と製造の両方からの要求……014
1.1.3　アセンブリにおける公差の合成……015
1.1.4　ばらつきを統計的に考える……016
1.2　工程能力を見積もる……018
1.2.1　パイプと丸棒のすき間……018
1.2.2　公差を工程能力で評価……019
1.2.3　標準正規分布から不良率を算出……019
1.2.4　アセンブリの不良率を算出……021
1.2.5　平均値の偏りを考慮する……023
1.3　公差設計の実践……024
1.3.1　公差にレバー比を掛けて合成……024
1.3.2　ガタもレバー比で考慮……025
1.3.3　重点管理ポイントを明示……027
1.3.4　公差設計の実践例（幾何公差含む）……028

第2章　公差設計の詳細

2.1　公差計算の具体的な例……031
2.2　設計の流れから見る公差……032
2.3　設計者の公差知識の実態……034
2.4　公差がコストに及ぼす影響……035
2.5　設計者の業務について……038
2.6　公差の課題を解決する……040
2.6.1　FMEAの具体的事例……040
2.6.2　リスクマネジメントからの要求……040

第 3 章　寸法記入と寸法公差方式

3.1　寸法記入の考え方……043
3.2　寸法記入上の注意……047
3.3　寸法公差方式……054

第 4 章　品質とばらつき

4.1　品質管理とは……055
4.2　データについて……056
4.2.1　データを取る目的……056
4.2.2　データの種類……057
4.2.3　データを取るときの注意……059
4.2.4　ばらつきとは……060
4.2.5　4M のばらつき……061
4.3　ヒストグラム……062
4.3.1　ヒストグラムとは……062

第 5 章　正規分布と工程能力指数

5.1　正規分布の性質……065
5.1.1　公差とばらつき……065
5.1.2　正規分布とは……066
5.1.3　母集団とサンプル……067
5.1.4　平均値と標準偏差の求め方……068
5.1.5　正規分布の表し方……068
5.1.6　正規分布の性質……069
5.2　不良率の推定……071
5.2.1 不良率の求め方……071
5.2.2 正規分布の規準化……071
5.3　工程能力指数……073
5.3.1　Cp……073
5.3.2　Cpk……076
5.3.3　Cp と Cpk の使い分け……076

第 6 章　統計的取り扱いと公差の計算

6.1　分散の加法性……079
6.2　統計的取り扱いと公差の計算……081

6.2.1　互換性と不完全互換性……081
【例題 1】……083
【例題 2】……084
【例題 3】……085
【例題 4】……087
6.3　公差設計の PDCA まとめ……091

第 7 章　幾何公差方式

7.1　幾何公差とは何か……095
7.1.1　日本における幾何公差の実態……095
7.1.2　幾何公差の歴史……096
7.2　幾何公差導入の必要性……096
7.2.1　図面のあいまいさの排除……096
7.2.2　測定不確かさの推定……100
7.2.3　グローバルスタンダード……101
7.3　寸法公差と幾何公差の違い……103
7.3.1　寸法公差と幾何公差……103
7.3.2　幾何公差の用語……103
7.3.3　幾何公差の種類……105
7.4　データムと各幾何公差……105
7.4.1　データムとは……105
7.4.2　真直度……106
7.4.3　平行度……109
7.4.4　位置度……111
7.4.5　輪郭度……112
7.5　大きな効果が期待できる最大実体公差方式……116
7.5.1　最大実体公差方式の用語……116
7.5.2　最大実体公差方式とは……117
7.6　公差計算上の幾何公差のメリット……122

第 8 章　公差設計の実践レベル

8.1　三角関数……131
8.2　レバー比……133
8.3　ガタとレバー比の考え方……135
8.4　幾何公差の公差計算の考え方……136
【例題 1】……138

【例題 2】……139
【例題 3】……141

第 9 章　各種規格と統計的手法

9.1　各種品質マネジメントシステムと統計的手法について……143
9.1.1　ISO9001（品質マネジメントシステムー要求事項）……143
9.1.2　品質マネジメントシステムにおける統計的手法活用の要求事項……143
9.2　抜取検査について……146
9.2.1　抜取検査とは……146
9.2.2　調整型抜取検査とは……146
9.2.3　JIS Z 9015-1：1999　（ISO/DIS 2859-1,2）……146
9.2.4　抜取による工程能力の評価……149

第 10 章　設計現場の実際

10.1　企業事例……151
10.1.1　ローランドディー. ジー. ……151
10.1.2　アスリート FA……154
10.1.3　山洋電気……158
10.1.4　富士ゼロックス……160
10.1.5　富士通……163
10.2　公差解析ツール……165
10.2.1　検討結果を帳票化……165
10.2.2　3 次元モデルを使って公差検討……166
10.2.3　公差解析の結果……167
10.3　電子回路の公差設計……173
10.3.1　調整部品を無くす……173
10.3.2　変化する公差範囲……174
10.3.3　数式をテイラー展開……176
10.3.4　ランダムに数値を代入……178
10.3.5　部品の公差を把握する……178
おわりに……181
参考文献……182
索引……183

0 公差の大切さを知る

【学習のポイント】

公差設計のスキルをなぜ向上しなくてはならないのか――。その背景にある、日本のものづくりの現状と、公差に関する誤解、そして適切に公差設計することで得られる意外なメリットなどについて解説する。

0.1 なぜ今、公差なのか

公差は、ものづくりに携わる技術者にとって基本中の基本である。設計で決めた部品の形状や大きさが、実際に製造したときにその通りになるとは限らない。必ず発生するばらつきを、どの程度許容するのか――。公差情報は、設計内容を実体化する上で不可欠な、設計と生産の懸け橋である。

0.1.1 公差が危ない

しかし、その公差をいま一度、学び直そうというメーカーが増えている…。一体、日本のものづくりの裏側で何が起こっているのだろうか。

日本のものづくりを支えているのは、高品質かつ低コストという強い競争力だ。その土台が、長年培ってきた公差のノウハウである。しかし今、この土台が崩壊の危機に直面している(図0–1)。

その背景には主に三つの要因がある。第一に、環境問題への対応や安全性の確保など、設計者が検討すべき項目が多くなりすぎて公差を検討する時間が相対的に減ってきたこと。新製品の開発サイクルの短縮による多忙が、これに拍車を掛けている。

その結果、設計現場で何が起こったか。公差の検討時間を節約するため、設計者の多くが、既存製品の公差の流用に走ったのだ。短期間で限定的なら、流用は効率的な設計法だ。しかし、安易な流用が長く続くと、なぜその公差にしたのかという知識やノウハウが次第に失われ、その伝承も断絶してしまう。特に、若手技術者が公差に関する実践的な知識を習得する機会がなくなり、机上の空論に陥る(図0–2)。

そもそも、機械系の大学教育などにおける公差の位置付けも低くなっている。「幾何公差なんてとんでもない。はめ合いを教える程度にとどまる」と近年の教育状況を嘆く技術者も少なくない。

第二に、加工現場の変化である。新しい工法が登場し、数値制御技術や工具など、工作機械に関する技術も年々進化している。結果、実現できる精度とその容易性も刻々と変化している。

本来、公差は加工方法と密接に関係して決まるもの。そのためには、設計と生産の密接な情報の交換/共有が不可欠である。ところが、この公差に関する情報の交換/共有がうまくいか

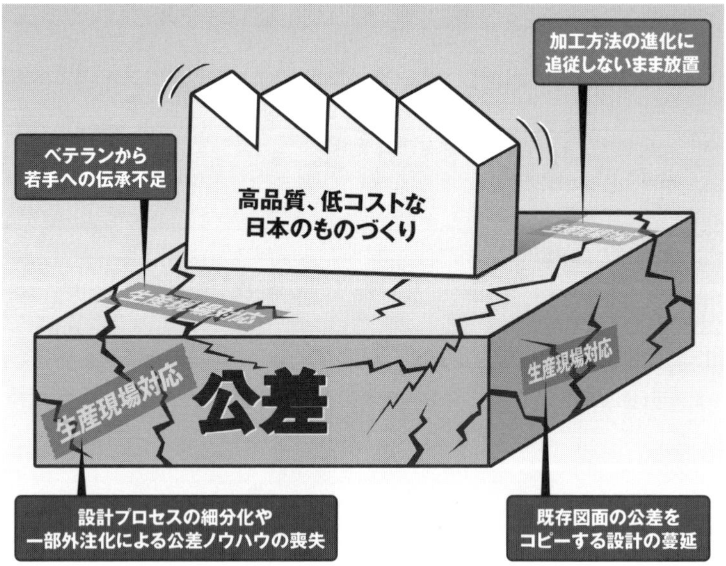

図 0–1　公差の崩壊

図 0–2　伝わらなくなる公差のノウハウ

なくなってきているというのだ。

「昔は、図面を見ながら加工精度を相談し、図面に注記として書き込んでいた。ところが今は、CADデータだけを送ってきて、一言の説明を受けることもなく加工しなくてはならない」(ある加工メーカーの技術者)。これは外注先だからということではなく、社内に加工現場があっても足を向けたことがない設計者が増えているという。

設計のフロントローディングを進めるコンカレント・エンジニアリングの導入によって、設計の初期段階から生産部門の技術者が参加するデザインレビュー(DR)を開催する企業は増えている。そこで公差についても検討されていれば、前述のような問題は起こらないのだが、DRの早い段階では具体的な公差値が決まっていなかったり、加工や組み立て、メンテナンスといった作業の可能／不可能といった判断しかできなかったりという状況で、一般に公差の検討は対象にならないようだ。

0.1.2 ノウハウが四散

第三に、業務の細分化も公差の検討を難しくしている。アセンブリとして組み立てた状態の公差を評価すべきだが、最近では個々の部品を担当する設計者がばらばらの場合が少なくない。誰が公差を検討すべきなのかが明確になっていない状況なのだ。部品の設計や加工を外注している場合も公差に関するフィードバックが受けにくく、ノウハウは四散していく。

特に、海外に部品加工を発注している場合。「出来上がってきた部品の精度が悪いと、発注先の技術力が低いんだと決めつけていた。しかし実は、図面通りの部品である場合も多かった。国内の優秀な加工業者のおかげで、不十分な公差設定でも物が出来上がっていたため、勘違いしていた」と反省する設計者もいる。グローバルにものづくりを実施していくためには、今の公差の考え方では通用しないレベルになってしまっているのだ。

0.1.3 再び学ぶ時が来た

このように崩壊寸前な公差の土台でも日本のものづくりが成り立っているのは、生産現場の臨機応変な対応があるからこそ。公差設定に問題があっても、それが表面化しないように生産現場側で対処してきた。逆にいえば、生産現場の対応に甘え続けてきた結果、設計で適切な公差を設定しなくても済む状況が続いてきたのだ。開発のスピードが求められ始めた結果、甘えの傾向はより強まった。

しかし、こんな状況がいつまでも許されるわけがない。現場での不具合発生は、ムダの発生そのものだからだ。品質やコストに関する要求が一層強まっているのに対応し、国内外の多くの企業と連携したものづくりを進めるためには、その「共通語」となる公差に関するノウハウの蓄積に、いま一度挑戦する必要がある。

例えば、大型の業務用プリンタなどを手掛けるローランド ディー．ジー．(本社浜松市)は、設計部門における公差設計能力の低下に対応するため、2004年から全社的に公差ノウハウの再習得に取り組み始めた。機械系設計者だけでなく、調達部門の担当者や生産技術者らも、公差設計の社外セミナーを受講している。

同社でも、公差設定の不備に対して以前は「生産現場での個別対応で済ませていた」(同社の杉山裕一氏)という。杉山氏自身、設計者になって数年目で生産ラインを止めてしまった経験がある。「組み付かない部品はあるわ、性能は出ないわで、あの時は散々だった」(同氏)。その後、杉山氏は先輩技術者に公差について分からないところを聞いたり、本を買って勉強したりすることで、スキルを身に付けていった。

ところが、社内の設計者全体を見渡すと、公差に関する意識は決して高いものではなかったという。「例えばベテラン設計者と若手設計者、担当する製品の違いといった具合に、各所で温度差が生じていた。機械設計のリーダーによっても設計手法や生産の考え方が違っていて、『公差の調整は生産にやってもらえばいい』という人までいた」（同氏）。実際、設計が厳しすぎる公差を設定した場合でも、資材や製造といった社内の部門や加工業者などがうまくやってくれていたという。「不具合が生じた部品を修正するため、工作機械のある試作室に駆け込む人をよく見掛けた」（同氏）という状況が続いていたのである。

社内での雰囲気が変わったきっかけは、「デジタル屋台」（同社は現在、D-Shopと呼ぶ）というセル生産の取り組みを開始したことだった。「デジタル屋台では、誰でも生産できることが目標。現場での個別対応は極力なくしたい」（同氏）という思いがある。

また、2000年ごろから設計の3次元化が進んだことで、「生産現場の状況がよく見えるようになってきた」（同氏）ことも公差設計の重要性の認識を高めることにつながった。早い段階で詳細なDRを実施できるので、部品が取り付けられないことはなくなってきたが、「もっと組み付けやすく」という声が現場から出てきたのだ。

そこで、前述の通り設計、資材、生産の各技術者が公差設計のセミナーを受講。ベテラン技術者の中には依然、「それは、製造がやることだ」と考えを変えない人や、「公差なんてもう分かっているよ」などと真剣に取り組まない人もいた。しかし、「公差設計を浸透させる土台として、まずは受講したという事実の積み上げが大切。これによって、公差の設定は設計者の責任であるということを明確にしていった」（同氏）。

その後、各自が実務で公差設計を展開（同社の事例は、第10章を参照）。「自分自身で公差を設定してみて、製造や外注先からフィードバックを受けないと、やる気にならない」（同氏）からだ。2006年にはレバー比やガタの考慮といった高度な公差設計についてのセミナーも受講し、公差設計に関する全体的なレベルの底上げを図っている。

0.1.4　情報収集も進む

ローランド　ディー．ジー．が公差設計をするようになって得られた効果の一つが、製造の垂直立ち上げが可能になったこと。例えば、プリンタの生産立ち上げ時の初ロットに投入する台数は、約10年前は50台ほどだったが、今では300〜500台と10倍近くに増やすことが可能になった。それだけ、不適切な公差設定による不具合の発生が減少し、その対策で「試作室に駆け込む」といったことに時間を費やすムダがなくなっているのだ。

さらに、「外注先の加工業者が、資材部門を通して工程能力についての情報を伝えてくるようになった」（杉山氏）という。以前はこのようなフィードバックがなかったため、不適切な公差が修正されにくかった。

このように、設計と製造の情報共有、特に、設計側が製造側の状況をよく理解しておくことは、適切な公差を設定する上で欠かせないこと（**図0-3**）。とりわけ、加工の外注先からも工程能力などの情報を細かく収集できるように関係を築いておくことが大切だ。

生産現場からの情報をきちんと得られるよう

図0-3　デザインレビューで公差の検討を

にすることで、単に生産できるかどうかの確認や、コストダウンを目的とした公差設計だけでなく、製品の付加価値を高めるといった効果も得られるようになる。例えば、各部品の公差をどの程度厳しくすれば、どの程度のコストが発生するのかをきちっと把握しておけば、製品価値を高めるために、ある部品の公差を厳しくしたいと思った場合の判断が容易になる。

生産現場から、「この公差だと、不良品が多く出そうだ。非常に高価な材料なので、ほんのわずかでいいので公差を広げられないか。逆に、こちらの部品ではもう少し公差を厳しくしても対応できる」といった内容の相談もあるだろう。こうした相談があったとき、公差設計をきちんと実行していて、各部品の公差とアセンブリの公差の関係を把握しておけば、明確な回答ができる。

0.1.5　公差は外部から分からない

そして、公差設計の意外な効用として考えられるのが、模倣品対策である。

半導体製造装置メーカーのアスリートFA（本社長野県諏訪市）が公差設計に取り組んだきっかけは、ズバリ「模倣品対策」（同社の土橋美博氏）だった。1990年代の初頭、半導体の後工程の製造装置で大きくシェアを伸ばした同社だったが、韓国や台湾といった海外市場への進出を機に安価なコピー製品が出回るようになり、シェアを大きく奪われる事態に陥った。

コピーされないような半導体製造装置を何とか造れないか——。この課題に取り組んだ同社が至った結論が、公差設計をきちんとやることだった。

半導体製造装置には搬送部などで高い精度が求められる。同社の以前の製品には、誤差を補正するための調整機構を設けていた。つまり、たとえ各部品の寸法が想定以上にばらついても、この調整機構で性能を維持できるようにしていたのだ。ただ、この調整機構はコピー製品を開発する企業にとってもありがたいものだっ

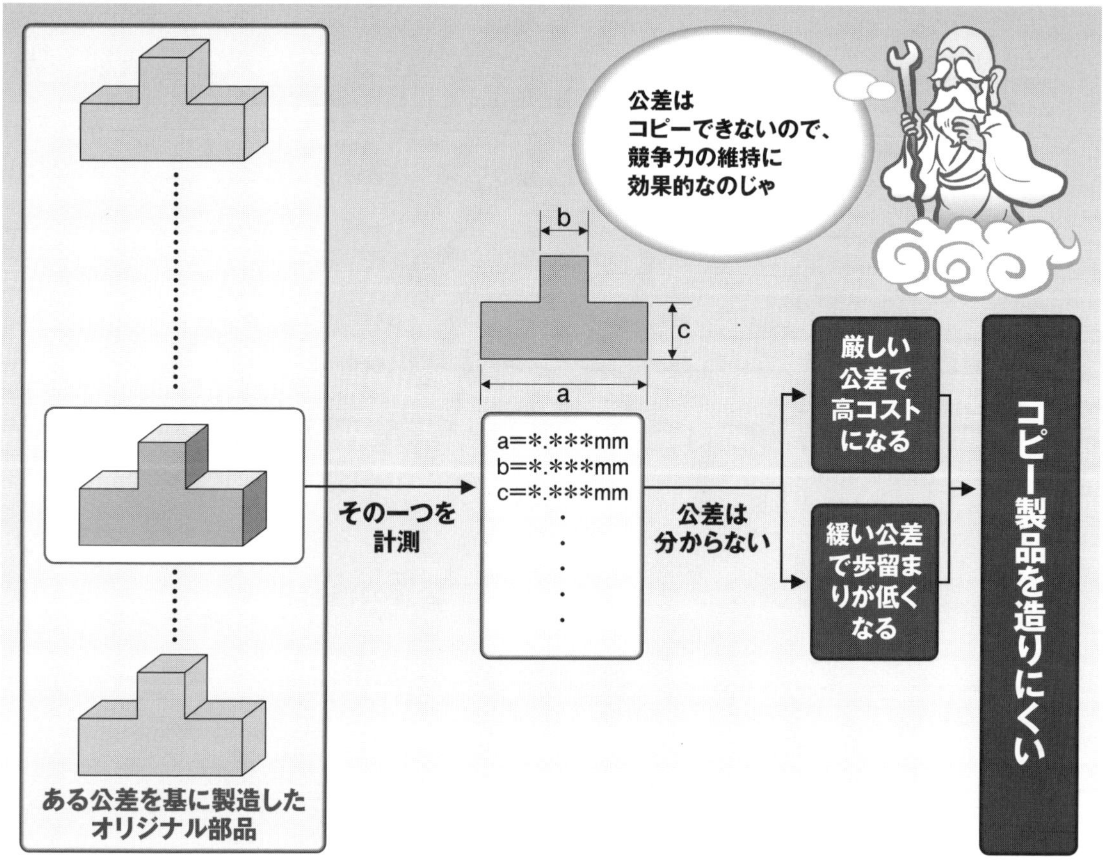

図 0-4　公差は外部に漏れにくい

た。各部品の公差を知らなくても、調整機構さえ組み込めば同様の性能を発揮できる製造装置をコピー生産できるからだ。

ここで同社が注目したのは、ある公差設定に基づいて量産した部品の一つを取り出して計測しても、元の公差は分からないこと（**図 0-4**）。調整機構をなくし、適切な公差の設定だけで目標精度を実現できれば、コピー製品は生産しにくくなる。

こう考えた同社は、既存製品をベースに公差の再検討を実施。その結果、調整機構なしでも目標精度を実現できることにメドが付いた（同社の事例は、第 10 章を参照）。

0.2　基本知識を学ぶ

公差設計をしていく上で身に付けておくべき知識は幅広い。ここでは、中でも基本的な知識について解説していきたい。公差を勉強し始めたばかりの技術者だけでなく、公差の基本知識は十分に持っていると自負している技術者も、あらためて読んでみてほしい。当たり前だと思っていたことでも、実はある一面しかとらえていなかったケースがあるかもしれない。

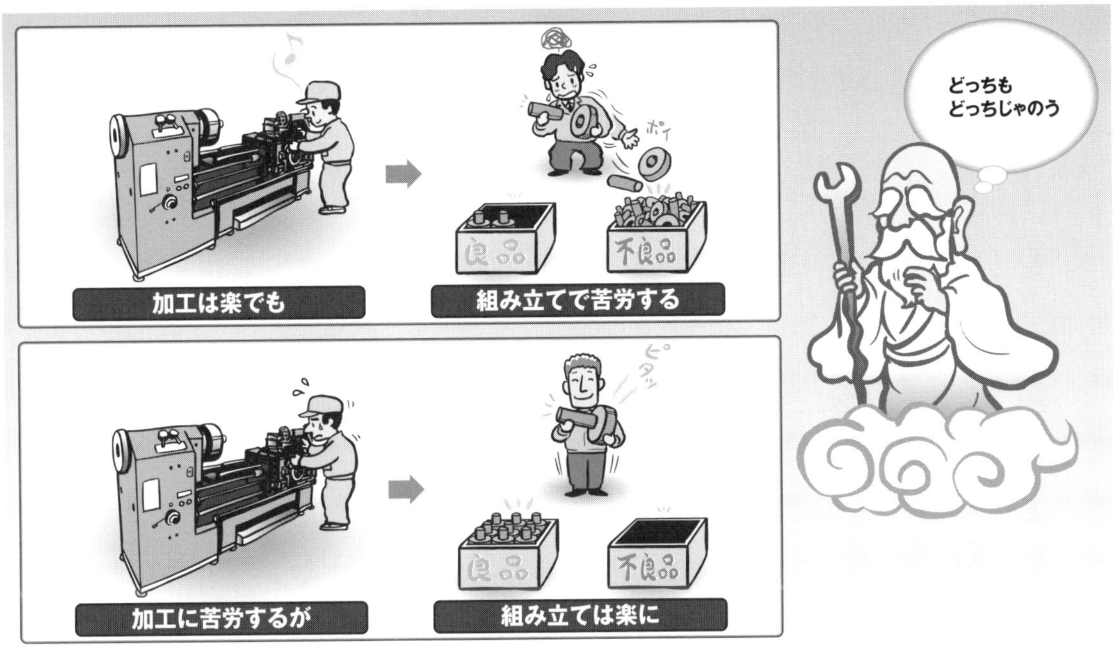

図 0–5　公差の厳しさとその影響

0.2.1　緩めても安くならない?

公差を厳しくすれば製造コストが高まり、公差を緩めれば低くなる——。公差を考えるときの基本はその通りだが、実は逆の場合もある。工程能力に余裕があるなら、公差を変えてもコストは変わらないこともある。

例えば、公差が緩すぎると加工は楽になるが、後工程でトラブルが発生しやすい（図 0–5 の上）。組立工程に投入する前の部品を測定してランク分けする必要が生じたり、作業者が現場でトライ・アンド・エラーでぴったりはまる部品の組み合わせを探ったりする事態を招き、思わぬコストが発生するのだ。

逆に、公差を厳しくすると加工コストは高まるが、そのように生産された高精度の部品は後工程での組み付け不良などを起こしにくい（図 0–5 の下）。ばらつきが小さいので、組み立てやすいのである。

特に、設計の分業化が進んで技術者一人が担当する範囲は狭まっている場合は、とかく全体的な視点が欠けがちだ。モジュール単位で公差検討することを否定するわけではないが、最終的に製品として完成するまでの工程を俯瞰しながら、公差検討することが大切なのである。

0.2.2　最悪ケースだけを考えない

公差を設定した個々の部品を組み立てた場合に、アセンブリの公差がどのようになるのかを計算する方法には、大きく二つの考え方がある。一つは、各部品の公差を単純に合計する「互換性の方法」、もう一つが統計的に処理する「不完全互換性の方法」と呼ばれる考え方だ（図 0–6）。

互換性の方法では、各部品の寸法が公差域内で両極端になったケースを考え、それをもって

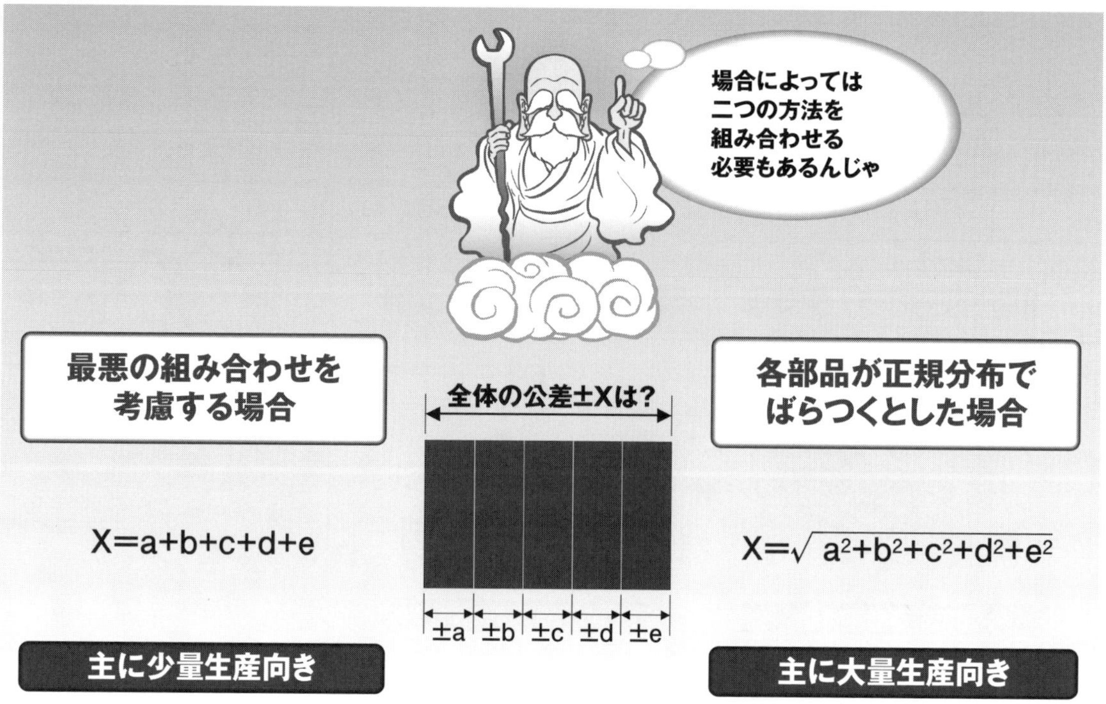

図 0-6　公差の集積

アセンブリがばらつく範囲とする。単純に五つの部品（公差が±a、±b、±c、±d、±e の 5 部品）を積み上げていく例で説明しよう。この場合、すべての部品の寸法が最も大きくなる値（公差の＋側）の積算と、すべての部品が最も小さくなる値（公差の－側）の積算である。つまり、アセンブリの公差±X は、

$$X=a+b+c+d+e$$

となる。このように単純に加算していくため、互換性の方法は「Σ計算」と呼ばれることがある。

一方の不完全互換性の方法では、各部品が正規分布でばらついていると考え、「分散の加法性」[1]を利用してアセンブリの公差を計算する。製造する部品の数が十分に多い場合には、すべての部品が最悪ケースとなる確率は非常に低くなるという考え方だ。

具体的には、上記と同様の 5 部品を積み上げることを考えた場合、アセンブリの公差±X は、

$$X=\sqrt{a^2+b^2+c^2+d^2+e^2}$$

となる。このような計算式となるため、不完全互換性の方法は「√‾計算」とも呼ばれる。

基本的に、互換性の方法で計算したアセンブリの公差値の方が、不完全互換性の方法で計算した公差値より大きくなる。逆に、あるアセンブリの公差を実現するために、各部品の公差をどのようにすればよいのかを計算した場合、不完全互換性の方法では公差を比較的緩く設定で

[1]　分散の加法性　互いに独立した異なる正規分布を組み合わせた場合に、これらの正規分布の分散の合計が組み合わせた正規分布の分散になるという法則。分散の正の平方根である標準偏差について見れば、2 乗和の平方根が、組み合わせた正規分布の標準偏差になる。

きる。つまり、加工コストを低く抑えられるわけだ。

ただし、不完全互換性の方法では各部品が正規分布していることが前提であるため、不良品がある確率では発生することになる。この確率は、ある程度の生産数があってこそ事前に予測できる数字。生産数が少ない場合には予測しづらくなるので注意が必要だ。

実際の公差設計においては、Σ計算と√‾計算だけでなく、「これらを組み合わせた独自の計算式を使う企業も少なくない」（筆者）。Σ計算では厳しすぎ、√‾計算では緩すぎるといった場合に、適切な評価が可能なように各社が考え出したノウハウ的な式である。

0.2.3　正規分布とは限らない

公差では、ばらつきの範囲を表現するが、実際に生産した部品がその範囲内でどのようにばらついているのかまでは考慮していない。前述の不完全互換性の方法は、正規分布に従ったばらつきが前提となっているが、それ以外のばらつき方もあるのだ。その代表例が「一様分布」である。

正規分布は、例えば切削加工での狙い値を公差の中央値に設定した場合などに発生する。環境温度の変化や材料の不均一性など、作業者がコントロールできないような要因によって発生するばらつきだ。狙い値から外れるほど発生確率が低下していく。狙い値が平均値となる。

一方、一様分布は、公差範囲内で同じような頻度でばらつくタイプの分布である。例えば、プレス加工（穴開け加工）において、金型の摩耗によって部品の寸法が次第に変化していくような場合に現れる。

この場合、短期間の加工品だけ（例えば同一ロット）を集めれば正規分布になることが多い。しかし、加工が長期間にわたると、正規分布の平均値自体が変化していく。金型の摩耗の仕方や加工期間の長さによっても変わってくるが、加工品の寸法のばらつきは正規分布ではなく、長方形に近い分布になるはずだ。

公差を計算する際には、各部品がどのようなばらつき方をするのかを知っておくことが大切。一様分布の場合には最悪ケースが発生する確率が高くなるので、不完全互換性の方法をそのまま適用するわけにはいかないからだ。

0.2.4　加工方法で変わる

NC 工作機械の普及によって、高い精度の加工が以前に比べて容易になったが、それでもCAM などでシミュレーションした工具の先端の軌跡通りにワークを加工できるわけではない。例えば、片側固定で丸棒を旋盤加工した場合、先端部分に近づくほど、ワークのたわみによって切削量は減少する。その量は、加工する材料の硬さや工具の送り速度などの加工条件によって左右されるが、基本的に丸棒は先端に行くほど直径が大きくなりやすい。

これを考慮し、丸棒の直径に公差を指定する際は、どの部分にどの範囲で精度が必要なのかをきちんと考え、加工する人にきちんと伝わるような図面にする必要がある。場合によっては、第7章で後述する幾何公差による指定も併用すればよい。

このようなワークの“逃げ”の問題は、旋盤による丸棒の加工だけでなく、フライス盤でも発生する。加工精度を高めるには、切り込み量を小さくしたり、工具を何往復もさせたりといった現場での対応が必要となり、コストアップにつながることを肝に銘じたい。

さらに、加工方法によって容易に実現できる精度が異なってくることも把握しておくことが

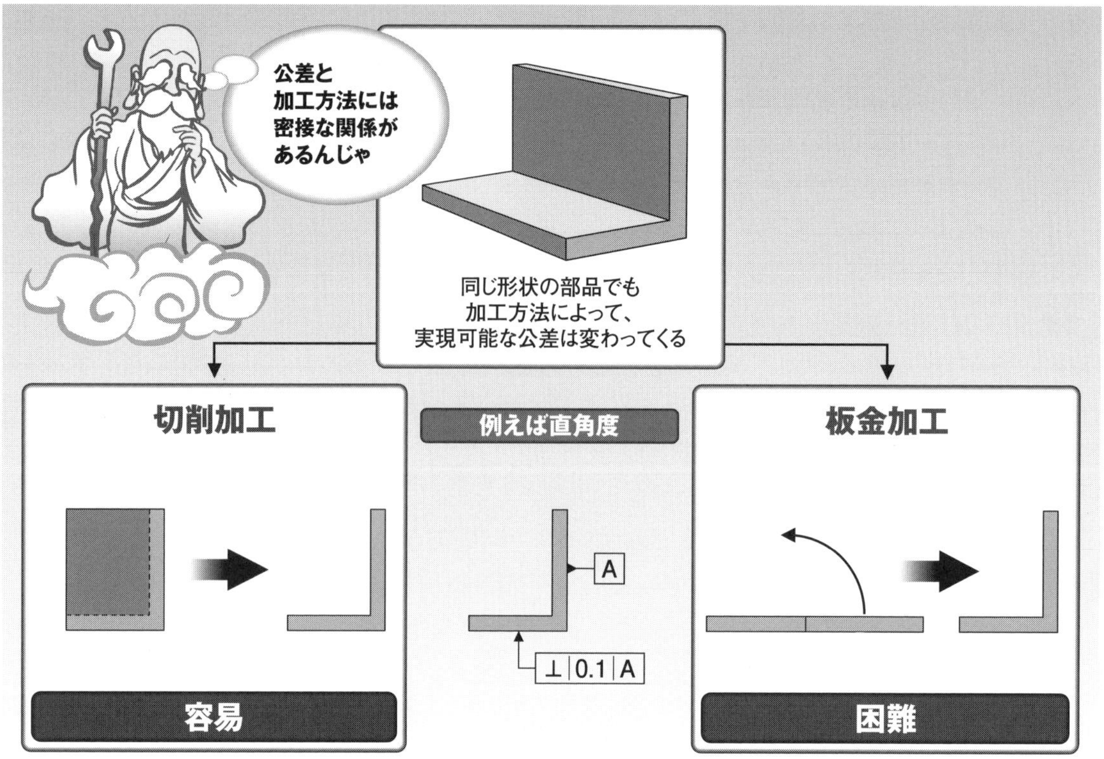

図 0-7　加工方法と公差

大切。一般的に、切削加工よりも板金加工の方が製造コストが低いといわれるが、工法を変える際には、部品に設定してあった公差を実現できるかどうかの確認が不可欠だ（図 0-7）。

例えばローランド　ディー．ジー．では、車輪を支持する部品を、従来の切削加工から板金加工へ変更した場合の影響を検討した。この際、問題になったのが部品の取り付け面と車軸の角度だ。

切削加工を前提に作成した図面で指定していた直角度を板金加工で実現するのは難しかったため、現実的な公差を設定し直す必要がある。しかし、その公差では車輪を取り付けた際の車軸の角度のばらつきが大きくなってしまう。この角度のばらつきを計算したところ、許容範囲を満たせないことが分かった。もし、許容範囲内に収まるような直角度を板金部品で無理に実現しようとすると、良品選別のコストが上乗せされてしまう。結果、切削加工から板金加工への転換ではコスト削減というメリットが得られないという結論に至った。

0.2.5　中心を狙うとは限らない

公差を設定した場合に、その図面を見た加工部門の技術者が、公差域内のどの値を狙って加工するのかを考えたことがあるだろうか。公差が工程能力に対して厳しい場合には、基本的に公差の中央値を狙って加工するだろう。しかし、工程能力に余裕がある場合、つまり、公差域よりも十分に高い加工精度を容易に達成できる場合には、必ずしも公差の中心値は狙わない（図 0-8）。

図0-8　加工の狙い値

例えば、金型の加工だ。金型の摩耗を考慮すれば、公差範囲の中で、なるべく材料を削らない方向で仕上げることが望ましい。そうすれば、金型の寿命を長くできるからだ。

金型設計する際は、単に製品形状を転写し、製品の公差情報を流用するだけでは完了しない。製品の公差、金型寸法に対する加工品の寸法の誤差、金型を加工する工程能力―のすべてを考え合わせ、適切な寸法と公差を決める必要があるのだ。

穴と軸のはめ合いを指定した場合も、どの寸法を狙って加工してほしいのかは考える必要がある。例えば、JISのはめあい記号「H8」を設定した直径10mmの穴を考えてみる。この場合、穴の公差は「＋0.022mm、－0mm」なので、単純に考えれば10.011mmを狙って、「±0.011mm」の精度で加工すればよい。

しかし、H7（＋0.015mm、－0mm）ではなくH8を設定したということは、H7よりもはめ合いを緩くしたいという意図があるはずだ。ところが、10.011±0.011mmで加工すると、ほぼ10mmぴったりの穴も加工される。

「設計者と加工業者の相談が不可欠になるが、技能が高い加工業者ならH8と設定してある場合はH7とH8の間の寸法、つまり、10.015～10.022mmを狙って加工する」と指摘する技術者もいる。公差に余裕がある場合に、加工業者がどのような考え方で加工するのかも知っておくことが大切だ。

前述のように、設定した公差よりも工程能力が上回っているというケースは少なくない。特に、図面に公差を記入せずに普通公差を使用すると、現在のNC工作機械では余裕で実現できる精度である場合が多い。

工程能力がある程度高い場合には、公差を緩めたからといって加工コストが安くなるとは限らない。加工コストが変わらないばかりか、緩めすぎると、加工の狙い値をどうするのかによってばらつき方が変わるため、想定しない不具合が発生する要因ともなる。

公差の設定と関係ないように思われるかもしれないが、基準寸法の入れ方も大切な要素だ。どこに、どのような寸法を記入するのかも、公差設計では重要だ。

例えば、凸形状の高さ方向の寸法を記入する場合、「全体の下面から上面、段付き部の上面から全体の上面」という二つでもよいし、「全体の下面から段付き部の上面、段付き部の上面から全体の上面」という組み合わせでもよい。どちらも、論理的には同じ寸法になる。

しかし、全体の下面から上面までの高さ寸法をきちんと管理したい場合、後者の寸法記入方法は不適切だ。検収時に「全体の下面から段付き部の上面」および「段付き部の上面から全体の上面」という二つの寸法を計測する必要があるし、加工時にも基準面を設定しづらくなるからである。

1 公差設計の概要

【学習のポイント】

公差設計の全体像を出来るだけ早く把握したいという方のために、公差設計の意義と実践のポイントについて解説する。ばらつきを統計的に考えることとはどういうことか、工程能力と不良率にはどのような関係があるのか、そしてガタとレバー比についても簡単に説明する。

1.1 トータルコストを考える

みなさんは公差をどのように設定しているだろうか？　従来の類似部品に設定していた公差をそのまま使っていたり、KKD（勘、経験、度胸）から適当に決めてしまっていたりしないだろうか。

設定した公差の値は、製品のコストや性能、品質――といったことに大きく影響する。このため、公差設計に関する技術力を高めることが、ひいては製造業の競争力の向上につながるといっても過言ではない。

本章では、公差設計の基本的な考え方や進め方について説明していきたいと思う。まずは公差設計の位置付けと効果、および現実的な公差を設定できる統計的な手法を取り上げる。

1.1.1 公差設計のPDCA

工作機械の性能がどんなに高まっても、同じように加工したはずの部品の寸法や形状には微小な誤差があり、ばらつきが発生するのが現実だ。例えば射出成形品を得る場合、成形機を同じ条件で動かし続けても、気温や湿度といった環境の変化、成形し続けることによる金型の摩耗などによって成形品は影響を受ける。組み立てにおいても、人手かどうかにかかわらず組み付けの誤差は生まれるものだ。

もちろん、この誤差を小さくするように設計/製造の両面から取り組むわけだが、それでも誤差はゼロにはできない。基本的に、この誤差は目標とする寸法などを中心として上下にばらつく。このばらつきの許容範囲を、製品の仕様やコストなどを総合的に考えて決めるのが公差設計である。

公差設計で中心となるのはこの「値を決めること」ではあるが、ここで終わってしまっていては公差設計の実力は向上しない。実際に加工や組み立てを何回か実施しながら試行錯誤して公差を決める余裕はないが、製造して部品・製品が出来上がったら、設定した公差値が適切かどうか評価し、次の製品へとフィードバックする仕組みが必要となる。これが「公差設計のPDCA」である（**図1-1**）。

品質やコストなどを総合的に、バランスよく考えて公差値を決める公差設計はPDCAの「Plan」に相当する[1]。しかし、値を決めただけでは物は造れない。設計者の意図を後工程へ

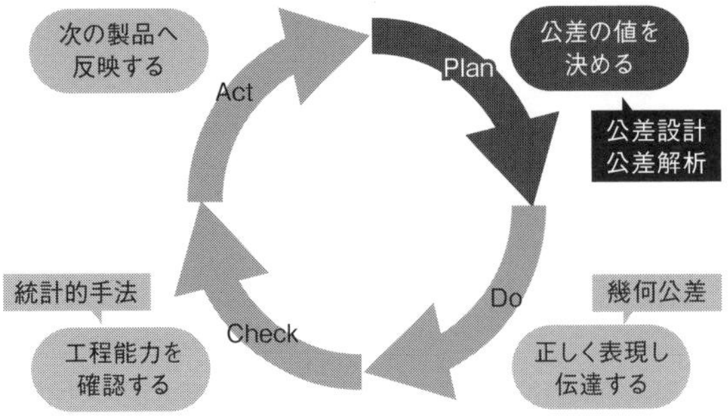

図 1-1　公差設計の PDCA

と正確に伝えなければならない。この設計意図の伝達手段である図面に公差の情報を正確に表現することが PDCA の「Do」である。特に最近では、より正確な設計意図の伝達が可能な幾何公差方式の重要性が増してきている[2]。

設計意図に沿って加工され、組み立てられた製品の状態を確認するのが PDCA の「Check」である。ここでは単品についての OK/NG ではなく、必要十分な数のデータを収集し、誤差がどのようにばらついているのか（工程能力）を把握することが必要になる[3]。

そして、このように収集された情報を分析し、次の製品における公差設計へと反映させるのが PDCA の「Act」である。設定した公差の値が工程能力に見合ったものだったか、公差の表現方法が適切だったのかなどを確認し、不十分な点があれば修正していけばよい。

公差設計の PDCA を確実に回していきながら公差の「質」を向上させていくことが、非常に重要な取り組みとなる。

1.1.2　設計と製造の両方からの要求

さて、公差設計においては寸法などがばらつくことを前提に、品質やコストを総合的に考える、と前述した。ここで特に理解しておいてほしいのが、設計側と製造側では公差に対する要求が逆向きとなる場合が多いということだ（図 1-2）。

基本的に設計側は公差を厳しくしたいし、製造側は公差を緩めてほしい。これら二つの要求が折り合う公差値を見つけ出さなくてはならないのが公差設計である。

製品開発ではまず、仕様や品質などの要求を実現することを設計者は考える。この要求仕様を満足するためには製品を構成するサブアセンブリにはどのような公差が必要となるのか、さらには部品レベルの公差はどうなるか——と公差を割り振っていく。

逆に、製造側では部品単体の寸法公差や組み付け公差などを見て、加工コストや組み立てコストを算出する。例えば、その中に少しだけ公差を緩めると劇的にコストが下がる部品があれば、製造側としては当然、公差の緩和を要求することになる。

厳しすぎる公差を使っていれば、必要以上のコストが掛かる原因になる。しかし、公差が緩いと製品の要求性能を満足させられないだけでなく、加工、組み立てる際の不具合による手戻り、最悪の場合には市場での品質不良発生などの原因になりかねない。

公差を決める設計者には、このような要求が高いレベルで折り合う位置を見つけるための情報と知識が求められる。最近、企業によっては“無駄な厳しい公差”を調べる活動も始まっている。

[1]　公差値が適切かどうかを実際に製造する前に判断する統計学的な手法のことを「公差計算」あるいは「公差解析」と呼ぶ。
[2]　第 7 章にて、幾何公差方式の重要ポイントと公差計算の考え方を説明する。
[3]　第 5 章にて、工程能力指数を詳しく説明する。

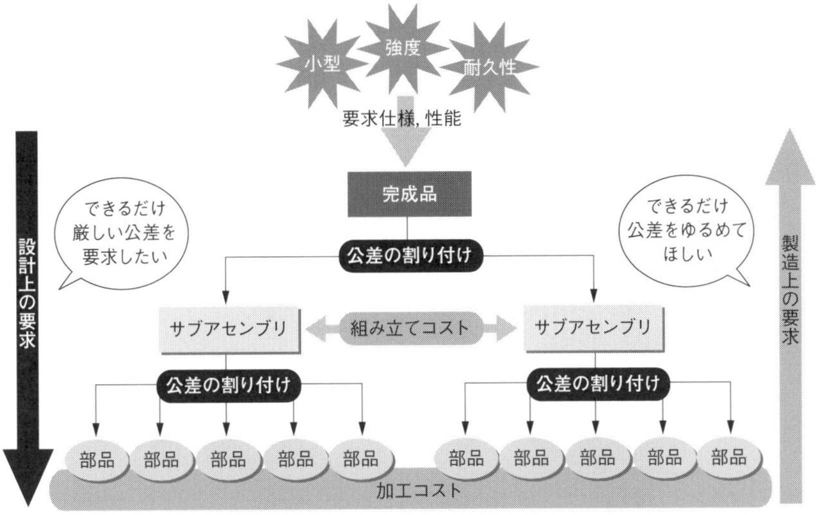

図 1–2　設計側と製造側からの要求

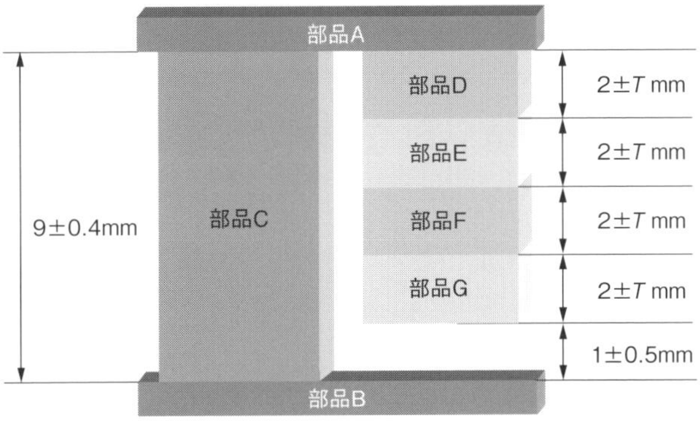

図 1–3　アセンブリにおける部品の公差

1. 1. 3　アセンブリにおける公差の合成

実際の製品は、複数の部品が組み合わさって成り立っている。簡単な例として、七つの部品で構成されるアセンブリを考えてみよう（図 1–3）。

板状の部品 A と部品 B の間で挟むように部品 C が固定されており、部品 A の下面に四つの部品（部品 D、E、F、G）がぶら下がっているという配置だ。この中で、上下にある部品 A と部品 B については便宜上、正確な直方体と考える（特に、部品 A の下面および部品 B の上面の平面度）。

ここで、設計側からの要求仕様として重要なのが部品 B の上面と部品 G の下面のすき間であり、ここの寸法公差を 1±0.5mm にしたいとする。部品 C の長さ寸法が 9mm±0.4mm、部品 D、E、F、G が同一寸法・公差の部品とした場合に、これらの高さをどのようにすればよいのかを考える。

さて、部品 D、E、F、G の寸法値は（9mm 1mm）の 1/4 なので 2mm となる。この寸法

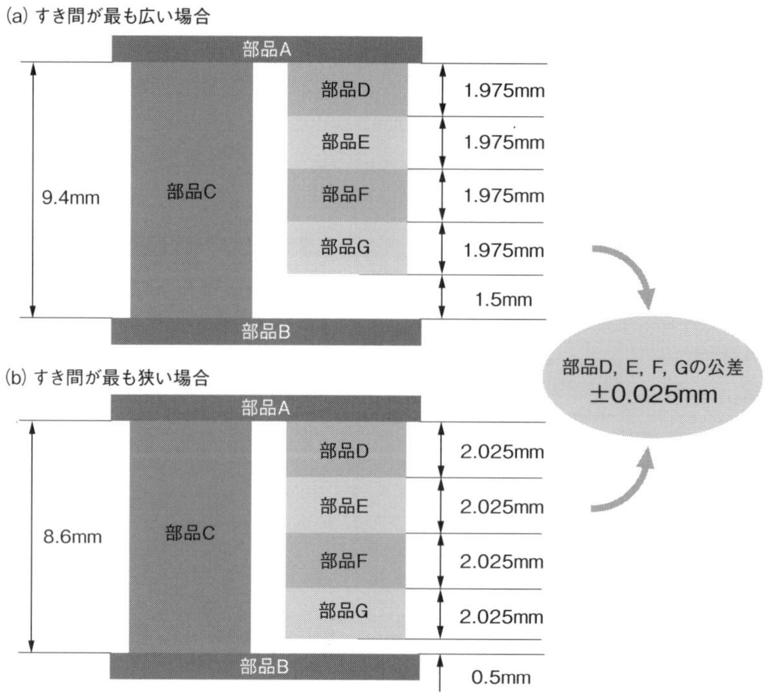

図 1-4　互換性の方法

に対してどのような公差を設定すればよいだろうか。

一つの考え方は、公差内に収まったどのような部品を組み合わせても、すき間が1±0.5mm（0.5〜1.5mm）となるようにする考え方だ。この考え方を、すべての部品に互換性があることから「互換性の方法」と呼んでいる。

互換性の方法では最悪（寸法が最大、最小）の場合を考えればよい（**図1-4**）。つまり、部品Cが最も長くて部品D、E、F、Gが最も短いケース（つまり、すき間は最も広くなる）と、逆に部品Cが最も短くて部品D、E、F、Gが最も長いケース（すき間は最も狭くなる）を考える。

部品D、E、F、Gの寸法公差を±Tmmとすると、

0.4mm（部品Cの公差値）＋4T

＝0.5mm（すき間の公差値）

となるので、T＝0.025mm。つまり、部品D、E、F、Gを2±0.025mmの寸法で加工すれば、確実にすき間を設計仕様の範囲内に収めることができる。

1.1.4　ばらつきを統計的に考える

これに対して、寸法のばらつきを統計的に処理する手法を「不完全互換性の方法」と呼ぶ。実際、各部品は基本的に公差の中心値を目標に加工されるため、公差の境界値になる可能性は低い。その可能性が低い寸法の部品同士が組み合わさる可能性は、さらに低くなる。

この手法では、統計理論に基づく「分散の加法性」を用いて計算する（**図1-5**）。

分散の加法性とは、互いに独立した異なる正規分布を組み合わせた場合に、これらの正規分

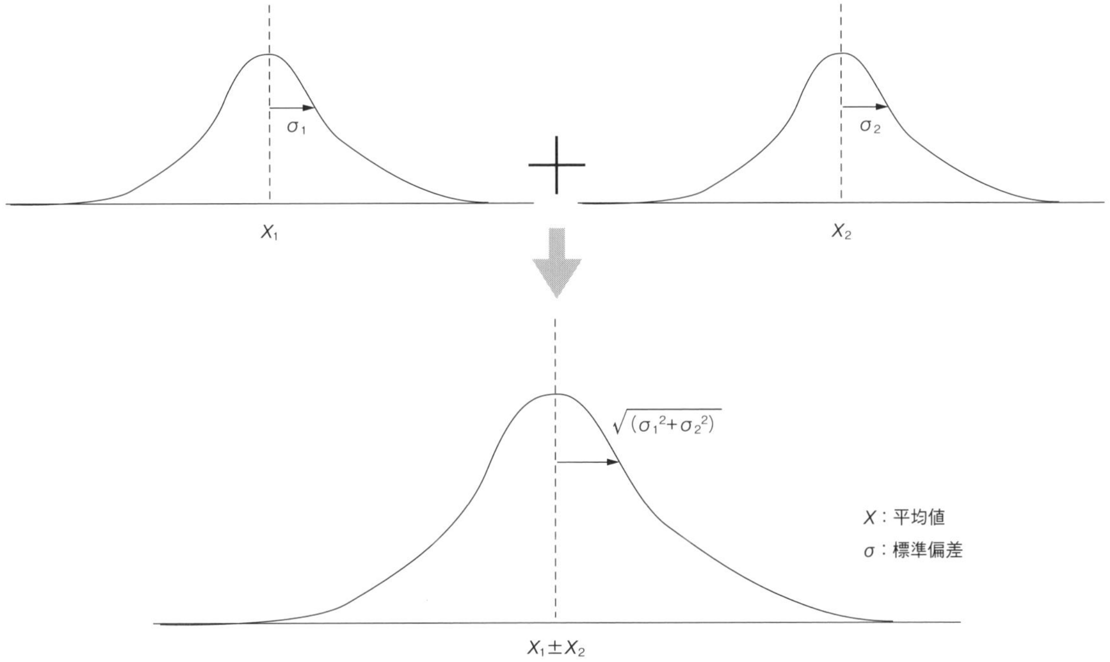

図 1-5　分散の加法性

布の分散の合計が組み合わせた正規分布の分散になるという法則だ。標準偏差について見れば、各分布の標準偏差の2乗を合計した値の平方根が、組み合わせた正規分布の標準偏差になる。

製造の実力（工程能力）を考えて公差を決める場合、例えば「標準偏差の6倍（6σ）」といったように公差の値を分散と関連付けて決める場合が多い。このため、複数の部品の公差を総合して考える場合にも「分散の加法性」を利用できると考えるわけだ。

前述のアセンブリでは、部品D、E、F、Gの公差値T、部品Cの公差値（0.4mm）、すき間の公差値（0.5mm）に次の等式が成り立つ。つまり、

$$0.4^2+4T^2=0.5^2$$

ここから、

$$T=\sqrt{(0.5^2-0.4^2)/4}=0.15$$

前述した互換性の方法から計算した公差値T＝0.025mmに比べて、不完全互換性の方法計算した公差値T＝0.15mmは6倍にもなる。不完全互換性の方法で公差を計算すれば、加工コストなどを削減できる可能性が高い。

この不完全互換性の方法は、「ある確率では不良品が発生する可能性がある」ことを意味する。確かに、互換性の方法で考えたように、部品D、E、F、Gおよび部品Cの寸法が最悪の場合で組み合わせると、すき間に求められる公差値0.5mmを超える。しかし、その発生確率は非常に低い。

いずれにせよ、数多くある部品の公差を厳しくすることによるコストアップの程度と、微小な確率での不良品発生を許容し、それを取り除くための検査工程を追加するコストアップの程度を比較すれば、どちらが得な方法かが判明す

る。多くの場合、後者の方がトータルコストが低くなるはずである。

公差は物を造る前に決めておく値。そのためには設計者と生産技術者が十分に情報交換することが必要だ。しかし、さまざまな要因によって製造上の要求が設計者に伝わりにくくなっているのも事実。設計上の要求と製造上の要求のキャッチボールが円滑に進むシステムの構築が必須だ。PDCAにおける「Plan」「Do」を十分な検討の上で実施することが、実績と自信に裏付けされた「Check」「Act」へとつながる。

実際に公差設計に取り組んでいる複数の企業では、「互換性の方法」と「不完全互換性の方法」をベースとして、さらに企業独特のルール（ノウハウ）に基づいて公差設計を進めている。

1.2 工程能力を見積もる

アセンブリを構成する個々の部品の公差を算出する二つの方法――「互換性の方法」および「不完全互換性の方法」について解説した。互換性の方法では、各部品が公差範囲いっぱいの最悪のケースで組み合わさっても、アセンブリ段階で要求される公差内に収まるようにする。つまり、不良品は発生しないという考え方である。

一方、不完全互換性の方法では、統計的手法を用いることで各部品の公差を算出する。不完全互換性の方法を使って計算すると、互換性の方法と比較して各部品の公差を緩める（大きくする）ことができる代わりに、アセンブリとしてはある確率で不良品が発生するということになる。

ここでは、不完全互換性の方法についてもう一歩踏み込み、不良品の発生確率の求め方について説明する。

1.2.1 パイプと丸棒のすき間

例題として、パイプと丸棒を組み合わせる簡単なアセンブリを定義する（図1-6）。パイプの穴の内径Aおよび丸棒の直径Bは共に10mm。パイプに丸棒を差し込むことから、Aの公差は上限が＋0.12mmで下限が0mm、Bの公差は上限が0mmで下限が－0.12mmと設定した。公差の中央値からの均等公差で示せば、Aは10.06±0.06mm、Bは9.94±0.06mmという寸法になる

さて、このような部品を組み合わせた場合、パイプと丸棒のすき間fはどのような寸法になるだろうか。前回はアセンブリの公差から部品の公差を算出したが、今回は部品の公差からアセンブリの公差を計算してみよう。

まず、fの基準寸法はAの公差中央値（10.06mm）からBの公差中央値（9.94mm）を引いた値、つまり0.12mmである。互換性の方法では穴が最も広くて棒が最も細い場合と、逆に穴が最も狭くて棒が最も太い場合を考えればよい。従って、このときのfの寸法値は0.12±0.12mmとなる。

不完全互換性の方法では、「1.1.4 ばらつきを統計的に考える」で解説した「分散の加法

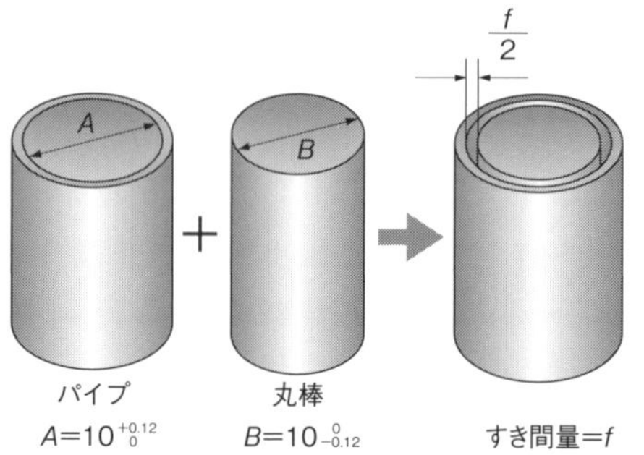

図1-6 パイプと丸棒のはめ合い問題

性」から、AとBの公差値をそれぞれ2乗して足し合わせ、その平方根がfの公差計算結果となる。

$$0.06^2+0.06^2=0.0072$$

$$\sqrt{0.0072}\fallingdotseq 0.085$$

よって、この場合のfの寸法値は0.12±0.085mmとなるわけだ。同じ公差で設計した二つの部品を組み合わせたのに、互換性の方法では±0.12mm、不完全互換性の方法では±0.085mmという公差計算結果になる。この意味を不良品の発生率という観点でもう少し詳しく考えてみよう。

1.2.2 公差を工程能力で評価

公差を「厳しすぎる」「余裕がある」と表現することがあるが、単純に公差の数値だけを見てこれらのことを評価できるわけではない。例えば±0.1mmという寸法公差でも、技術的に成熟した部品では不良率がほぼ0%というようなレベルを容易に達成できるだろうし、新しい加工方法（材料が違うなど）では不良品率10%の実現でさえ難しいかもしれない。

そこで、“工程能力”という考え方、および工程能力を数値化した“工程能力指数”という尺度が用いられる。設計者が設定した公差（規格の幅）と製造された結果のばらつきの程度（分布）の関係を表したものだ。安定した管理状態の工程で製造される物の品質特性が、規格をどの程度満足しているか─つまり良品率（または不良率）を計る尺度ともいえる。

工程能力指数は公差の上限値Uと下限値Lの幅±T（つまり2T）を、分布の標準偏差σの6倍で割った値で、C_P（process capability index）という記号で表す（**図1-7**）。公差を狭めれば（厳しくすれば）C_Pは小さく、分布（ばらつきの程度）を抑えればC_Pは大きくなる。特に、公差の中央値と分布の平均値が一致する場合には、工程能力指数から不良率を推定できる。

一般的にはC_Pが1を下回った場合には対応策を考えることが多い。シンプルな式だけに、対応策としては①工程の改善（ばらつきの低減）②公差の再検討（公差を広げる）③検査による選別——などが挙げられる。

最近、現場で以下のようなケースをよく耳にする。ある製品の構成部品の中に、非常に厳しい公差を設定して全数検査・選別で対応している部品もあれば、公差に余裕がありすぎる部品もある——というものだ。公差の余裕を予測できているなら、その公差を厳しい公差の部品に分ければ製品全体としてバランスが良い設計となる。ただし、量産に入ってから公差を再検討することは非常に難しい。いかに、設計段階で適正な公差を作り込むかが設計者に求められる。

1.2.3 標準正規分布から不良率を算出

さて、C_Pが分かれば不良率も推定できると前述した。ちなみに、設定した公差（±T）が製造した結果の±3σと一致した場合にはC_P=1となり、不良率は0.27%となる（**表1-1**）。また、C_P=1.67（公差が±5σと一致）では分布が公差内にすべて入っているように見えるものの、0.6ppm（0.00006%）という非常に小さな確率で不良が発生する。この不良率の算出方法について、以下に説明する。

工程能力指数を説明した際には明記しなかったが、工程能力指数の算出では分布（寸法などのばらつき）が正規分布に従っているという前提がある。この正規分布の中でも特に、平均値μ=0、標準偏差σ=1である標準正規分布N（0、1^2）を活用することで不良率（規格の外に出る確率はどのくらいか）を推定できる。

第1章

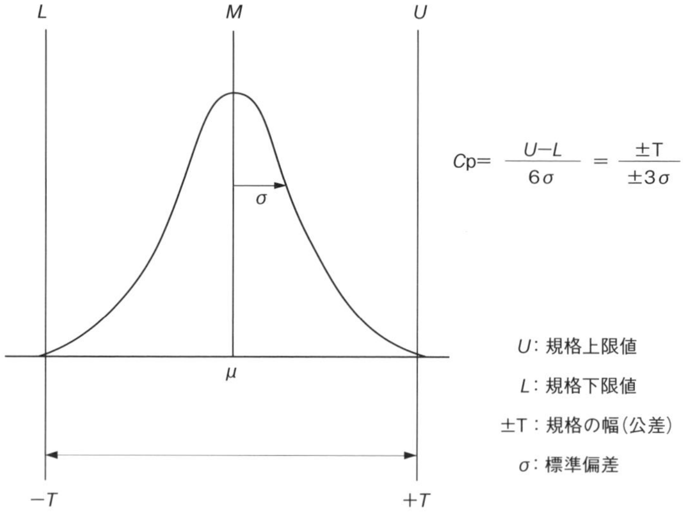
L
M
U
σ
μ
−T
+T
$Cp = \dfrac{U-L}{6\sigma} = \dfrac{\pm T}{\pm 3\sigma}$
U: 規格上限値
L: 規格下限値
±T: 規格の幅（公差）
σ: 標準偏差

図 1-7　工程能力指数 *Cp* の定義

表 1-1　工程能力指数 *Cp* と不良率の関係

分布の状態	C_p	不良率
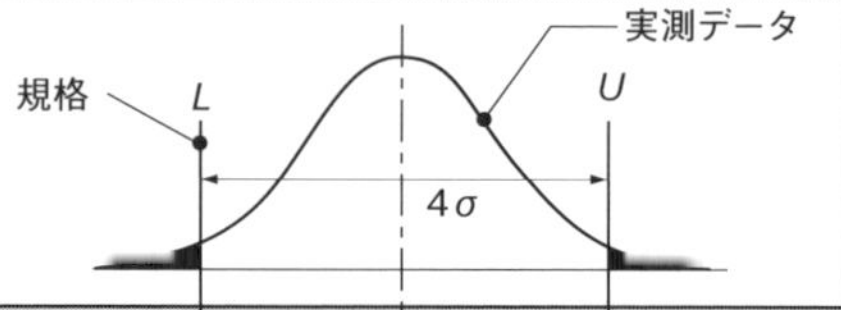規格 L U 実測データ 4σ	0.67 (4/6)	4.55%
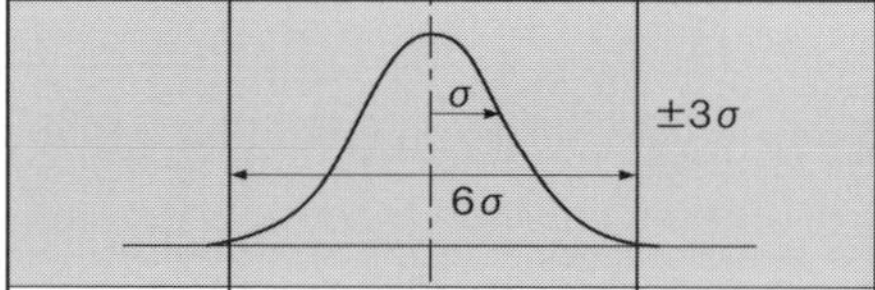σ ±3σ 6σ	1	0.27%
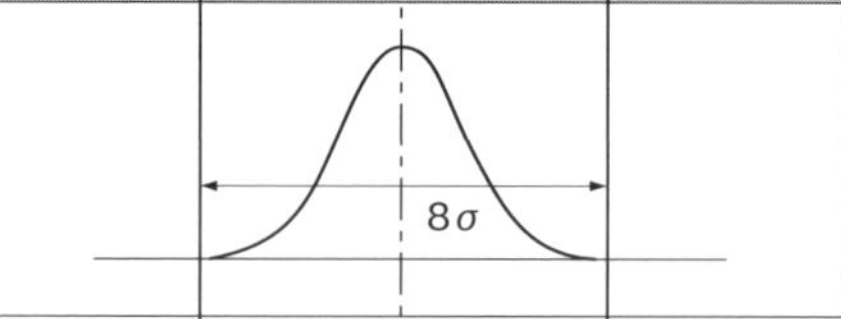8σ	1.33 (8/6)	0.006%
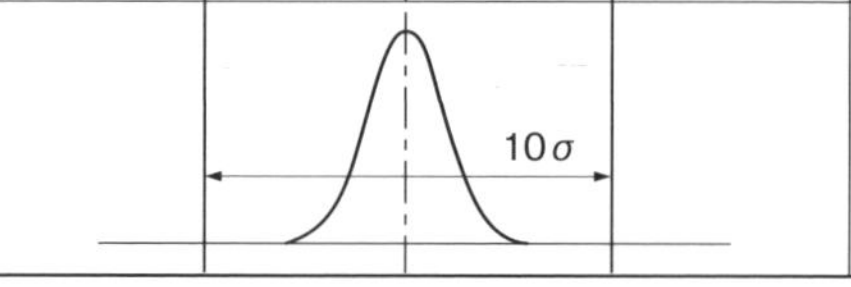10σ	1.67 (10/6)	0.00006% (0.6ppm)

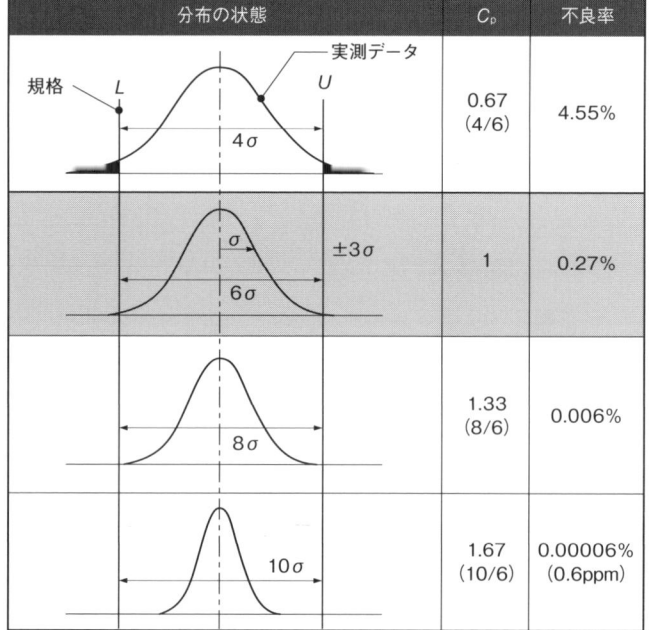

標準正規分布は数式（確率密度関数）で表現されるものだが、標準正規分布表を用いるのが一般的だ（**表 1–2**）。

標準正規分布表では、分布のグラフ（横軸が寸法などの変数、縦軸が確率密度）における横軸上の値 $K\varepsilon$（規格値に相当する）に対して、そこから外側の面積が全体に対して占める割合、つまり規格を外れる確率（ε）を算出してある（**図 1–8**）。

正規分布は左右対称となっているため、均等規格の場合には ε を 2 倍すればよい。

標準正規分布表では、$K\varepsilon$ の小数点以下 1 ケタまでで行を決め、小数点以下 2 ケタ目の数値で列を決める。例えば $K\varepsilon=2.05$ の場合は、「2.0」の行の中で「5」の列を見る（**表 1–3**）。0.020182 なので、確率は約 2% だと分かる。

通常、製造した部品の品質特性が標準正規分布を示すことはほとんどない。すなわち、品質特性の平均値 μ、分散 σ^2 は往々にして、$\mu\neq0$、$\sigma^2\neq1$ となっている。このような場合は「規準化」という手段を使って、標準正規分布表を使えるようにする。すなわち、N（10、2^2）とか N（0.5、0.03^2）といった正規分布を、いずれも N（0、1^2）に変換するわけだ。

具体的には次の式で計算し、標準正規分布表の $K\varepsilon$ として扱う。

$$K\varepsilon=(x-\mu)/\sigma$$

この式の意味は、ある値 x と平均値 μ との差が、標準偏差 σ の何倍かという意味であり、こうすることにより $\mu=0$、$\sigma=1$ である標準正規分布 N（0、1^2）に置き換えることができる。

図 1–6 に示したパイプと丸棒のアセンブリについて考えてみよう。パイプも丸棒も製造後のばらつき具合を調べたところ、平均値 μ は公差の中央値に一致し、標準偏差 σ は 0.02mm であったと仮定する（$C_P=1$ で管理されている状態）。パイプの内径では公差の上限規格値 $x=10+0.12=10.12$mm、$\mu=10+0.12/2=10.06$ mm、$\sigma=0.02$mm であり、

$$K\varepsilon=(10.12-10.06)/0.02$$
$$=3$$

となる。標準正規分布表の $K\varepsilon=3.00$ に該当する数値を読み取れば 0.00135 なので、確率が 0.135% だと分かる。つまり、±0.06mm から外れる確率はその 2 倍の 0.27% となる。

この確率は、前述した $C_P=1$ の場合の不良率と一致する。実際、パイプおよび丸棒の C_P を計算してみれば、次のようになる。

$$C_P=(\mathrm{U}-\mathrm{L})/6\sigma$$
$$=\pm\mathrm{T}/\pm3\sigma$$
$$=(0.06)/(3\times0.02)$$
$$=1$$

$K\varepsilon$ は片側の規格値 x と平均値 μ との差が標準偏差 σ の何倍かを示した数値、C_P は公差の上限値 U と下限値 L の差 $\pm T$（つまり $2T$）が $\pm3\sigma$（つまり 6σ）の何倍かを示した数値だ。C_P では公差の中央値が平均値に一致するので、x と μ の差は T となる。

$$x-\mu=T$$
$$T=C_P\times3\sigma$$

から

$$K\varepsilon=(x-\mu)/\sigma$$
$$=T/\sigma$$
$$=C_P\times3\sigma/\sigma$$
$$=3\times C_P$$

つまり、C_P が分かっている場合には、C_P を 3 倍した値を $K\varepsilon$ として標準正規分布表を見れば、C_P に応じた不良率を知ることができる。

1.2.4　アセンブリの不良率を算出

さて、パイプに丸棒を差し込んだ際のすき間 f について、不良率を計算してみよう。ちなみ

表 1-2　標準正規分布表

K_ε	0	1	2	3	4	5	6	7	8	9
0.0	0.500000	0.496011	0.492022	0.488033	0.484047	0.480061	0.476078	0.472097	0.468119	0.464144
0.1	0.460172	0.456205	0.452242	0.448283	0.444330	0.440382	0.436441	0.432505	0.428576	0.424655
0.2	0.420740	0.416834	0.412936	0.409046	0.405165	0.401294	0.397432	0.393580	0.389739	0.385908
0.3	0.382089	0.378281	0.374484	0.370700	0.366928	0.363169	0.359424	0.355691	0.351973	0.348268
0.4	0.344578	0.340903	0.337243	0.333598	0.329969	0.326355	0.322758	0.319178	0.315614	0.312067
0.5	0.308538	0.305026	0.301532	0.298056	0.294598	0.291160	0.287740	0.284339	0.280957	0.277595
0.6	0.274253	0.270931	0.267629	0.264347	0.261086	0.257846	0.254627	0.251429	0.248252	0.245097
0.7	0.241964	0.238852	0.235762	0.232695	0.229650	0.226627	0.223627	0.220650	0.217695	0.214764
0.8	0.211855	0.208970	0.206108	0.203269	0.200454	0.197662	0.194894	0.192150	0.189430	0.186733
0.9	0.184060	0.181411	0.178786	0.176186	0.173609	0.171056	0.168528	0.166023	0.163543	0.161087
1.0	0.158655	0.156248	0.153864	0.151505	0.149170	0.146859	0.144572	0.142310	0.140071	0.137857
1.1	0.135666	0.133500	0.131357	0.129238	0.127143	0.125072	0.123024	0.121001	0.119000	0.117023
1.2	0.115070	0.113140	0.111233	0.109349	0.107488	0.105650	0.103835	0.102042	0.100273	0.098525
1.3	0.096801	0.095098	0.093418	0.091759	0.090123	0.088508	0.086915	0.085344	0.083793	0.082264
1.4	0.080757	0.079270	0.077804	0.076359	0.074934	0.073529	0.072145	0.070781	0.069437	0.068112
1.5	0.066807	0.065522	0.064256	0.063008	0.061780	0.060571	0.059380	0.058208	0.057053	0.055917
1.6	0.054799	0.053699	0.052616	0.051551	0.050503	0.049471	0.048457	0.047460	0.046479	0.045514
1.7	0.044565	0.043633	0.042716	0.041815	0.040929	0.040059	0.039204	0.038364	0.037538	0.036727
1.8	0.035930	0.035148	0.034379	0.033625	0.032884	0.032157	0.031443	0.030742	0.030054	0.029379
1.9	0.028716	0.028067	0.027429	0.026803	0.026190	0.025588	0.024998	0.024419	0.023852	0.023295
2.0	0.022750	0.022216	0.021692	0.021178	0.020675	0.020182	0.019699	0.019226	0.018763	0.018309
2.1	0.017864	0.017429	0.017003	0.016586	0.016177	0.015778	0.015386	0.015003	0.014629	0.014262
2.2	0.013903	0.013553	0.013209	0.012874	0.012545	0.012224	0.011911	0.011604	0.011304	0.011011
2.3	0.010724	0.010444	0.010170	0.009903	0.009642	0.009387	0.009137	0.008894	0.008656	0.008424
2.4	0.008198	0.007976	0.007760	0.007549	0.007344	0.007143	0.006947	0.006756	0.006569	0.006387
2.5	0.006210	0.006037	0.005868	0.005703	0.005543	0.005386	0.005234	0.005085	0.004940	0.004799
2.6	0.004661	0.004527	0.004397	0.004269	0.004145	0.004025	0.003907	0.003793	0.003681	0.003573
2.7	0.003467	0.003364	0.003264	0.003167	0.003072	0.002980	0.002890	0.002803	0.002718	0.002635
2.8	0.002555	0.002477	0.002401	0.002327	0.002256	0.002186	0.002118	0.002052	0.001988	0.001926
2.9	0.001866	0.001807	0.001750	0.001695	0.001641	0.001589	0.001538	0.001489	0.001441	0.001395
3.0	0.001350	0.001306	0.001264	0.001223	0.001183	0.001144	0.001107	0.001070	0.001035	0.001001
3.1	0.000968	0.000936	0.000904	0.000874	0.000845	0.000816	0.000789	0.000762	0.000736	0.000711
3.2	0.000687	0.000664	0.000641	0.000619	0.000598	0.000577	0.000557	0.000538	0.000519	0.000501
3.3	0.000483	0.000467	0.000450	0.000434	0.000419	0.000404	0.000390	0.000376	0.000362	0.000350
3.4	0.000337	0.000325	0.000313	0.000302	0.000291	0.000280	0.000270	0.000260	0.000251	0.000242
3.5	0.000233	0.000224	0.000216	0.000208	0.000200	0.000193	0.000185	0.000179	0.000172	0.000165
3.6	0.000159	0.000153	0.000147	0.000142	0.000136	0.000131	0.000126	0.000121	0.000117	0.000112
3.7	0.000108	0.000104	9.96E−05	9.58E−05	9.20E−05	8.84E−05	8.50E−05	8.16E−05	7.84E−05	7.53E−05
3.8	7.24E−05	6.95E−05	6.67E−05	6.41E−05	6.15E−05	5.91E−05	5.67E−05	5.44E−05	5.22E−05	5.01E−05
3.9	4.81E−05	4.62E−05	4.43E−05	4.25E−05	4.08E−05	3.91E−05	3.75E−05	3.60E−05	3.45E−05	3.31E−05
4.0	3.17E−05	3.04E−05	2.91E−05	2.79E−05	2.67E−05	2.56E−05	2.45E−05	2.35E−05	2.25E−05	2.16E−05
4.1	2.07E−05	1.98E−05	1.90E−05	1.81E−05	1.74E−05	1.66E−05	1.59E−05	1.52E−05	1.46E−05	1.40E−05
4.2	1.34E−05	1.28E−05	1.22E−05	1.17E−05	1.12E−05	1.07E−05	1.02E−05	9.78E−06	9.35E−06	8.94E−06
4.3	8.55E−06	8.17E−06	7.81E−06	7.46E−06	7.13E−06	6.81E−06	6.51E−06	6.22E−06	5.94E−06	5.67E−06
4.4	5.42E−06	5.17E−06	4.94E−06	4.72E−06	4.50E−06	4.30E−06	4.10E−06	3.91E−06	3.74E−06	3.56E−06
4.5	3.40E−06	3.24E−06	3.09E−06	2.95E−06	2.82E−06	2.68E−06	2.56E−06	2.44E−06	2.33E−06	2.22E−06
4.6	2.11E−06	2.02E−06	1.92E−06	1.83E−06	1.74E−06	1.66E−06	1.58E−06	1.51E−06	1.44E−06	1.37E−06
4.7	1.30E−06	1.24E−06	1.18E−06	1.12E−06	1.07E−06	1.02E−06	9.69E−07	9.22E−07	8.78E−07	8.35E−07
4.8	7.94E−07	7.56E−07	7.19E−07	6.84E−07	6.50E−07	6.18E−07	5.88E−07	5.59E−07	5.31E−07	5.05E−07
4.9	4.80E−07	4.56E−07	4.33E−07	4.12E−07	3.91E−07	3.72E−07	3.53E−07	3.35E−07	3.18E−07	3.02E−07
5.0	2.87E−07	2.73E−07	2.59E−07	2.46E−07	2.33E−07	2.21E−07	2.10E−07	1.99E−07	1.89E−07	1.79E−07

表 1-3　標準正規分布表の使い方

K_ε	0	1	2	3	4	5	6	7	8	9
1.9	0.028716	0.028067	0.027429	0.026803	0.026190	0.025588	0.024998	0.024419	0.023852	0.023295
2.0	0.022750	0.022216	0.021692	0.021178	0.020675	0.020182	0.019699	0.019226	0.018763	0.018309
2.1	0.017864	0.017429	0.017003	0.016586	0.016177	0.015778	0.015386	0.015003	0.014629	0.014262

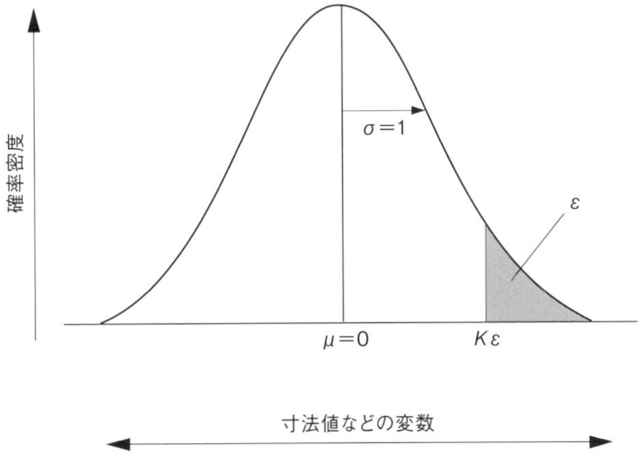

図 1-8　標準正規分布と不良率

に、パイプと丸棒はいずれも $C_P=1$ とする。

まず、すき間 f が 0 以下になるという不良の発生率を求めてみる。最悪の組み合わせを考えた互換性の方法では $f=0.12\pm0.12$mm なので、不良は発生しない。

一方、不完全互換性の方法では次のように考える。前述の通り、パイプも丸棒も 0.27%の確率で不良が発生する[4]。すき間 f の分布の標準偏差は分散の加法性から求める。パイプも丸棒も標準偏差は 0.02mm なので、

$$\sigma=\sqrt{0.02^2+0.02^2}$$
$$=\sqrt{0.0008}$$
$$\fallingdotseq 0.028$$

となる。実は、この標準偏差は前述した不完全互換性の方法による公差計算結果±0.085mm の 1/3 である。つまり、不完全互換性の方法によるアセンブリでの公差計算値は、各部品と同じく製造後のばらつきが $\pm3\sigma$ になるであろう値を計算しているというわけだ。

さて、不良率を知るために $K\varepsilon$ を計算する。すき間 f の平均値 μ は 0.12mm で、f の規格下限値は 0mm 以下なので、

$$K\varepsilon=|x-\mu|/\sigma$$
$$=|0-0.12|/0.028$$
$$=0.12/0.028$$
$$\fallingdotseq 4.29$$

となり、標準正規分布表から、$\varepsilon=0.00089$%ということが分かる。部品寸法が公差内に収まらない確率が 0.27%のパイプと丸棒を組み合わせた場合、すき間が 0 以下（差し込めない）になる確率は極めて低く、10 万個造った場合に 1 個発生する程度である。この場合、C_P は 4.29/3=1.43 となる。

会社としての品質管理規準が、例えば $C_P=1$ あるいは $C_P=1.33$ であるとすれば、各部品の公差を緩める（大きくする）ことが検討できる。今回の事例は 2 部品であるためその効果が分かりにくいとは思うが、部品点数が多くなればなるほど、絶大な効果を生むことになる。

1.2.5　平均値の偏りを考慮する

さて、工程能力の指標として C_P を説明した

[4]　部品加工と組み立ての間に全数検査・選別の工程を入れることによって部品の不良率を 0 にすることも可能だが，すべての部品のすべての公差について行うことは実質的に不可能である。

が、実際の製品の平均値μは、公差の中心値Mと異なる場合が多い。平均値が規格中心でない場合、C_Pで工程の不良率を推定したのでは、実際よりも甘い評価になってしまう。

そこで使われるのが、C_{PK}という指標だ（図1-9)。C_{PK}は、平均値μから近い（厳しい）方の公差値（図1-9ではU）までの幅を3σで割った値である。もちろん、L側が厳しい場合は、分子が（μ−L）となる。

C_{PK}から全体の不良率を推定すると実際より高くなるが、これは、安全側で判断するという目的である。もちろん、平均値が公差の中心から大きくずれている場合には上側と下側の両方の不良率を計算して合計した方が、実際の不良率に近い値が得られる。

では、前述したC_Pを計算する意味がないのかというと、そうではない。C_Pの目的は、規格幅に対する工程変動（ばらつき）のレベルを評価できるからだ。工程で平均値を調整することは、変動を減少させるよりも容易なことが多い。このため、平均値を公差中心に調整すれば、どのくらいの工程能力が期待できるかを示す指標としても使える。

不完全互換性の方法で計算する場合には、同時に不良率を計算（推定）して、それらの結果からアセンブリ上の規格値と各部品の公差値を理論的に決定していくわけである。

1.3　公差設計の実践

実際の設計現場での公差計算では、互換性の方法でも不完全互換性の方法でも、単純に足したり2乗和の平均を取ったりするだけではない。部品の寸法と製品の要求する位置関係から、レバー比（支点からの距離の比率）の計算が必要となることも多い。

言い換えると、公差が拡大したり縮小したりすることがあるから、これを計算に入れなければならない。

1.3.1　公差にレバー比を掛けて合成

図1-10の例で見てみよう。定盤Pの一部に支点Bがあり、ブロックFが載っている。ブ

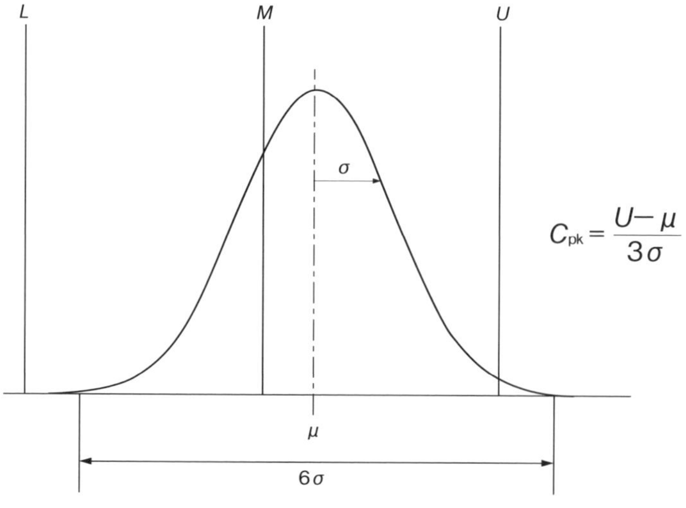

図1-9　工程能力指数 C_{pk}

ロックFにはピンCがあり、レバーGがかん合している。レバーGは上方よりバネSで押されており、A点、B点、C点は水平線上にあって、定盤の面からの高さが15.0mmである。ここでブロックFを置き換えたら、ピン位置のばらつきのためCの高さが15.1mmになった。このとき点Aの定盤からの高さはどうなるだろうか（レバーとピンCのかん合部分のガタはないものとし、レバーは軽く回転するものと考える）。

この場合、A、B、Cを結ぶ線は左下がりになり、定盤面からA点までの高さは低くなるはず。ただ、レバーの反対側が0.1mm高くなったからといってA点も0.1mm低くなるわけではない。支点を中心としてレバー右側の長さが25mm、左側の長さが75－25＝50mmだから、支点からの距離の比は25対50＝1対2（レバー比＝2）。右側が0.1mm上がると、左側は2倍の0.2mm下がり、つまりA点の高さは14.8mmになる。

このように、公差の計算では個々の公差値に対して支点からの距離の比を掛ける必要がある。この比をレバー比と呼ぶ（感度と呼ぶこともある）。

1.3.2　ガタもレバー比で考慮

実際の計算では、部品を組み付けるときなどに生じるガタの影響を考慮しなければならないことも多い。**図1-11**は2カ所の案内ピンで位置決めをして、中央をねじで締結する例だが、案内ピンよりも部品の穴の直径が大きいため、ガタが生じる。ねじを締める際、部品にも時計回りの力が加わるため、部品の上部は右に、部品の下部は左に押し付けられる（**図1-12**）。

このとき部品先端の位置に現れるガタの影響は、上下の案内ピンについてそれぞれのレバー比で拡大あるいは縮小される、と考えると分かりやすい。ガタ自体の大きさは案内ピンと穴の半径の差だから、上側が（6－5）/2＝0.5mm（直径の差の半分）、下側は（5.5－5）/2＝0.25mmとなる。つまり、**図1-12**のように、下のピンによる部品先端位置への影響$\beta1$は、0.25×(70/40)＝0.4375mm（レバー比＝70/40）。上のピンによる影響$\beta2$は0.5×(30/40)＝0.375mm（レバー比＝30/40）となる。結局は、$\beta1$と$\beta2$の両方が影響するわけである[5]。

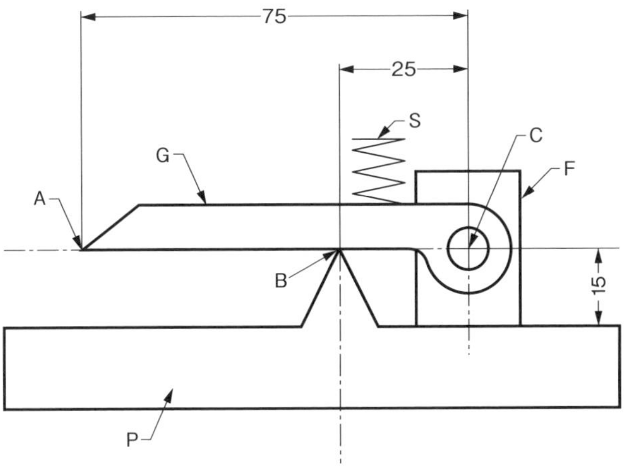

図1-10　レバー比による公差の拡大

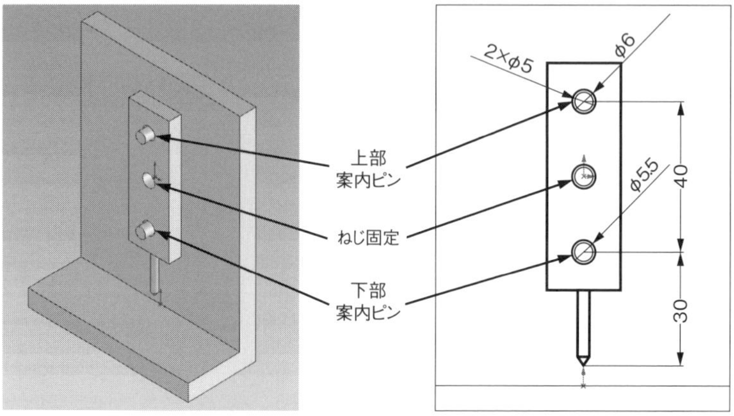
2×φ5
φ6
上部
案内ピン
ねじ固定
φ5.5
40
下部
案内ピン
30

図 1-11　ガタによって部品の先端位置が変位する

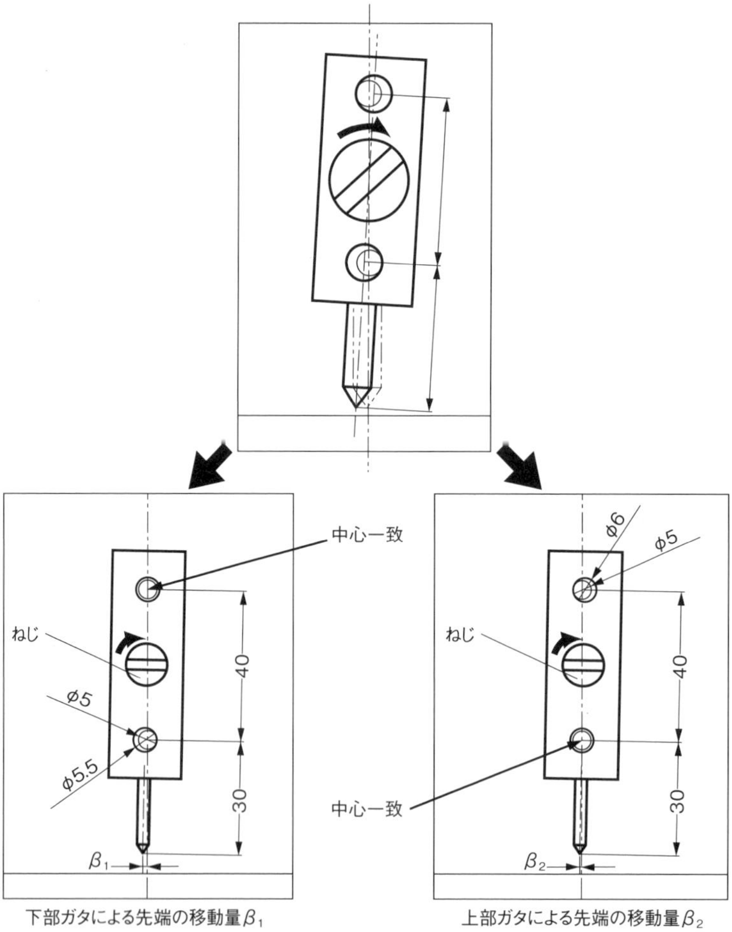
中心一致
ねじ
40
φ5
φ5.5
30
β1
φ6
φ5
ねじ
40
中心一致
30
β2
下部ガタによる先端の移動量β1
上部ガタによる先端の移動量β2

図 1-12　ガタを二つに分けて考える

公差の計算では、各部のガタおよび各部品の公差値に、それぞれの係数（レバー比）を掛けて計算することとなる。これらは設計者の意図および周辺構造に大きく影響されるため、実際の設計場面において十分な考察が必要となる。

1.3.3　重点管理ポイントを明示

さて、設計作業の終盤には、多くの場合**図1-13**のような設計フローになる。

FMEA[6]またはFTA[7]によって、どのような故障が想定されるかを抽出し、致命的な問題から順に解決策を講じていく。このときCAE（応力解析、振動解析、熱解析ほか）や品質工学なども有効な手法として活用されるが、設計者が最も励行すべきなのが公差の計算であろう。

その理由は、計算を繰り返し、寸法および公差に関して試行錯誤をする中で、重点管理が必要な部品および工程が明らかになってくるためだ。それを後工程に明確に伝えていくのが、設計者の重要な役割である。特に、公差設計では不良率を推定できることから、より明確に重点管理ポイントを明示できるわけである。

最近の品質問題を分類していくと、最終的に公差の問題に行き着くことが多いという声を耳にする。設計品質問題を量産時にまで持ち越さないために、公差設計技術を再構築していこう

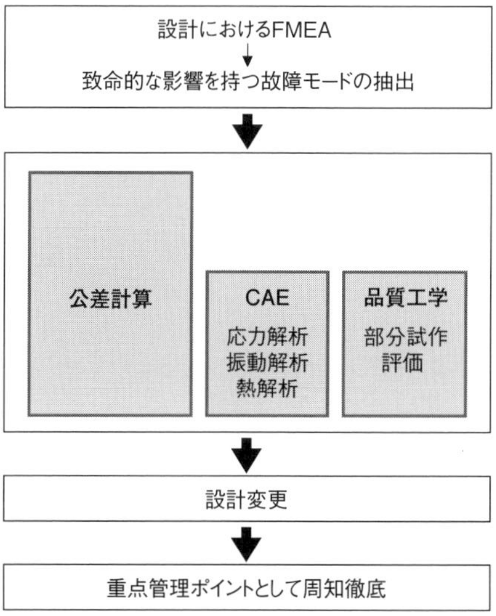

図1-13　設計作業終盤のワークフロー

[5]　ガタの影響は、この両者の和（0.4375+0.375=0.8125mm）だが、部品先端位置での公差計算値はこれだけでは決まらない。さらに、各部品のピン・穴・先端部の寸法公差・幾何公差の値に、それぞれの係数（レバー比）を掛けて計算することとなる。

[6]　FMEA（FalureMode and Effects Analysis）故障モード影響解析。製品または工程に起こり得る潜在的あるいは既知の故障モードを明らかにし、それら故障原因やシステムを総合的・定性的に評価して、これらを除去または減少させるために行う設計改善の手法。

[7]　FTA（Fault Tree Analysis）故障の木解析。故障・事故など望ましくない事象を考え、それを発生させる要因を抽出し、因果関係をツリー状の図（Fault Tree）で表現、それぞれの発生確率を評価して、これらを除去または減少させるために行う設計改善の手法。

という企業が増えている。

1.3.4　公差設計の実践例

半導体製造装置のアスリートFA（本社長野県諏訪市）[8]は、これまで自己流であった公差設計技術の再構築に取り組んでいる企業の一つである。同社の主力装置の標準化におけるQCD向上のため、公差設計に取り組んだ。

公差設計は、大量生産の製品でなければ適用できないと考えている人も少なくないが、そんなことはない。同社製品のような部品点数が多い一品生産品にも大いに活用できる。

同社の取り組みのステップは、次のようなものだった。

(1) FMEAの実施

最も大きな課題が何かを洗い出した。その中でも**図1-14**のスケッチは、第三者が理解しやすい事例であるので、これを紹介する。

(2) 目標値の明確化

このスケッチ部分の全高Zを335±0.2mmに収めると、装置を無調整で使えることが分かった。従来は組立後に調整するのが当然と思われていた。

(3) 公差要因の洗い出し

Zに影響を及ぼす公差要因は、寸法公差が19個（図1-14のA～U）、図示していないが幾何公差が20個あった。幾何公差は平行度が多用され、これはレバー比によって拡大されて影響する。

> 幾何公差の公差計算方法（例）は、第8章で説明する。

(4) 計算実施

手計算で互換性の方法、不完全互換性の方法のそれぞれについて計算してみた。このほかモンテカルロ法[9]、3次元公差解析ソフトでも計

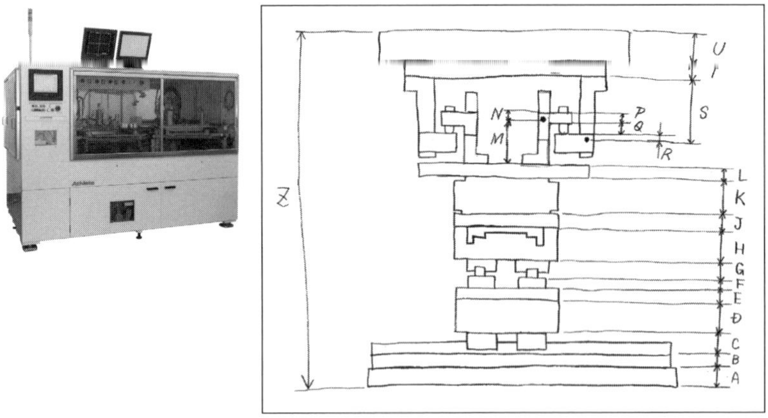

図1-14　アスリートFAの技術者が作成したスケッチと，同社の代表的製品

---

[8]　アスリートFAのURLは、http://www.athlete-fa.co.jp/。

[9]　モンテカルロ法　各部品の公差分布予測に応じてコンピュータ内で乱数を発生させ、ばらつきをシミュレーションする方法。

算している。本事例では、要因数（19＋20＝39個）が多いことから不完全互換性の方法を採用した。

(5) 1回目の公差計算結果

まずは、従来通りの方法で設計した図面を用いて検証した。それによると

互換性の方法：Z＝335±4.876mm

不完全互換性の方法：Z＝335±1.723mm

不良率（＝調整の必要な確率）：約73％

という結果が得られた。

不良率の計算方法は、第5章で説明する。

(6) 再検討

7割以上の不良率であり、当然調整が必要であったことが確認できた。ちょうど試作品を製作していたこともあり、実際の部品の計測も行い、全体的に寸法公差は設定が甘く、幾何公差が極端に厳しい実態を把握し、それを大幅に是正した。また、Zへの影響の大きな部品や構造について集中して対策を講じた。

(7) 最終公差計算結果

公差設計を繰り返し実施し、最終的に次の結果を得た。

互換性の方法：Z＝335±2.724mm

不完全互換性の方法：Z＝335±0.386mm

不良率（＝調整の必要な確率）：約12％

(8) 判定

不良率が約12％に低下し、1回目の公差計算結果と比較すると大幅な改善が得られた。従来「調整ありき」であったのが、約88％の確率で調整不要となるのは大きい。不良率を0％にもっと近づけることも当然可能だが、そうすると部品の公差が厳しくなりすぎてコストがアップしてしまう。製品仕様と部品コストのバランスを考え、無調整予測88％程度となるような公差の設定をもって決定とした。

(9) 効果の確認

公差設計の再構築で得られるメリットをまとめると、以下のようになる。

・幾何公差見直しによる部品コストの低減
・無調整あるいは微調整での組み立てが実現
・重点管理ポイント（部品および組み立て時）の明確化

以上、簡単な事例で紹介したが、アスリートFAは公差設計を全社活動とすることで、設計品質問題を未然に防止するとともに、他社がなかなかまねできない設計ノウハウの構築を進めていく考え。公差は測定しようがないため、ブラックボックス化して門外不出とできる。

同社は、まずは全設計者が手計算で公差設計ができるようになることを第1段階の目標としている。その後、3次元公差解析ソフトの利用を計画しているという。

公差計算理論と判断基準とで，正しい設計ができるようになる

従来公差設計を実施していない会社の場合は大きなコストメリットがある

設計品質問題を未然に，理論的に解決する

他者の設計に対して，正しく検図評価ができるようになる

図1-15　公差設計の適用で得られるメリット

　このようにPDCAサイクルに沿って公差設計の適用を拡大していくことが確実な成果を上げ、さらに製品の品質やコストを改善していく（図1-15）。公差設計への取り組みは単発で終わらせずに、ぜひ継続して発展させていってほしい。

2 公差設計の詳細

【学習のポイント】

前章（第 1 章）は公差設計の全体像を出来るだけ早く把握してもらうという位置付けだったが、本章以降は具体的事例も加えて、じっくりと公差設計を学習してもらう。詳細を学習してほしい。

2.1　公差計算の具体的な例

まず、公差計算のより具体的な事例を紹介しよう。分かりやすくするために、寸法公差の表記だけで説明する。

図 2-1 は、機能上からスキマ f が非常に重要であり、スキマ f が無くなってしまうと不良品になってしまう製品である。このとき公差設計では、まず、スキマ f を設計目標値として確保するように各部品寸法を設定し、スキマ f が 0 にならない範囲で各部品の公差を割り振ることになる。

もちろん、その際に製造側にとって厳しすぎる公差であれば、総合的な視点で寸法と公差のバランスをとっていくことになる。

図面には、様々な寸法や公差が設定されている。その時、「寸法」は適切に設定されているか、「公差」はどのように決められているか、を考えてみてほしい。これら寸法や公差は、「設計目標値」を元に設計者が計算をして求めるべきものである。つまり、設計目標値が明確になっていなければ、本来、寸法も公差も決まってこないということだ（**図 2-2**）。

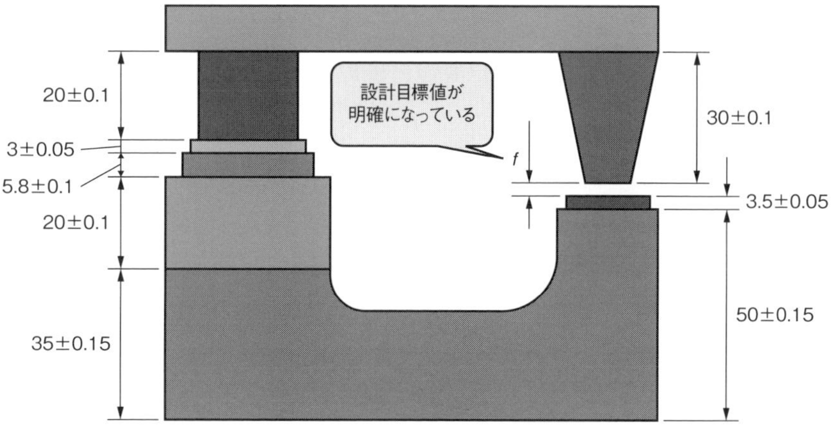

図 2-1　公差設計事例

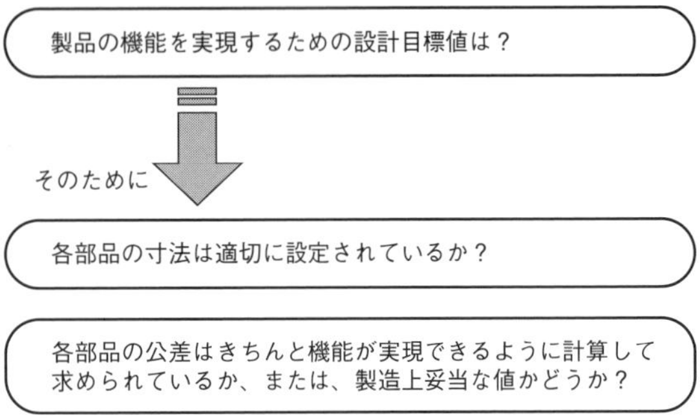
製品の機能を実現するための設計目標値は？
そのために
各部品の寸法は適切に設定されているか？
各部品の公差はきちんと機能が実現できるように計算して求められているか、または、製造上妥当な値かどうか？

図 2-2 公差設計の流れ

このように、公差設計というものは、各部品が公差いっぱいばらついたとしても製品の機能が確保できるように公差計算をし、また、加工コストとのバランスを取りながら、寸法や公差を設定していくことをいう。

2.2 設計の流れから見る公差

一般的な「公差」の概念として、『部品個々の寸法には必ずばらつきがあるので、最終的に、図面に記されている公差の範囲内で部品を仕上げればOK』というものがある。これは加工者側から見た公差の考え方だ。

設計者側から見ると、製品仕様と製造条件およびコストを考慮したバランス感覚に基づき、公差計算をしながら設定するものを「公差（許容範囲）」という。

その設定した公差により、最終的な製品仕様を満足できるか、また、実際に加工が可能な公差になっているのか、総合的な視点から判断する必要がある（**図 2-3**）。

設計の流れから見る公差の考え方については、「第1章　公差設計の概要」でも触れているが、ここでは携帯電話を例に、もう少し詳しく説明する。

携帯電話には、カメラやワンセグテレビなどの機能が年々搭載されてきており、その半面、ますます小型化されてきている。

製品の構成としては、パネルブロック、電池ブロック、回路ブロック、スイッチブロックなどがあり、さらに、各ブロックを構成する部品がある。**図 2-4** は、携帯電話の分解写真だ。

小型化・高性能化が進む中、これほどの部品を目標の製品サイズの中に納めなければならず、そのために各部品には、次々に厳しい寸法と公差が要求されてくる。

つまり、完成品仕様を満足するためには、それぞれのブロックがある範囲に入ることが要求され、そこから各部品の寸法及び公差が割り付けられる。これが、**図 2-5** で示す本来の「①**設計の流れ**」であり、設計者の意図が反映されている。

従来の製品に対して、格段に小型化・高性能化した完成品仕様を実現するために、設計者は各ブロックへ、さらには部品へと厳しい公差を

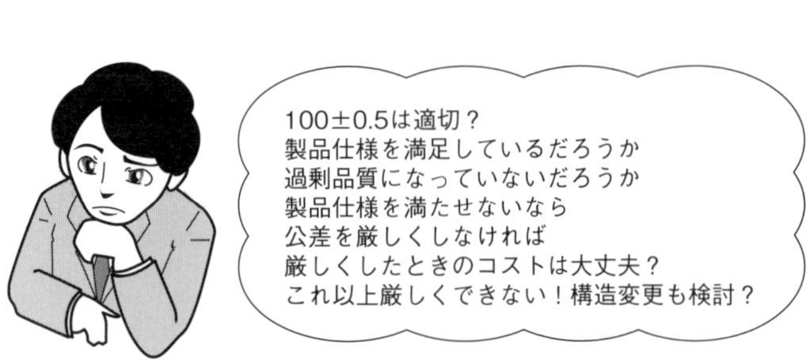
100±0.5は適切？
製品仕様を満足しているだろうか
過剰品質になっていないだろうか
製品仕様を満たせないなら
公差を厳しくしなければ
厳しくしたときのコストは大丈夫？
これ以上厳しくできない！構造変更も検討？

図 2-3 公差設計で必要な視点

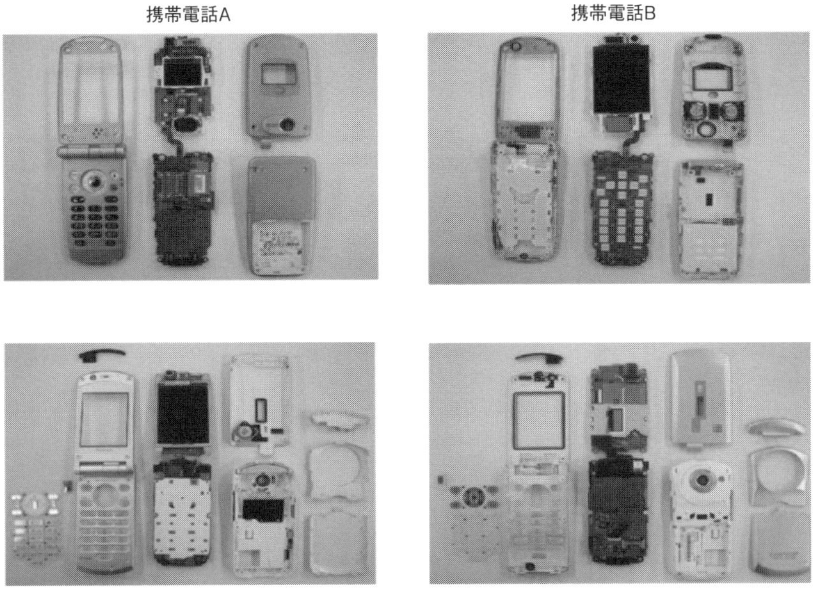

図 2-4　携帯電話機の分解写真

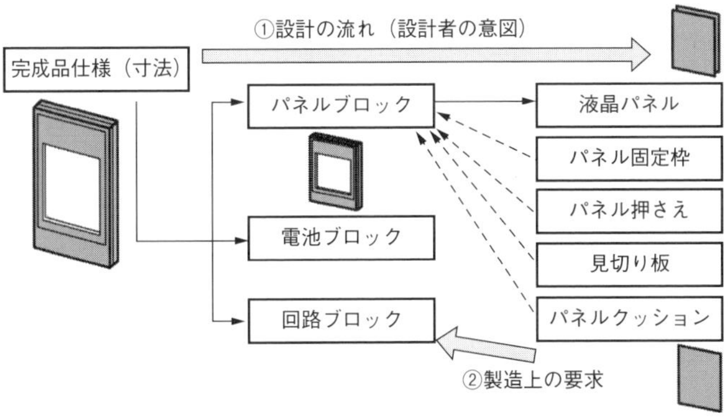

図 2-5　公差設計の流れ

要求したいと考えるが、部品加工者からは逆に公差を緩めて欲しい（造りやすくしたい、安くしたい）という要望が入る。これが、**図 2-5** の「**②製造上の要求**」だ。

当然、部品個々の公差を大きくすれば完成品の不具合が発生する危険が高まり、場合によっては、トータルコストが増加することも考えられる。

繰り返しになるが、これら設計者の意図①と製造上の要求②とを、経済性（コスト）という一つの共通の軸に投影してながめ、そのバランスするところに公差が決められる。その際に、統計的な考察も加えて計算し、公差を設定する必要がある。

最近でも、部品は全て設計者の指示通りに造られているにもかかわらず、組み立てられない、あるいは組み立てられても作動しない製品が多数できてしまう、といった声を耳にする。

その原因の多くに、設計者が公差設計を正しく理解し実践していないという実情がある。そういったことが、「Fコスト（失敗コスト）の増加」「次期開発商品の遅れ（設計者の手離れの悪さ）」などの悪循環につながっている。

さらに、様々な要因により②**製造上の要求**が設計者に伝わりにくくなっているのも事実だ。①と②のキャッチボールがスムーズに出来るシステムの構築が必須である。

みなさんの会社では、公差設計は実施されているだろうか。実際には、現在ではあまり実施されていないということを耳にします。先輩や上司から若手設計者へのOJTが衰退してきたことが一因として上げられる。

これまでは、先輩方が残してきてくれた素晴らしい財産があり、過去の類似部品に設定していた公差をそのまま使っていたり、KKD（勘、経験、度胸）で適当に決めてしまうことで済まされる部分もあったかもしれない。

しかし、製品に対する要求が格段に上がっている現代では、公差設計無くしては、商品開発に対する国際競争力は維持できない。特に世界で初の商品を新規に設計する場合は既存の図面もないため、量産後の問題を未然に防ぐためには、公差設計は必須であるといえる。

2.3　設計者の公差知識の実態

2.2で示した携帯電話の例のように、製品が要求している機能や仕様を実現するために、各部品には厳しい寸法と公差が求められることになる。特に近年では、小型化・高性能化のため、部品の要求公差は厳しくなる一方である。

部品につける公差を厳しくすることにより起こる副作用としては、部品コストが上がり、ユーザーが購入する製品価格が上がってしまうことが挙げられる。具体的には、以下のような要因によるものだ。

— 加工工程の追加、調整時間の増大
— 室内の温度・湿度などの加工環境調整
— 高性能な加工機や測定機器・システムの導入
— 頻繁な工具交換、加工精度向上を目的とした加工時間の増加

公差が厳しくなることによるコストへの影響

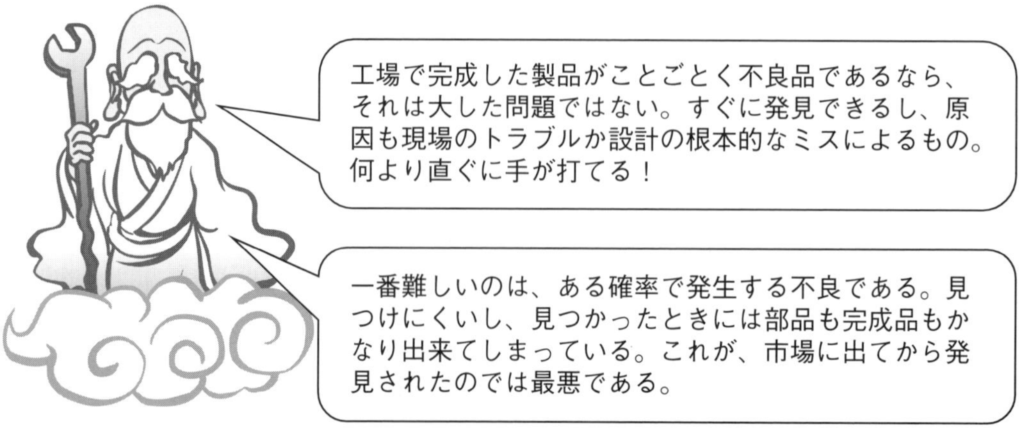
工場で完成した製品がことごとく不良品であるなら、それは大した問題ではない。すぐに発見できるし、原因も現場のトラブルか設計の根本的なミスによるもの。何より直ぐに手が打てる！
一番難しいのは、ある確率で発生する不良である。見つけにくいし、見つかったときには部品も完成品もかなり出来てしまっている。これが、市場に出てから発見されたのでは最悪である。

表 2-1　公差による設備費用の違い

公差	±0.03	±0.005	±0.001
測定機	3 次元測定機でなくても可	~2,000 万円程度の 3 次元測定機	2,000 万円~1 億円程度の 3 次元測定機
空調機	普通の空調で可	普通の空調で可	耐震、空調で別途 2,000~4,000 万円

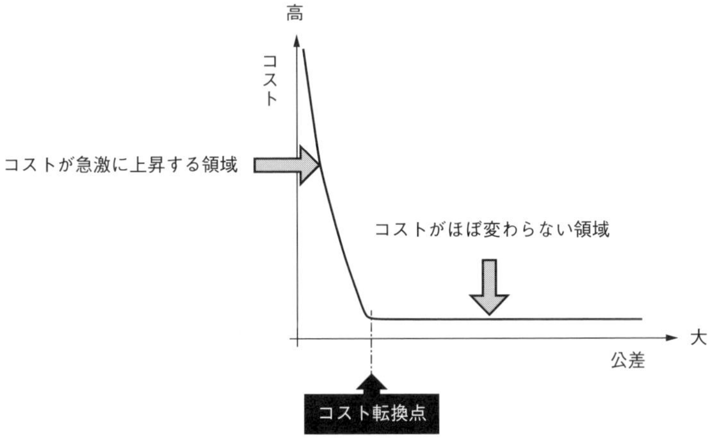

図 2-6　公差とコストの関係

要因はこれ以外にも存在する。例えば、測定側から見た公差による設備費用の違いもある。**表 2-1** では、±0.03 の公差であれば従来の設備で測定できていたものが、±0.005 になった途端に高性能の設備投資が必要になるという例を示している。

加工側から見た場合は、ある公差域を超えて加工設備や加工方法を変更しなければならなくなると、そこからコストが急激に増加する。逆に、緩い方の公差を考えると、普通に加工しても抑えられる公差であれば、それより緩い公差を付けても加工コストは変わらない。つまり、公差とコストの関係は**図 2-6** のようになる。

2.4　公差がコストに及ぼす影響

図 2-7 から**図 2-10** で公差とコストのバランスに関する簡単な例を示す。

図 2-7 のような 2 部品の組立品を考える。仮に部品 A と部品 B は、それぞれ、**図 2-8** に示す公差とコストの関係を持っているとする。

部品 A に 10±0.2 という公差が設定されたとき、**図 2-9** では a 点の位置となり、コストは 100 円となる。部品 B に 15±0.1 という公差が設定されたときは b 点の位置となり、コストは 300 円となる。総厚は 25±0.3 となり、2 部品を合わせたコストは 400 円になる。

一方、必要以上に緩い公差が付けられている部品 A の公差を、コスト転換点の c 点（10±0.15）に変更し、部品 B の公差を d 点（15⊥

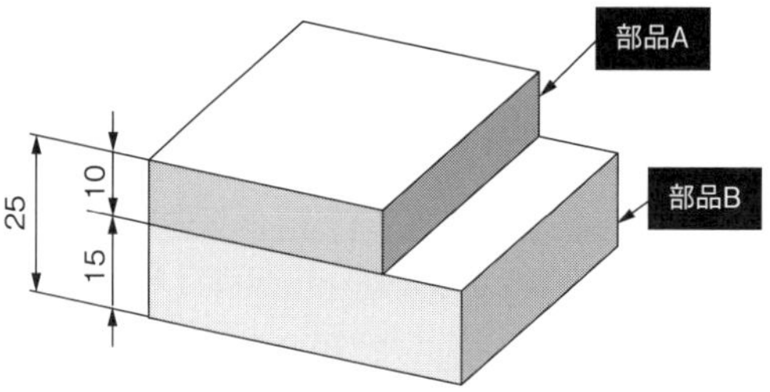

図 2-7 公差の考え方の例図

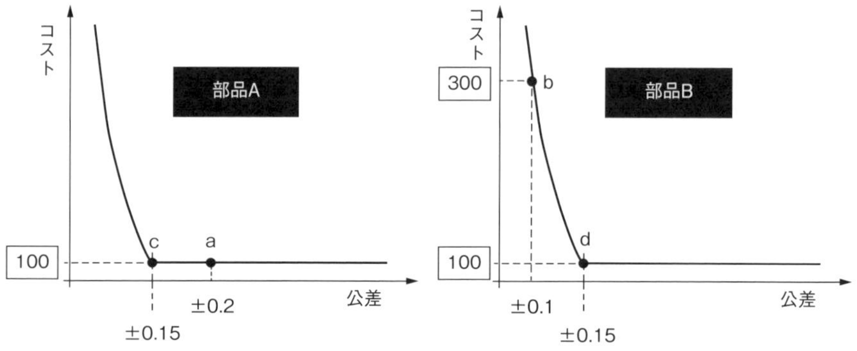

図 2-8 部品 A と部品 B、それぞれの公差とコスト線図

0.15）に変更しても 25±0.3 を保持できるとともに、総コストも 200 円に抑えることができる（**図 2-10**）。

図 2-11 は、高精度の部品加工を行う会社へのヒアリングに基づいてプロットをした公差とコストの関係を表すグラフだ。直径 3mm の削り加工を汎用旋盤で行うという条件である。まず、3mm の寸法であれば、一般的には（特殊条件を除いて）±0.05 の公差内には抑えられる。それより厳しい公差になると 2 次曲線的に難しく（コストが上がる）なっていくという。

ここで重要になるのが、0.05 という値だ。この値は、**表 2-2** の削り加工寸法の普通許容差（JIS B 0405）では、3mm 寸法の精級にあたる値である。0.05 の公差値を精級として、それより緩い値に対して中級（0.1）、粗級（0.2）を定めている。

3mm の旋盤による削り加工という例ではあるが、このように、ベテランの加工技術者は公差が設定された図面を見て、すぐに見積もりを出すことができる。

加工側にとっては、公差＝コスト（もちろん品質も）という明確な意識がある。当然、設計図面の中でまず一番先に注目するのが公差値だ。同様に設計者も認識が必要である。

ここで、普通許容差について少し触れておく。JIS B 0405-1991 には附属書 A として、「長さ寸法及び角度寸法に対する普通公差表示方式の背景にある概念（参考）」の説明があり、その中には「普通公差の値は、工場の通常の加

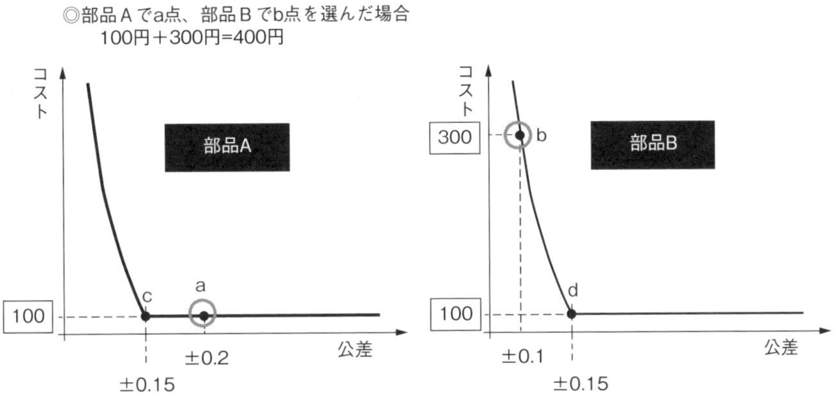
◎部品Ａでa点、部品Ｂでb点を選んだ場合
100円＋300円=400円
コスト
部品A
100
c
a
±0.2
±0.15
公差
コスト
300
b
部品B
d
100
±0.1
±0.15
公差

図 2-9　部品 A で a 点、部位品 B で b 点を選んだ場合

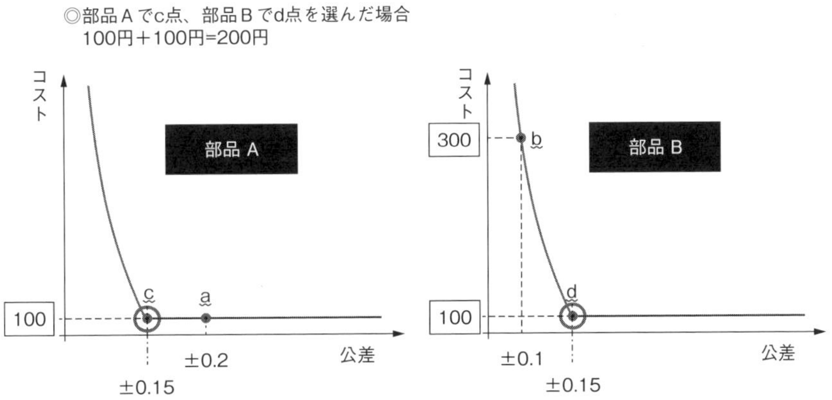
◎部品Ａでc点、部品Ｂでd点を選んだ場合
100円＋100円=200円
コスト
部品 A
100
c
a
±0.2
±0.15
公差
コスト
300
b
部品 B
d
100
±0.1
±0.15
公差

図 2-10　部品 A で c 点、部品 B で d 点を選んだ場合

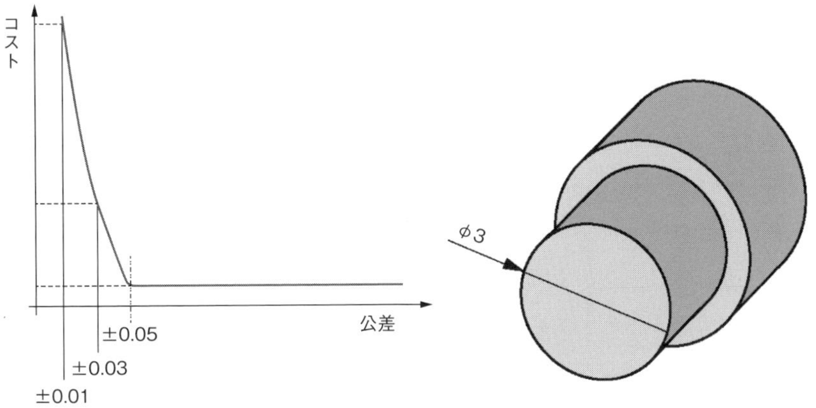
コスト
公差
±0.05
±0.03
±0.01
φ3

図 2-11　3mm の削り加工（旋盤）における公差とコスト線図

工精度の程度に対応したものである」と記載されている。つまり、特定の工場の通常の加工精度が、この普通公差値に対して実力的にどうなのかは常にチェックする必要があり、それより良い（小さい）値が期待でき、コスアップしないのであれば、その値を採用するのがベストとなる。会社によっては、自社独自の普通公差表を作成・運用しているケースも少なくない。

2.5　設計者の業務について

設計者の基本業務には、以下のようなものがある。

— 構想設計（仕様・デザイン調整）
— 組立図面作成、部品図面作成
— 解析、試作実験
— 生産検討（部品加工、組立）
— 設計変更（図面改定）
— 検図
— 設計書類作成

これらに加えて、設計者の付帯業務として次のようなものが要求されている。

— 製品企画
— 研究開発
— 特許申請
— 標準化
— 生産設計

表 2-2　削り加工寸法の普通許容差

公差等級		基準寸法の区分							
記号	説明	0.5（1）以上 3以下	3を超え 6以下	6を超え 30以下	30を超え 120以下	120を超え 400以下	400を超え 1000以下	1000を超え 2000以下	2000を超え 4000以下
		許容差							
f	精級	±0.05	±0.05	±0.1	±0.15	±0.2	±0.3	±0.5	———
m	中級	±0.1	±0.1	±0.2	±0.3	±0.5	±0.8	±1.2	± 2
c	粗級	±0.2	±0.3	±0.5	±0.8	±1.2	±2	±3	± 4
v	極粗級	———	±0.5	±1	±1.5	±2.5	±4	±6	±8

注（1）0.5mm 未満の基準寸法に対しては、その基準寸法に続けて許容差を個々に指示する。
※引用・参考文献：JIS B 0405　削り加工寸法の普通許容差、日本規格協会。

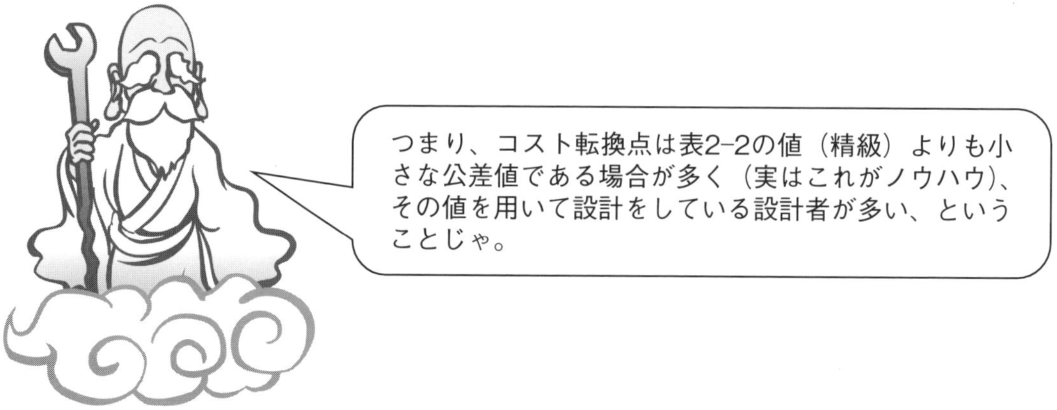
つまり、コスト転換点は表2-2の値（精級）よりも小さな公差値である場合が多く（実はこれがノウハウ）、その値を用いて設計をしている設計者が多い、ということじゃ。

表 2-3 設計 FMEA 例

NO	機能（部品）	故障モード	故障原因	影響度	発生頻度	防止の難易度	危険優先度	不良の影響	処置方法	備考（担当・日程）	最終図面計算結果	技術資料化する	重点管理ポイントへ
1	部品 A	ユニット Y の曲がり	衝撃	4	1	3	12	部品 A 落ちない。	中央にリブ追加	済			
		部品 C 受け部の変形	衝撃	5	1	3	15	部品 B クラッシュ	強度計算	済	4.8kg/mm^2	◎	
		スイッチガイド部動作不良	取り扱い	5	2	1	10	部品 A 落ちない。部品 E 入らない、出ない。	取り扱い指示	試作確認の中では問題なし			
		かえり、脱落	部品 D レバーとのこすれ	3	2	1	6	ゴミによる M 部材傷	摺動部面押し	済			
		部品 F 作動不良	加工不良、取り扱い不良、方向が異なる。	4	2	2	16	部品 D レバー作動不可、部品 E 入らない、部品 B クラッシュ、部品 F 作動不良	工程内チェック、リブ強度アップ	済			
		最内周での部品 A と部品 C の当たり	スキマ管理	3	2	3	18	部品 C 動作不良	公差計算	済	√: 0.40±0.39	◎	★
		部品 E 押さえ寸法不良	短い	4	2	2	16	上部品 B クラッシュ	公差計算 長くする	済		◎	
		かえり、バリ	スキマ管理	2	2	1	4	部品 C 作動不良	かえり方向の指定、面押し	済			
		変形	P 組み立て時	3	1	3	9	M 部材落ち不良、イジェクト不良	事前評価	済			
		バーリング部の部品 F との係合外れ	長さ設定不良	5	2	2	20	M 部材挿入不良、部品 A 落ち不良	公差計算	済	√: 0.35±0.335	◎	★
		部品 D レバー外れ	衝撃	5	1	2	10	部品 D 開かない	公差計算 受け部を両持ちにする	済		◎	
		部品 D 持ち上げ部曲がり	取り扱い	4	2	2	16	部品 A 落ちない、部品 E 出ない	取り扱い指示	済	組立レイアウトに盛り込む		
		部品 D 持ち上げ部とモーター FPC 干渉	スキマ管理	3	2	2	12	FPC 擦れ、ショート	公差計算 ネジで FPC 締める	済	組立確認済み	◎	
2	部品 D	磨耗	処理無し	4	1	2	9	聞きにくい	評価	済			
		部品 D ピン曲がり	組み立て時に曲げる	4	2	2	16	作動不良、外れ	応力計算	済	9kg まで OK		★
		作動不良	かえり	4	2	1	8	作動不良	面押し、	済			
		部品 C と当たる。	長すぎる	4	2	1	8	作動不良	公差計算 ピンを短くする。	済	Σ: 0.60±0.58	◎	
		逆挿入ロック曲がり	強度不足	4	1	2	8	部品 D 開かない	応力計算	済	2kg まで OK		
		組み立て時曲がり	組み立て時に曲げる	4	2	2	16	作動不良、外れ	応力計算	済		◎	

— 計算システム（技術計算）
— 資料調査、収集、作成
— 図面管理、出図

このように、設計者は非常に幅広い業務の中で、さらに以下の通り製品および部品のすべての情報を決定するという、きわめて重要な任務を日々行っている。

— 性能、使い方
— 機構・構造
— 形状・寸法
— 安全性
— 加工方法
— 組立性
— 環境配慮

これら設計者が決めるすべての項目を、設計図面という形でアウトプットし、さらに重点的に管理して欲しい部分（重点管理ポイント）を明確に後工程に伝えていく必要がある。

2.6　公差の課題を解決する

2.6.1　FMEA の具体的事例

第1章の公差設計の概要で、設計作業終盤のワークフロー、特にFMEAについて触れているので、ここでは具体的な例を紹介する。

表 2-3 に、FMEA の一例を示す。FMEA シートでは、問題点と処置方法などを記載するとともに、最終図面での公差計算結果や技術資料化の有無および重点管理ポイント一覧表への記載の要否も示す。

この表において、網掛けの部分は「公差の問題」となる。つまり、ある確率で不良が発生する危険がある項目だ。FMEA を実施すれば、故障モードの約半分は「公差の問題」といえる。FMEA をきちんと完了するためには、公差計算が必須となるわけだ。

2.6.2　リスクマネジメントからの要求

FMEA からの流れを医療機器の規定を例に

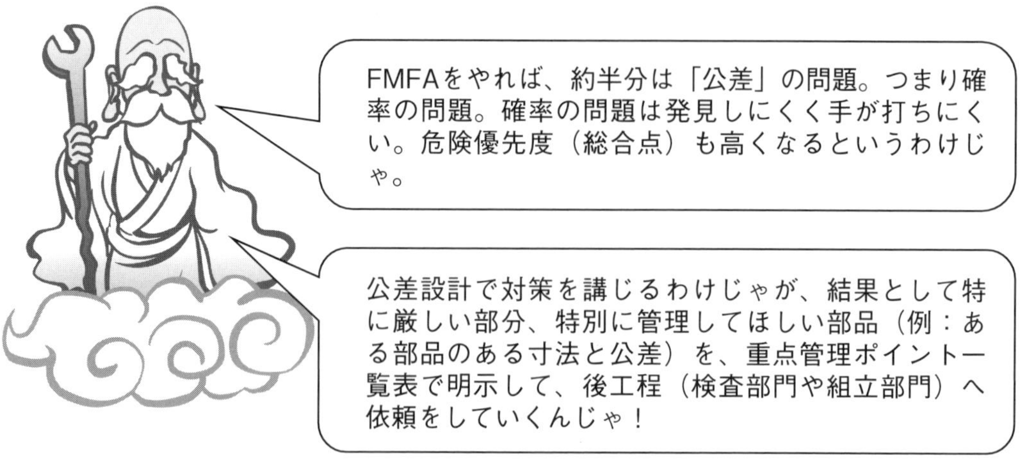
FMFAをやれば、約半分は「公差」の問題。つまり確率の問題。確率の問題は発見しにくく手が打ちにくい。危険優先度（総合点）も高くなるというわけじゃ。
公差設計で対策を講じるわけじゃが、結果として特に厳しい部分、特別に管理してほしい部品（例：ある部品のある寸法と公差）を、重点管理ポイント一覧表で明示して、後工程（検査部門や組立部門）へ依頼をしていくんじゃ！

[1]　ハザード：危害の潜在的な源。

説明しよう。

JIS T 14971には、「リスクマネジメントの医療機器への適用」という項目がある。ここでは、医療機器及びその付属品に関連するハザード[1]を特定し、リスクの推定と評価を行い、これらのリスクをコントロールし、そのコントロールの有効性を監視することが規定されている。

そして、“安全分析に利用できる手法についての指針を与える”として、「FMEA」が挙げられている。さらに、“ハザードの特定段階で好ましくない事象のそれぞれの発生確率を特定する”として、事象の確率推定のために一般的に次の三つの手段を用いると記載されている。

①関連する過去のデータを使用する。
②分析的手法またはシミュレーション手法を用いて事象の確率を予測する。
③専門家の判断を採用する。

このような医療機器の規定は、医療機器特有のものだろうか？

こういった内容は、あらゆる製品において適用されるべきものだ。

さらに、上記の規定を実行する場合に、過去に類似製品を製造・販売している会社であるなら、①の通り過去のデータが使用できるだろうが、世界初あるいは自社にとって初めての製品の場合は、①の方法では不可能であり、②の方法が必須となる。

そのため、多くの会社（業種を問わず）が設計・技術者教育として「公差設計」を取り入れて、かつ「FMEA」と連動させて実施する体制を整備してきている。

3 寸法記入と寸法公差方式

【学習のポイント】

第 1 章では、公差設計の PDCA の重要性について触れた。公差設計における PDCA とは、以下の通りであった。

P …… 公差値を決める公差計算
D …… 公差表示方式
C …… 工程能力の把握
A …… 次の製品における公差設計への反映

このPDCA を効果的に回していくには、設計者と製造現場との連携が重要になる。

第 3 章では、PDCA の中の D（Do）に関して学んでもらう。公差設計は、実際の業務においても当然、P → D → C → A の順に行われるが、本書における学習順序は、あえて D → C → A → P の順番で構成してある。

P（Plan）である公差計算を学ぶ前に、まずは D（Do）である寸法の入れ方や公差の表記方法が重要であり、さらに、C（Check）である工程能力の把握、A（Act）である「次の製品における公差設計の反映を十分に理解していただく必要があるからだ。

尚、幾何公差方式については、第 7 章で説明する。

3.1 寸法記入の考え方

まず、**図 3-1** を見ていただきたい。これは、ある部品の断面形状を示した図面で、図中に示す面 X が設計上、大事だということが分かっている。この面 X を決めるための寸法としては、A、B、C の 3 種類が考えられる。

さて、あなたなら A、B、C のどの寸法を記入するだろうか。あるいは、これらのどれでもなく、別のところに寸法をいれるだろうか。

正確な部品形状が把握できないだろうが、まずは直感で、あなたの身近な部品を例に考えてみてもらいたい。そして、**図 3-2** に直接記入しても、手元のメモ用紙でも構わないので、その結論を簡単に記録しておいてほしい。

筆者は、同じ質問を多くの設計者にしてきた。その経験から言えば、「A」と答えた人が最も多かった。しかし、「B」や「C」と答える人も必ずいる。もちろん、「それ以外」と答える人もいた。

それでは、それぞれの解答について考察してみよう。

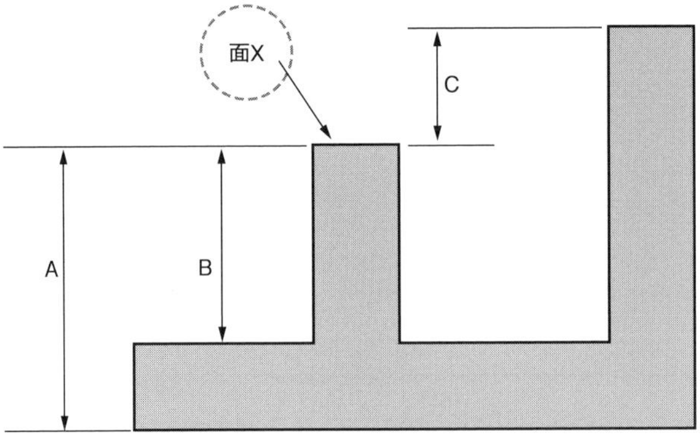

図 3-1 寸法の考え方

A □
B □
C □
W（それ以外 or 解らない） □

理由は？

図 3-2 解答用紙

【B を選んだ人の考え方】

Bだと答えた人はどのような考え方だろうか。

面 X が先端にある突起をピン形状と捉え、例えば円筒形状の部品 Z をそのピン形状に差し込むように組み付けるとする（**図 3-3**）。その場合、面 X との部品 Z の上面の関係が非常に重要だと考えると、確かに B の寸法が必要になってくる。

【C を選んだ人の考え方】

C と答えた人は、この部品が何らかの製品の下ケース（ケースの下半分）だと考え、その上に上ケース（ケースの上半分）が組み付けられることを想像していた（**図 3-4**）。外装ケースを設計している人は、このような考え方が出てくる。この場合には、上ケースに取り付けられた部品 Y の下面と面 X が干渉しないか、さらに、これら 2 つの面の間のスキマがどの程度確保されているかが重要になる。

その場合、確かに C の寸法が重要になってくる。「C なんて測れないだろう」と思う人がいるかもしれないが、外装ケースを設計している人にとっては非常に重要な寸法だ。もし、C の寸法を入れられないということであれば、A

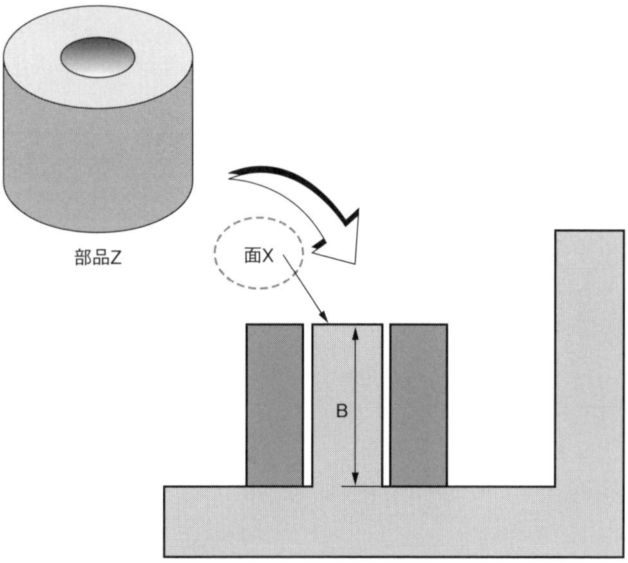

図 3-3　B の考え方

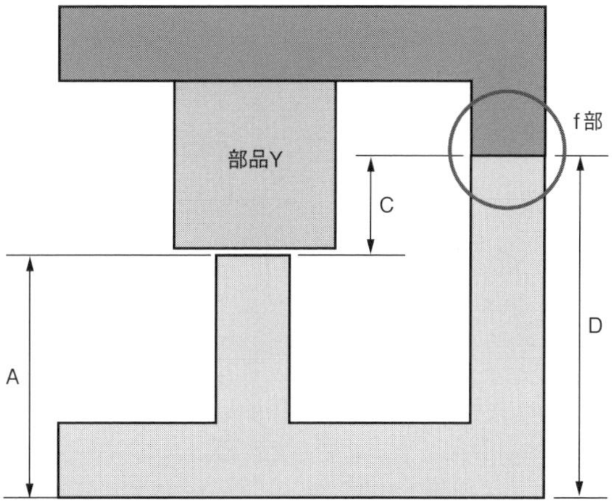

図 3-4　C の考え方

と D の 2 カ所の寸法が必要になる。

A と D は大きな寸法であり、これが両方公差いっぱいにばらついたということであれば、f 部のスキマ管理は非常に困難になる。こういうことが理解してもらえれば、製造側でも C 寸法の重要性を理解して造ってくれて、測定も決して不可能ではないので、協力してくれるだろう。

なお、実際のケースの設計においては、**図 3-5** のように上ケースと下ケースを組み合わせる場合が多い。

これは、外側から見たときの合わせ部の品質に非常に気を使うためで、合わせ面にわずかなスキマが発生した場合でも、内部の部品を見えなくしたり、スキマが目立たないようにしたりする工夫だ。

【Aを選んだ人の考え方】

それでは、Aの寸法と答えた人はどのように考えたのだろうか。A寸法は、この部品を定盤に乗せたときに、一番測りやすい寸法であり、加工する側も分かりやすい寸法だ。このような理由でA寸法を選択したことは当然理解できるし、このように考えることは重要なことだ。しかし、設計者は1個の部品を設計してそれを製品としているわけではなく、たくさんの部品を組み合わせて製品を完成させていることが多い。つまり、この部品にどのような部品が、どのように組み付いてくるのか、また、この部品には、どういった機能が要求されているのかが分からなければ、寸法1つであっても、本来は入れようがない。

そういった視点ではW（解らない）と答えた人が正解なのかもしれない。寸法は本来、設計者の意図に基づいて設定されるものだ。寸法が入っているところには、必ず公差が設定される。当然、寸法の入れ方によって公差の計算結果は影響を受ける。

実は、公差を議論する前に、場合によっては寸法の入れ方を見直す必要があるのだ。

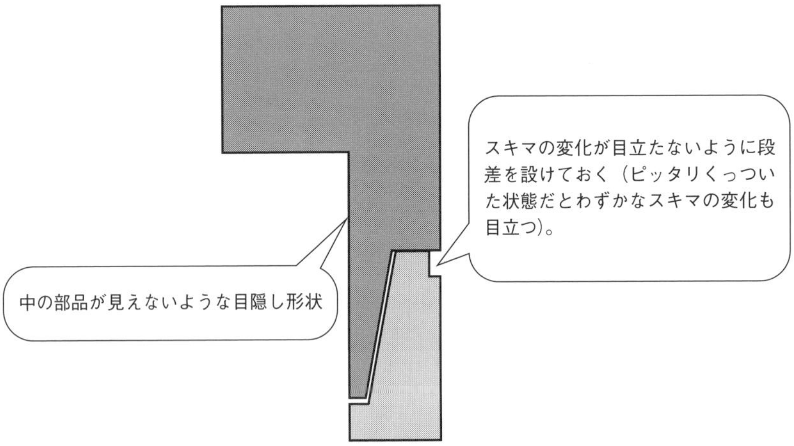
スキマの変化が目立たないように段差を設けておく（ピッタリくっついた状態だとわずかなスキマの変化も目立つ）。
中の部品が見えないような目隠し形状

図3-5　f部の形状

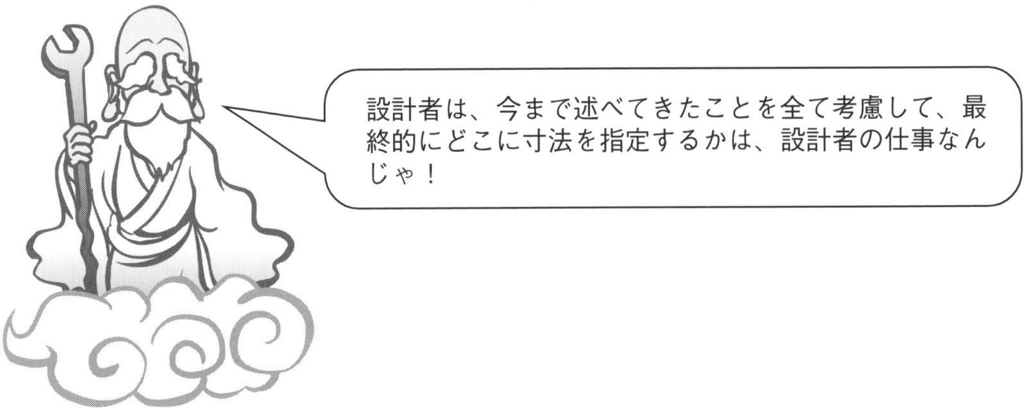
設計者は、今まで述べてきたことを全て考慮して、最終的にどこに寸法を指定するかは、設計者の仕事なんじゃ！

3.2　寸法記入上の注意

ここで寸法公差記入方法の一般原則について確認しておこう。寸法記入方法は、「JIS B 0001」に規定されている。寸法記入に際して特に注意すべきポイントを（1）～（12）に示した。業務の中でいくつ、意識していたかを確認して頂きたい。

(1) 寸法は必要十分なものを記入

寸法は、対象物の大きさ、姿勢、位置を最も明らかに表すのに必要で。かつ十分なものを記入する。

(2) 機能寸法は必ず記入

対象物の機能上必要な寸法（機能寸法）は、必ず記入する（**図 3-6**）。

(3) 寸法はなるべく主投影図（正面図）に集中させる

対象物の形状・特徴を最もよく表す面を主投影図（正面図）とする。寸法記入は、なるべく主投影図（正面図）に集中させ、主投影図に表せない寸法は補助投影図（平面図や側面図など）に記入する。主投影図と補助投影図の間の関連する寸法は、できるだけそれぞれの間に記入する（**図 3-7**）。

(4) 寸法はできるだけ計算して求める必要がないように記入する

必要な寸法が、すぐに読み取れるように記入する（**図 3-8**）。この場合、他の重要な寸法と区別するために、参考寸法は括弧にいれて記入する。

(5) 寸法はなるべく工程ごとに配列を分けて記入する

寸法を読みやすくするためには、**図 3-9** のように工程ごとに配列したり、**図 3-10** のように工程によって同一図中に寸法を区分配置したりする。

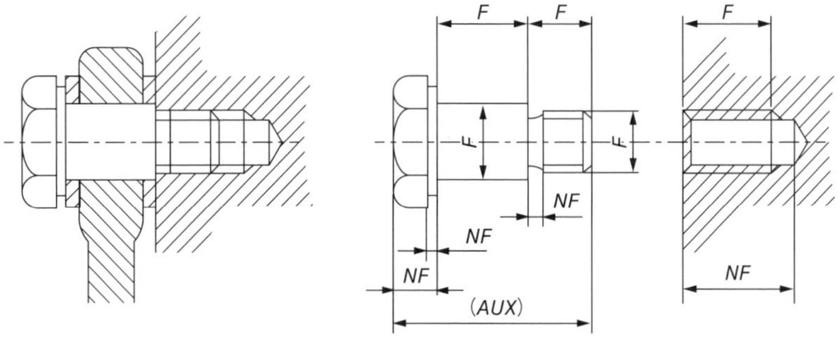

(a) 設計要求　(b) 肩付きボルト　(c) ねじ穴

備考　*F*は機能寸法、*NF*は非機能寸法、*AUX*は参考寸法を表す。

図 3-6　機能上必要な寸法

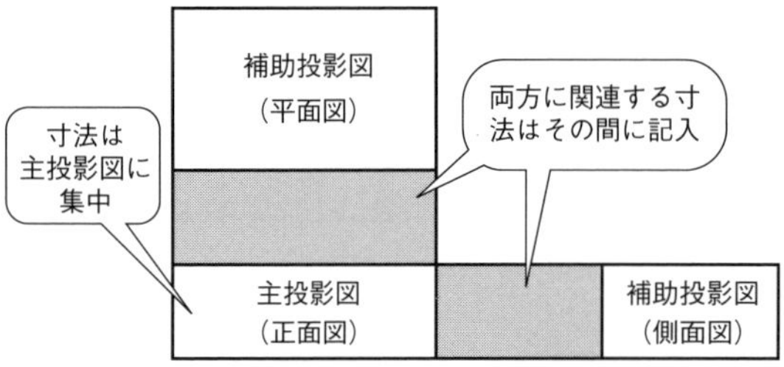

図 3-7　投影図への寸法配置

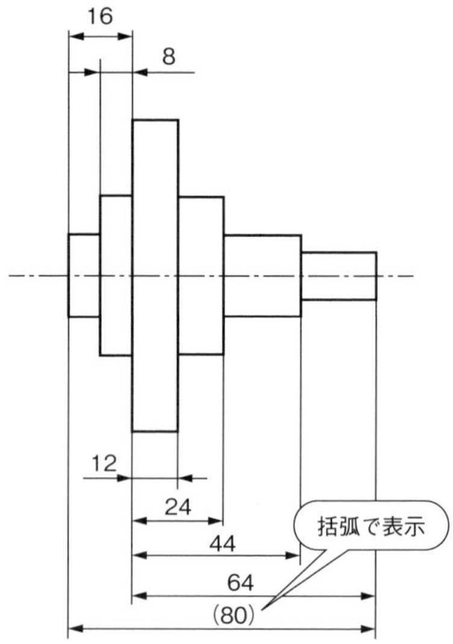

図 3-8　参考寸法

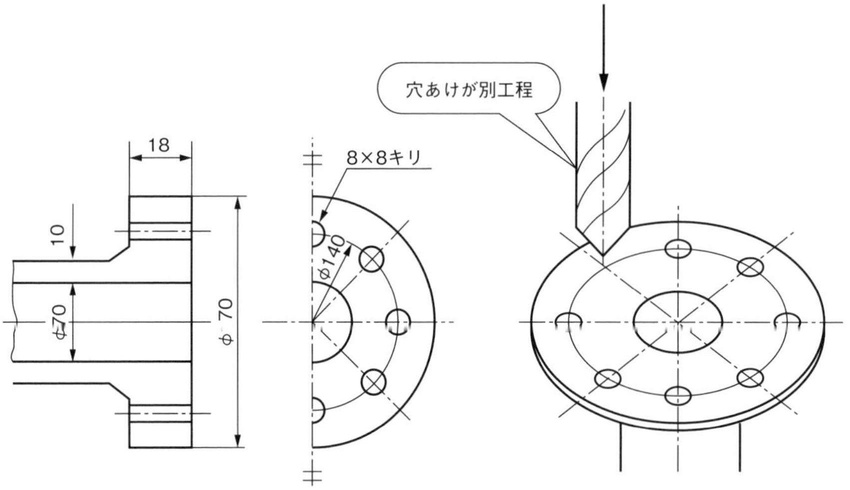

図 3-9　工程ごとに配列

(6)　寸法は必要に応じて基準とする点、線または面を基準にして記入する

製作または組立作業において、基準となる線または面を基準部という。この基準部は、**図 3-11** のように加工や寸法測定などに便利なところを選び、寸法の記入は、特別な事情のない限りこの基準を基にして記入する。

(7)　寸法は重複記入を避ける

同一寸法を**図 3-12** のように、主投影図や補助投影図またはその他の図に記入することは避ける。図面が複雑になるばかりか、図面修正の際に一部のみ修正漏れが起こる危険が高いためだ。

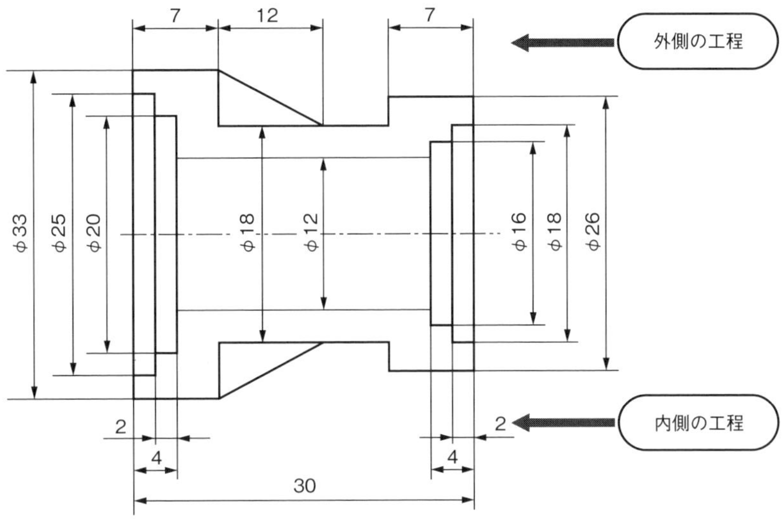

図 3-10　工程による区分配置

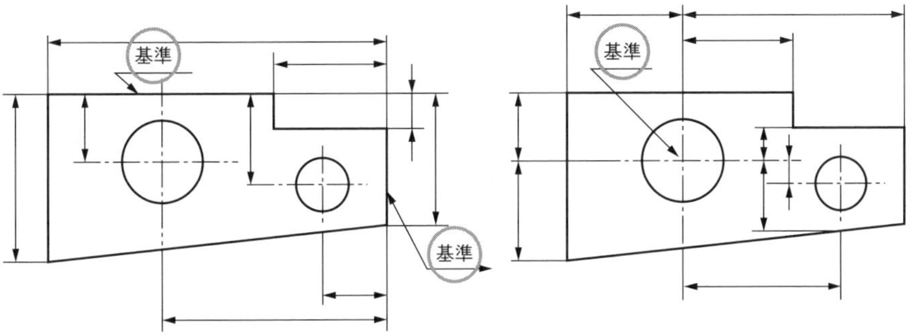

(a) 特定の面を基準とした場合　　(b) 穴の中心を基準とした場合

図 3-11　基準部

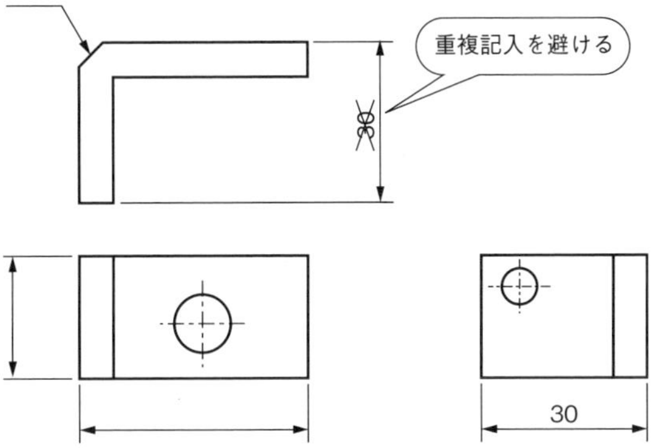

図 3-12　重複記入を避ける

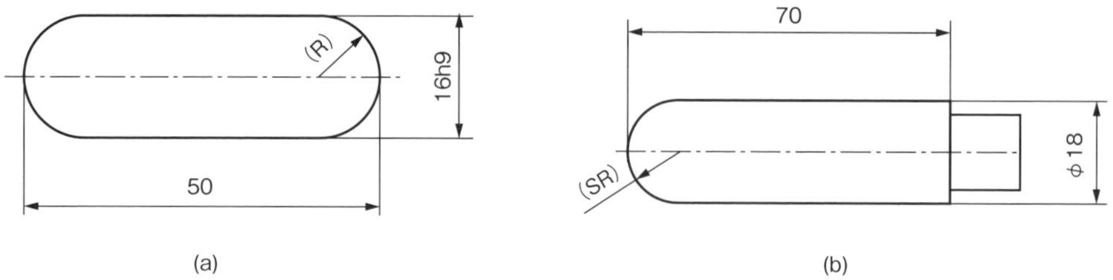

図 3-13　半径の表し方

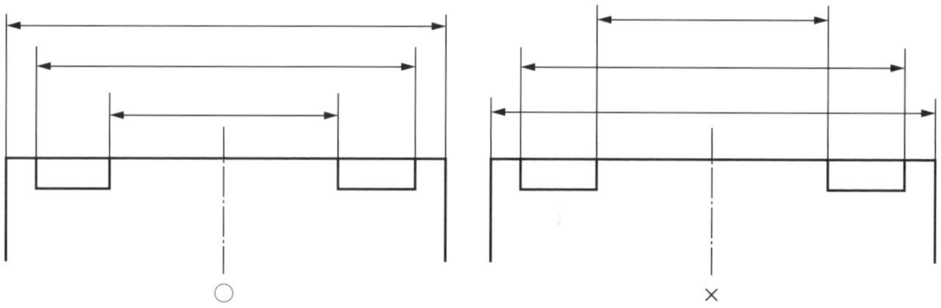

図 3-14　交差を避ける

(8) 半径の表し方

半径の大きさが、他の寸法から導かれる場合には、**図 3-13**（a）のように、半径を示す矢印と数値なしの記号（R）によって指示する。なお、**図 3-13**（b）のように、球の半径 SR を表す場合も同様である。

(9) 寸法数値は、寸法線の交わらない箇所に記入する

図 3-14 のように、寸法線、寸法補助線の交差は、出来るだけ避ける。また、寸法数値は、**図 3-15** の通り、寸法線の交わらない箇所に記入する。

(10) 寸法数値は、揃えて記入する

寸法補助線を引いて記入する直径の寸法が対称中心線の方向に幾つも並ぶ場合には、**図 3-16** の通り、各寸法線はなるべく同じ間隔に引き、小さい寸法を内側に、大きい寸法を外側にして寸法数値を揃えて記入する。

ただし、紙面の都合で寸法線の間隔が狭い場合には、寸法数値を対称中心線の両側に交互に記入してもよい。

(11) 寸法数値は線に重ねて記入してはならない

線に重ならない位置に記入するか、やむを得ない場合には、**図 3-17** の通り、引出線を用いて記入する。

(12) 寸法数値の記入について

寸法線が長くて、その中央に寸法数値を記入すると分かりにくくなる場合には、**図 3-18** のように、いずれか一方の端末記号（矢印）の近くに片寄せして記入する。

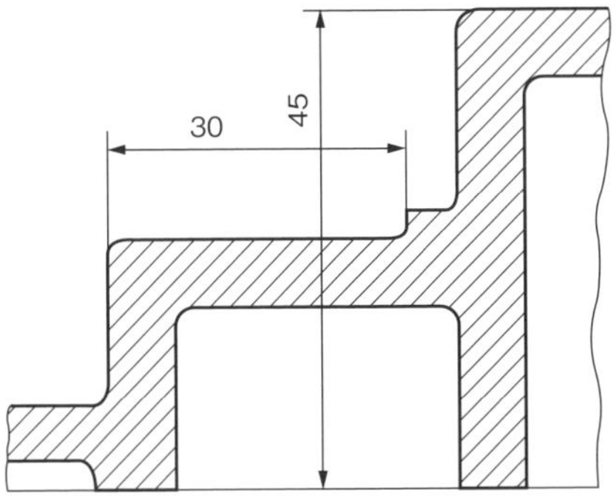

図 3-15　交わらない個所に記入

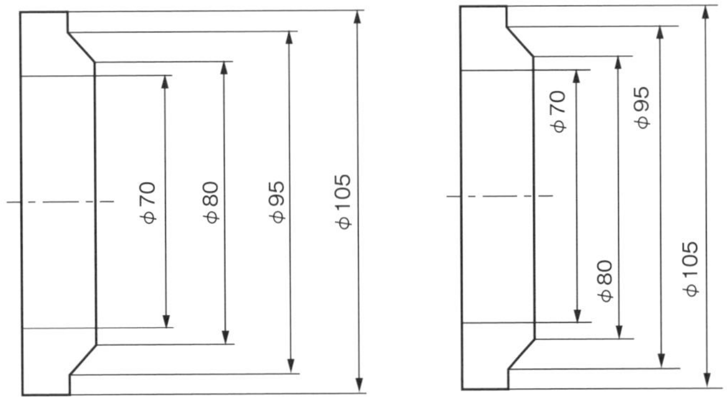

図 3-16　寸法数値は揃えて記入する

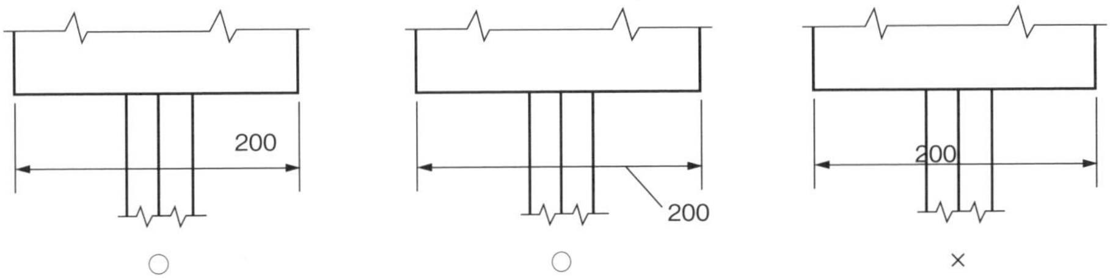

図 3-17　寸法数値は線に重ならないように記入する

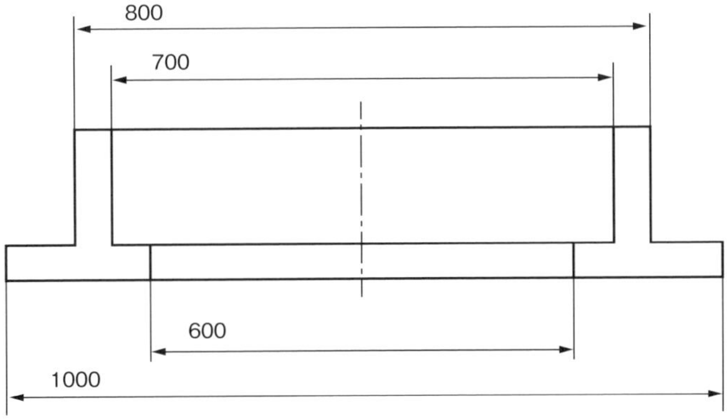

図 3-18　寸法線が長い場合の記入方法

さらに、寸法の配置については、以下の方法があるが、これらは公差の扱いによって決まるものだ。

(1) 寸法の配置：直列寸法記入法

各寸法を一列に連ねて配置する（**図 3-19**）。直列に連なる個々の寸法に与えられる寸法公差が、逐次累積しても良いような場合に適用する。

(2) 寸法の配置：並列寸法記入法

並列する寸法線によって、基準形体から各形体までの寸法を記入する（**図 3-20**）。この場合、共通側の寸法補助線の位置は、機能・加工などの条件を考慮して適切に選ぶ。並列に記入する個々の寸法公差は、他の寸法の公差には影響を与えない。

(3) 寸法の配置：累進寸法記入法

この方法では、**図 3-21** のように、寸法の起点の位置を、起点記号（○）で示し、寸法線の他端は矢印で示す。寸法数値は、図 3-22（a）の通り寸法補助線に並べて記入するか、図 3-22（b）のように矢印の近くに寸法線の上側にこれに沿って記入する。この方法によれば、寸法公差に関して、並列寸法記入法と全く同等の意味を持ちながら、1本の連続した寸法線で簡便に表示できる。

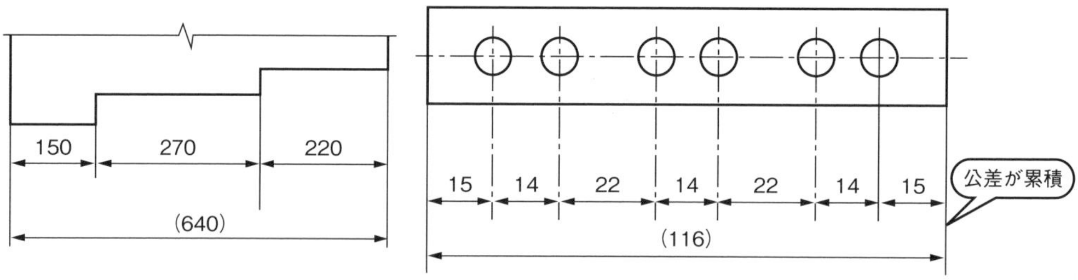

図 3-19　直列寸法記入法

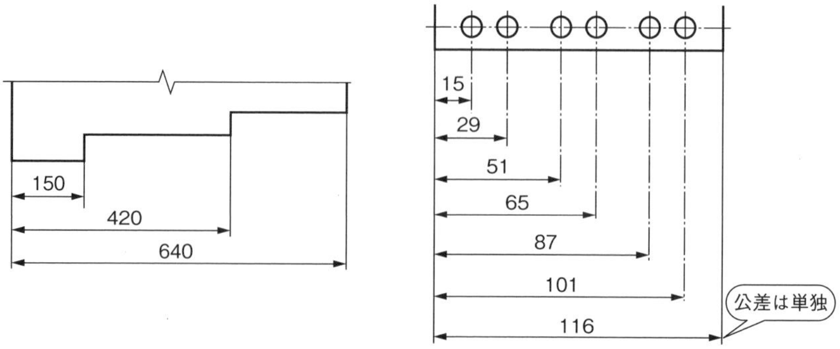

図 3-20　並列寸法記入法

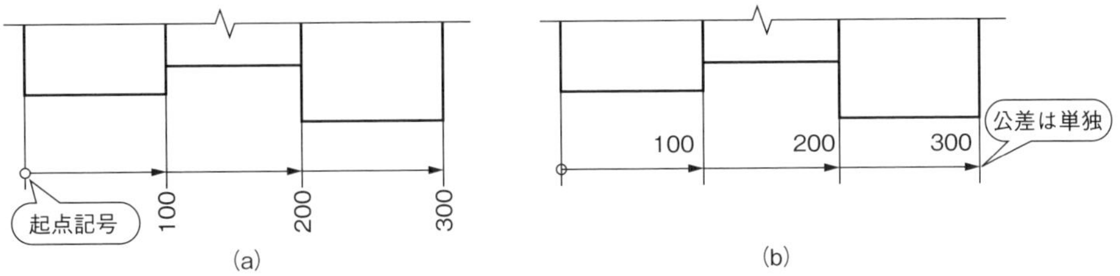
起点記号
100
200
300
(a)
100
200
300
公差は単独
(b)

図 3-21　累進寸法記入法

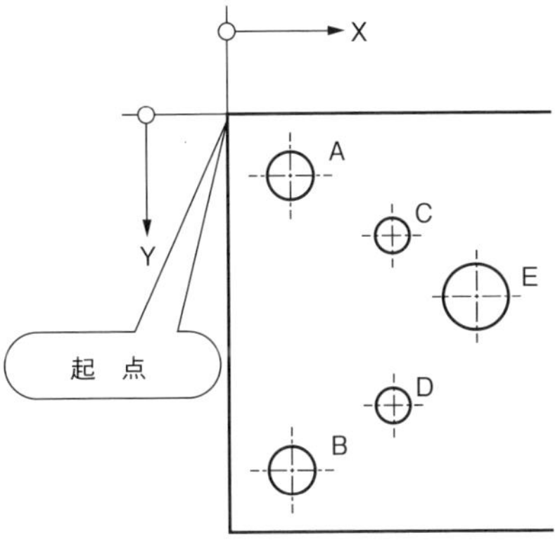
X
Y
起　点
A
B
C
D
E

	X	Y	φ
A	20	20	15.5
B	20	160	13.5
C	60	60	11
D	60	120	13.5
E	100	90	26

図 3-22　座標寸法記入法

(4) 寸法の配置：座標寸法記入法

穴の位置、大きさなどの寸法は、**図 3-22** のように座標を用いて表にしてもよい。この場合、表に示す X、Y の数値は、起点からの寸法となる。

これらのように、各寸法の公差が他の寸法の公差にどう影響するのかは、図面における寸法の記入方法によって変わってくる。設計者はこのことを十分に理解しておく必要がある。

寸法記入法は、「公差」の扱いが根本にあって、決まってきているのじゃ！

3.3　寸法公差方式

加工者は、設計者が指示した図面を見て部品を加工するわけだが、その際、必ずばらつきが発生する。寸法公差方式は、その寸法のばらつきをどのくらいまで許せるか（許容差）を表現する方式である。

寸法公差の表し方には、**表 3-1** に示すような種類がある。また、数値の記入方法も多様だ（**図 3-23**）。JISB0401-1 では、寸法許容差＝最大許容寸法－最小許容寸法で表す、と定義している。

なお、普通公差については第 2 章で、幾何公差方式については第 7 章で詳しく解説する。

表 3-1　寸法公差の種類

種類	特　徴	記　入　例
数値記入	設計者が各寸法の公差を個別に設定する。	基準寸法の後に許容差を指定する。 例）　$10^{+0.1}_{0}$
普通公差	一部品に対してまとめて公差を設定する。	基準寸法のみ 例）　10 一般的には表題欄の中に一覧表を設けており、設計者はその等級を指定する。 JIS B 0405 等参照

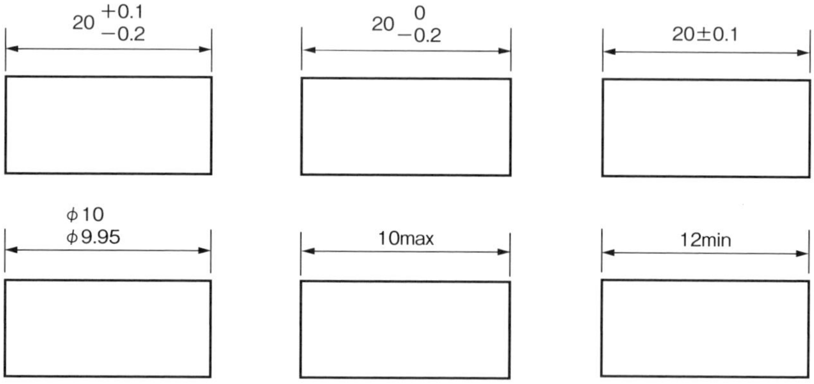

図 3-23　寸法公差の数値記入例

4 品質とばらつき

【学習のポイント】
本章では、公差設計のPDCAの中のC（Check）とA（Act）について学んでもらうが、工程能力を調べて次の製品へと反映させという取り組みにはQC的な考え方が必要になる。特に、品質管理とは何か？　から、事実に基づくデータの管理（ヒストグラム）について解説する。

4.1　品質管理とは

品質管理（QC：Quality Control）は、もともと製造業を中心に、生産される工業製品の品質を管理するために考え出されたものだ。この考え方に米国では20世紀前半（1924～1942年）ごろ、管理図や抜取検査（第9章で説明）といった統計的な考え方を生産現場の品質管理として導入し、データに基づく品質管理が始まった。

ここで言う“品質”とは、品物またはサービスが顧客の要求や使用目的を満たしているかどうかという性質のことである。品質は工業製品のようなモノだけではなく、銀行　ホテル、運輸等の業務であるサービスを対象としても考えられる。

企業が安定的に発展していくためには、目先の利益だけにこだわるのではなく、顧客第一の経営に重点をおき、満足してもらえる製品やサービスなどの質を最優先に提供することが必要だ。そのために、企業の全社員が確実に実行していくという考え方が求められる。品質を無視したコストの低減は、一時的な利益には結びついても、結局は顧客を失うこととなり、長続きはしない。

また、“管理”という言葉には、2つの意味がある。

第1は、現状維持を主体としたもの。標準に従って仕事をした結果が、狙い通りになっているかをチェックし、もし、狙い通りになっていなければ必要な処置を講じるものだ。

第2は、現状打破を主体としたものだ。品質向上や原価低減などを考えて、目標を現在の水準より高いところにおき、これを達成する計画を立てて実行し、その結果を随時把握しながら目標達成するために必要な処置を講じるものである（**図4-1**）。

以上を踏まえて、設計者が行うべき品質管理活動は、以下の内容がある。

①製造段階で造りやすい設計を行う。加工しにくい部品形状だったり、組み立てにくい構造だと、品質のつくり込みが難しくなる。これを実現するには、適切な公差によるバランスのとれた設計が求められる。

②信頼性（長持ちする）設計を行う。部品・製

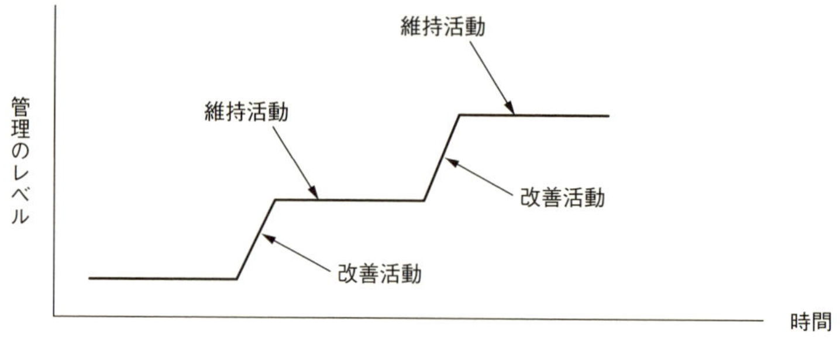

図 4-1 管理とは

品は、出荷段階で良品であっても、すぐに故障してしまうようでは良い設計とはいえない。設計段階から、信頼性を考慮する必要がある。

③顧客が使いやすい設計にする。ものづくりの基本は、顧客に喜んでもらえる製品・部品を提供することだ。そのためにも、使いやすく満足してもらえる設計を心掛けなくてはならない。

品質管理ではさまざまな判断をできるだけ事実に基づいて行うことが大切である。この「事実でものをいう」、つまり「事実によって管理していくこと」を、“事実に基づく管理”とか“ファクト・コントロール（Fact Control）”という。

設計者にとっても、事実を踏まえて判断・行動することが大切だ。そのためには、製造工程の状況を、データを取ることによって正しく把握する必要がある。

長年積み重ねた経験（K）や勘（K）に頼ったり、時には度胸（D）をまじえた、いわゆる「KKD」のみによる行動では、事実を正しく把握できていないと判断を誤ることになる。KKD を全て否定するわけではない。例えば、アイデア出しの段階では必要となる場合もある。しかし、正しい判断をするためには、KKD のみに頼るのではなく、データによって事実を把握することが大切となる。

4.2 データについて

4.2.1 データを取る目的

(1)「事実に基づく管理」の実践をする

データを取るということは、品質管理の考え方で重要な「事実に基づく管理」を実践する第1歩と考えていい。職場での問題解決や管理・改善を進めるときには、事実をデータでとらえ、科学的に分析・解析して判断・行動することが大切だ。勘や経験、憶測だけに頼った判断は誤りを起こしやすいが、データに基づいて判断すれば、適切な処置・行動をとれる（**図 4-2**）。

(2) データを取る目的を明確にする

データは、何のためのデータかはっきりしないまま、ただやみくもにデータを取っても役に立たない。データを取る前に、何をするためのデータかという目的をはっきりさせ、その目的に合ったデータを取ることが大切となる。

データを取る目的には、一般的に管理、改善、検査の3つがある（**表 4-1**）。データを取る前に、次のどの目的のために取るのかをはっ

図 4-2　事実に基づく管理

表 4-1　データを取る目的

目　的	どんな場合に取るのか	例
1）管理のため	・職場や工程の状況が、いつもと同じように良い状況が維持されているかを確かめるために、定期的に取るデータのこと。 ・もし異常が発見された場合には原因を究明して再発防止の処置をとる。	加工条件管理 特性値管理 生産数量管理 不良率管理 など
2）改善のため	・問題解決や改善を行なう場合、現状はどうなっているのか？ ・加工条件等を変化させると、結果にどのような影響を与えるのか？ ・また改善の対策が効果を上げたのかを確認するなどのために取るデータのこと。	現状把握 要因検証 対策効果確認 など
3）検査のため	・製品や部品を試験や測定を行い、その結果を規格と比較して良品・不良品の判定をするために取るデータのこと。	出荷検査 抜取検査 など

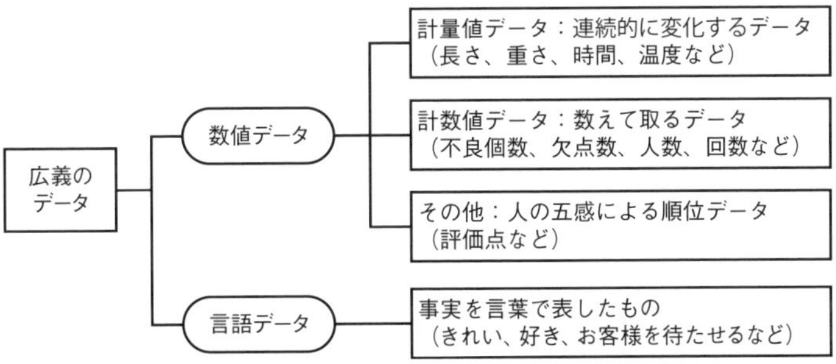

図 4-3　データの分類

きりさせよう。

4.2.2　データの種類

一般にデータというときには、事実を数字で表した「数値データ」をいう。しかし、言葉で表される情報も広い意味でデータとして取り扱うことも多くあり、これを「言語データ」と呼んでいる（図 4-3）。

(1) 数値データ

数値データには、大きく分けて「計量値データ」と「計数値データ」の 2 種類がある。計量値と計数値ではデータの性質が違うので、処理の方法も違ってくる。データを取るとき、または取ったデータを解析するときには、「これはどちらのデータなのか？」を把握することが必要だ。

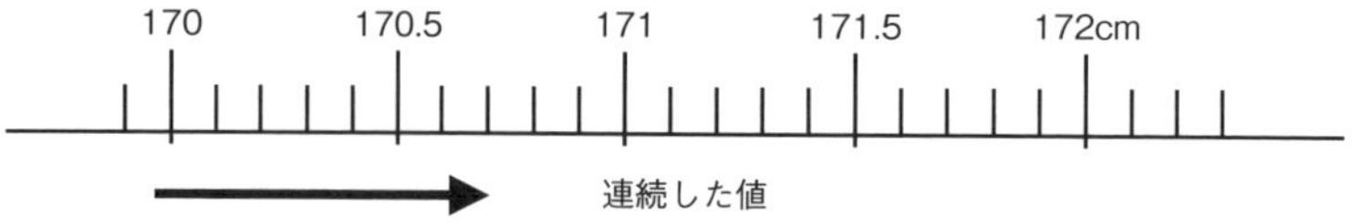
170
170.5
171
171.5
172cm
連続した値

次のようなデータは、計量値になる。
・鉄板の厚さ（0.32mm）…………長さのデータ
・薬品の重量（5kg）……………重さのデータ
・加熱炉の温度（860℃）…………温度のデータ
・機械のサイクルタイム（12秒）……時間のデータ
・製品の消費電流（25mA）…………電流のデータ
・A製品の1日の生産量（1200t/日）…重さのデータ
・1日の売上高（1000万円/日）……金額のデータ

図 4–4　計量値データ

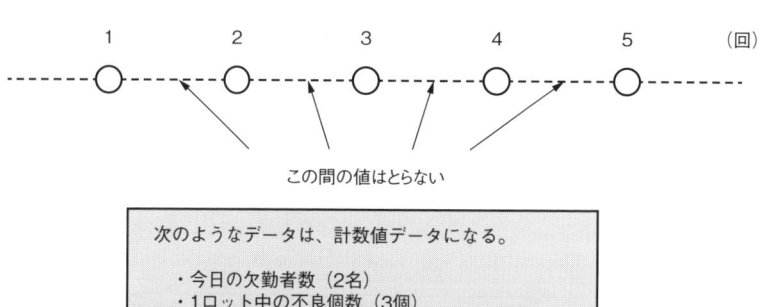

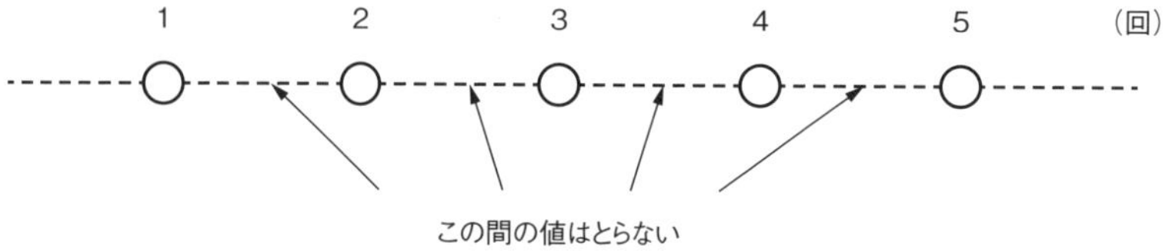
1
2
3
4
5
（回）
この間の値はとらない

次のようなデータは、計数値データになる。
・今日の欠勤者数（2名）
・1ロット中の不良個数（3個）
・1枚のブリキ板のメッキ・ピンホール数（3個）
・生産装置の1日当たりのチョコ停回数（2回）
・今月の災害件数（2件）
・A製品の不良率（0.15%）

図 4–5　計数値データ

① 計量値データ

長さ・重さ・温度・時間などのように、連続的に変化する値をとるデータのことをいう。連続値とも呼ぶ。例えば、身長のデータは普通、cm の単位で測定することが多いため 170cm とか 171cm のように表わせる（**図 4–4**）。しかし実際の身長は正確に 1cm きざみになっているわけではない。

一般的に計量値データは、データを取るのに手間がかかるが、比較的少ないデータでも分析・判断できる。このため、データを取る際には、できるだけ計量値データを取れるように工夫するとよい。

② 計数値データ

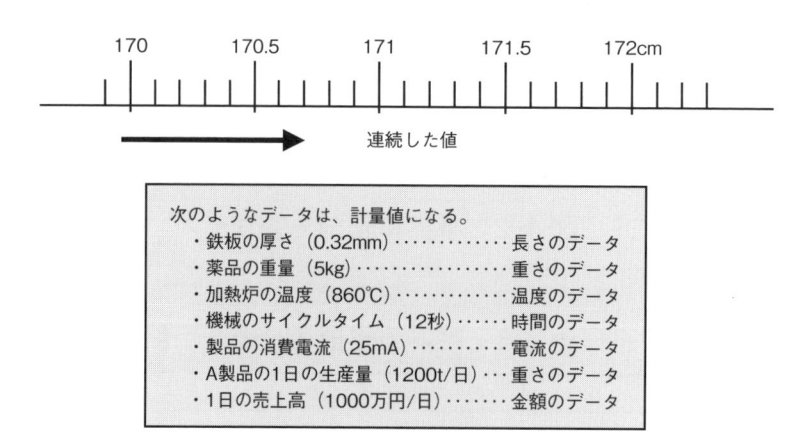

欠勤者数・不良個数・欠点数・機械の停止回数などのように、1つ、2つ、3つと、数を数えるデータのことをいう。データの取りうる値は連続ではないので、離散値とも呼ぶ。例えば、欠席者数は2人とか3人とかいう、必ず1人きざみのデータとなり、その間の値になることはない（**図 4–5**）。計数値データは、データを取るのに手間がかからないという利点はあるが、分析の精度を高めるためには多くのデータ

①なぜ（Why）················データをとる目的は
②何を（What）················データをとる対象は（どの特性値か）
③いつ（When）··············データをとる日時・期間・頻度は
④どこで（Where）············データをとる工程・場所・機械は
⑤だれが（Who）··············データをとる担当者は
⑥どのようにして（How）······データをとる方法は（データ数・測定方法等）

図 4-6　データを取る条件

が必要となる。

なお、不良率は、（不良個数／検査個数）×100 ％で計算され、小数点以下の数字を持つ場合が多いため計量値と間違えやすいが、基のデータ（不良個数や検査個数）が計数値なので計数値データとなる。このように、割り算によって求める数値でも、分子が計数値であれば計数値と考える。欠点率の場合には分母が面積や時間などの計量値になることがあるが、分子が計数値なのでやはり計数値と考える。

(2) 言語データ

きれい、好き、せまい、顧客を待たせる、というような、数値ではなく言語情報によるデータを、言語データという。言語データは、数値データと同様に事実を表すデータとして重要な情報となる。取り扱うデータは、数値データのように統計的な分析はできないが、問題の原因追究や対策の検討などに役立つ。

4.2.3 データを取るときの注意

(1) 適切な特性値を選ぶ

特性値とは、出来上がった品物の品質を判断したり、工程の状況を判断したりするために数値で表されたもので、データを取ることにより得られるものだ。特性値には大きく次の 2 種類がある。

①結果としての特性値……出来上がった品物の寸法や質量、性能・機能などに関する値
②要因としての特性値……品物を製造するときの、温度や圧力、時間など製造条件に関する値

データを取るときには、これらの特性値の中から目的に合わせた適切な特性値を選ぶ。

(2) 5W1H を明確にしておく

データを取る場合には、その条件を 5W1H（いつ、どこで、だれが、なにを、なぜ、どうやって）で明確にしておくことが大切だ。これにより、データの由来が明確になり、データの整理分析で役立つ（図 4-6）。

(3) 区分してデータをとる

例えば、不良が発生した場合に、機械別、作業者別、材料別などに区分してデータを取れば、不良の原因をつかむための多くの情報が得られ、解析のときに役に立つ。このように区分することを「層別」という。

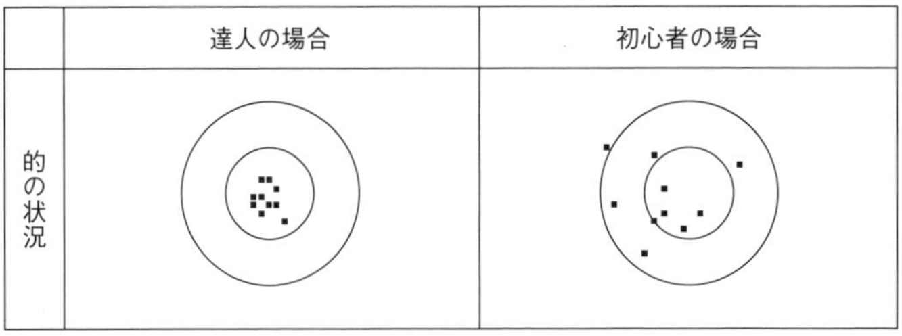

図 4–7　ばらつきとは

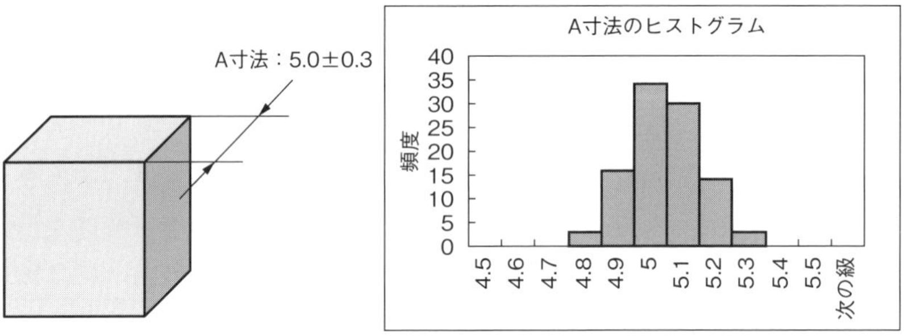

図 4–8　部品のばらつき

4. 2. 4　ばらつきとは

世の中で起こる事象には、必ずばらつきがあると考えられる。

例えばアーチェリーの選手が的に向かって矢を放つ場合、本人は中心を狙ったつもりでも、必ず中心に当たるわけではない。2 回、3 回と繰り返した場合でも、いつも同じ位置に当たるわけではなく、当たる位置にはばらつきがある。もちろん、アーチェリーの達人は、ばらつきの範囲が狭くなるが、初心者の場合には、ばらつきの範囲が広くなり、的から外れることもあるだろう。当たり前のことだが、ばらつきの大きさは、能力によって違ってくる（**図 4–7**）。

ばらつきは、部品加工でも全く同じことが言える。一般的に、部品加工を行う場合には、設計寸法の中心を狙っているわけだが、必ずその寸法に加工されるわけではなく、ばらつきは避けられない。ばらつきの大きさも、アーチェリーの場合と同じで、加工される工程の能力によって違ってくる。ばらつきが小さい程良いことは分かっているが、技術的な要因やコストとの関係で、ある範囲までは許容せざるを得ない。従って技術者は、部品にはばらつきがあることを前提にして、技術活動をしなくてはなならない（**図 4–8**）。

ばらつきが避けられないことを概念的には理解できると思うが、それでは、どんな風にばらつくのだろうか。部品を加工するケースで考えてみよう。

寸法がばらつくといっても、全くデタラメにばらつくわけではなく、安定した工程においては、ある法則に従ってばらつくのが普通だ（**図 4–9**）。ばらつきがある法則に従えば、統計的手法を活用することで、確率の大きさを予測することができる。

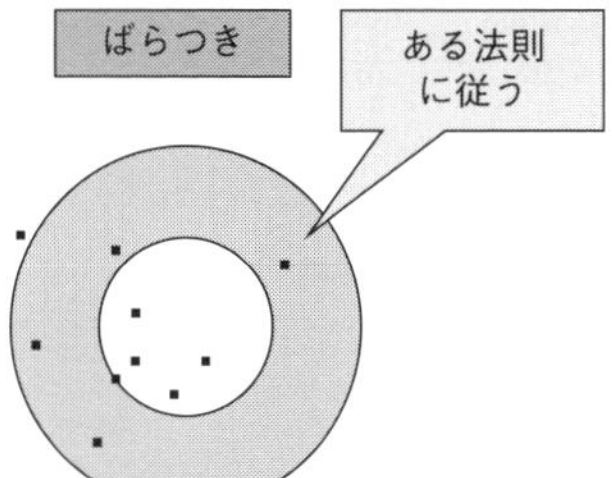

図 4-9 ばらつきはある法則に従う

設計者は、各部品のばらつきの状況を知らなければ公差設計ができないし、製造現場ではばらつきの状況を把握できなければ、工程管理ができない。従って、ものづくりには統計的手法を正しく理解し、正しく活用することが必要となる。

さら、「ある法則に従ってばらつく」と前述した、それはどのような法則によってばらつくのだろうか。ばらつく法則をイメージで理解するために、**図 4-10** のようなパチンコで考えてみよう。

上部中央から投入されたパチンコ玉は、途中にある釘によって左右に跳ねながら落ちていく。最後には下にある溝に落ちるわけだが、その位置は中心とは限らず、左右にばらつく。しかし、中心付近に落ちる確率が高く、端へいく程確率が小さくなることは、感覚的に理解できるだろう。

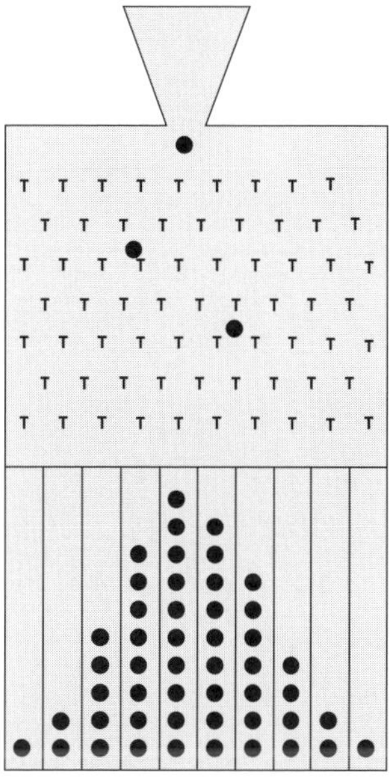

図 4-10 パチンコの例

部品加工の場合も同様に、安定した工程の場合には、**図 4-10** のような分布でばらつく。何回繰り返しても、ほぼ同じ分布になるので、このような法則に従ってばらつくと考えられる。

4.2.5 4M のばらつき

製造工程でばらつきが発生する原因を大きく分けると、作業者、機械・設備、原料・材料、作業方法の 4 つになる（**図 4-11**）。いずれも英語の頭文字に M が付くので「4M」と呼んでいる。この 4M は、厳密に一定の状態にすること

①作業者……………………Man

②機械・設備…………Machine

③原料・材料…………Material

④作業方法……………Method

図 4-11 製造工程でばらつきの出る原因

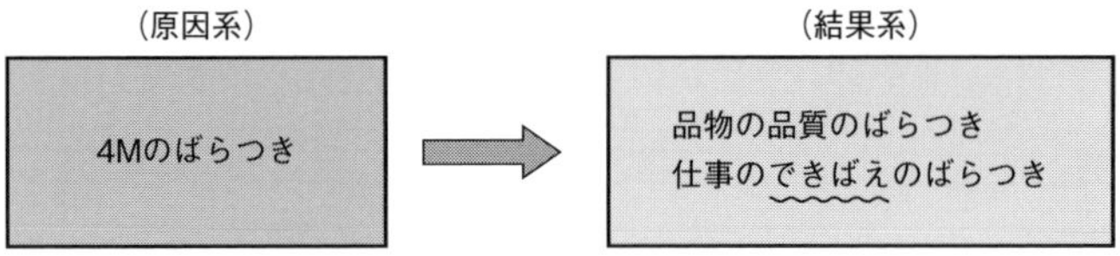

図 4–12 4M のばらつき

は不可能で、常に変化する。

①**作業者**：人が変われば経験やクセなどにより微妙な違いが出るし、同じ人が仕事をしても朝と夕方でコンディションが変われば、出来栄えが違ってくる。

②**機械・設備**：作業者と同様、同じ作業をする機械でも、機械が変わればクセも違ってくるし、同じ機械でも故障や不調など状態は絶えず変化する。

③**原料・材料**：購買先が違えば品質は異なるし、同じメーカでもロットによる違いがある。

④**作業方法**：組み立てる順番、作業指示の与え方の違いによって、完成した製品の品質は変わってくる。

このようにばらつきのある 4M が組み合わされた状態で仕事が行われているので、品物や仕事の出来栄えにばらつきが出るのは当然だ（**図 4–12**）。このばらつきをできるだけ小さくして、一定の幅の中に押さえていこうとするのが品質管理の考え方である。

4.3 ヒストグラム

4.3.1 ヒストグラムとは

部品加工時にも、パチンコのような分布でばらつくと説明した。パチンコの例では、落ちる場所に溝があって、そのどこかに入るため、分布は目で見える形になるが、部品寸法の場合には、どうしたら見えるようになるだろうか。

部品寸法は連続した数値なので、パチンコの溝の代わりに、ある一定の寸法幅を区切り、その中にいくつのデータが入るかを数えることによって、分布がどうなっているのかを見ることができる。以下に例で示そう。

表 4–2 のような、100 個の寸法データを取ったとする。このデータは、中心寸法が 15.00mm で加工した部品のデータだが、当然ばらつきのあるデータとなる。このまま表を眺めても、分布がどうなっているかは分からない。

そこで、データを 0.2mm の幅に区切り、その間にいくつのデータがあるかを数える。数えた結果が**表 4–3** だ。これを「度数分布表」という。なお、区切りの境界上のデータは、下(小さい方）の区間に入れるようにしている。

この表でもある程度分布の形が分かるが、さらに視覚的に分かりやすくしたものが、**図 4–13** のグラフである。これを「ヒストグラム」という。ヒストグラムで分布を表すと、①分布の形 ②中心位置 ③ばらつきの大きさなどが一目で分かるようになる。

図に示した分布は、安定した工程におけるデータでヒストグラムを描いたのだが、実際にはさまざまな形のヒストグラムがある（**図 4–14**）。

表 4-2 寸法データ

単位 mm

14.88	14.49	15.10	15.51	15.48	15.69	14.13	14.91	15.44	14.57
14.72	14.32	14.26	14.61	14.69	14.15	14.77	14.84	15.05	14.85
14.87	14.85	15.54	14.97	14.93	14.79	15.79	15.35	15.16	14.74
15.66	14.36	15.22	15.36	15.77	14.97	14.79	15.27	14.85	15.30
14.42	14.66	14.39	14.85	14.99	15.01	14.87	15.88	14.30	14.71
13.97	15.58	14.49	14.74	15.30	15.19	15.35	15.24	14.45	14.55
15.14	15.13	14.62	14.90	15.05	15.22	15.06	14.64	15.75	15.19
15.03	15.33	15.34	14.75	14.63	15.44	14.52	14.38	15.28	15.03
15.88	15.58	15.52	15.05	15.00	15.18	14.99	14.58	14.29	15.33
15.18	15.25	15.09	14.59	15.50	14.88	14.66	14.67	14.83	14.82

表 4-3 度数分布表

区 間	データ数
13.8 以下	0
13.8～14.0	1
14.0～14.2	2
14.2～14.4	7
14.4～14.6	9
14.6～14.8	16
14.8～15.0	19
15.0～15.2	16
15.2～15.4	14
15.4～15.6	9
15.6～15.8	5
15.8～16.0	2
16.0 を超える	0

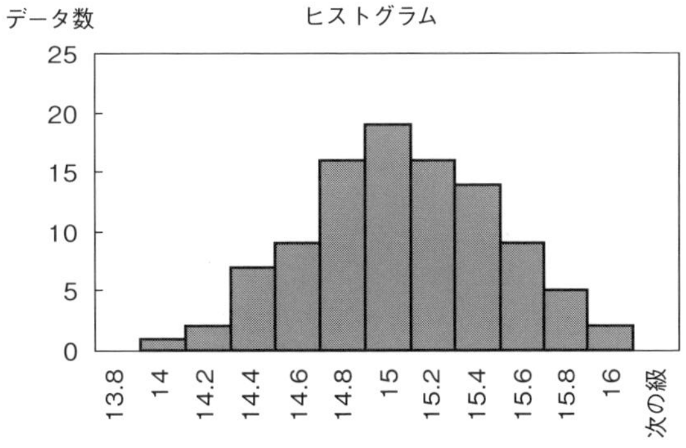

図 4-13 ヒストグラム

分布の形	解説	対処方法等
一般形（正規分布形） 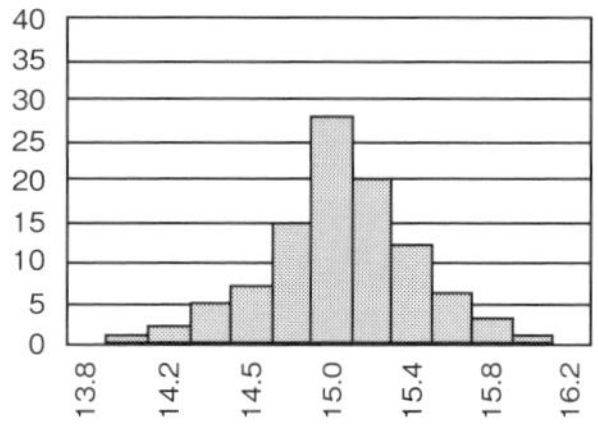	・一般によく現れる分布。 ・安定した工程では、この分布になる。	・ばらつきの大きさと規格値により、不良品率の推定が可能。
歯抜け形 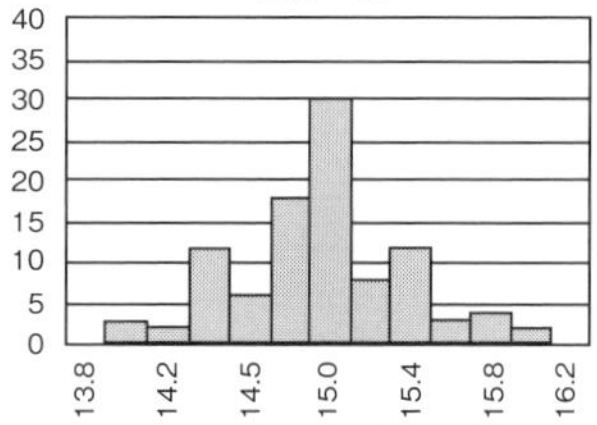	・区間の幅の設定が不適切な場合に現れる。 ・測定器の読み取りにくせがある場合が考えられる。（丸め方のくせ）	・区間の幅を測定単位の整数倍に設定する。 ・測定値の読み取りのくせを是正する。
左絶壁形 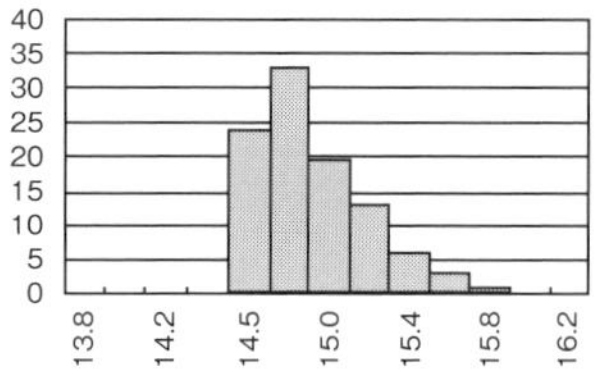	・全数選別により、ある値以下のデータを削除した場合に現れる。	・選別前のデータを加えた考察が必要。 （規格外れが多発し、全数選別をしていると思われるため）
二山形 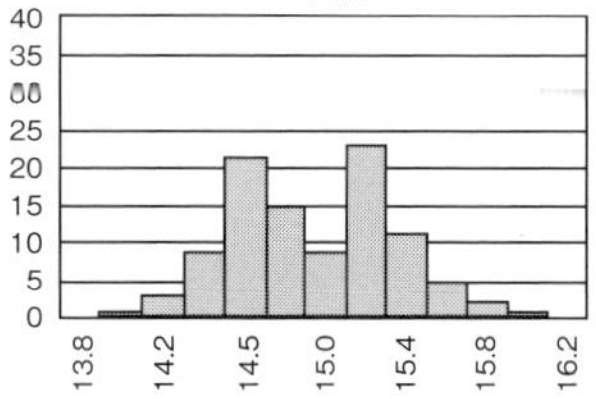	・平均値の大きく異なるデータが混在した場合に現れる。	・層別したデータでヒストグラムの描き直しが必要。
離れ小島形 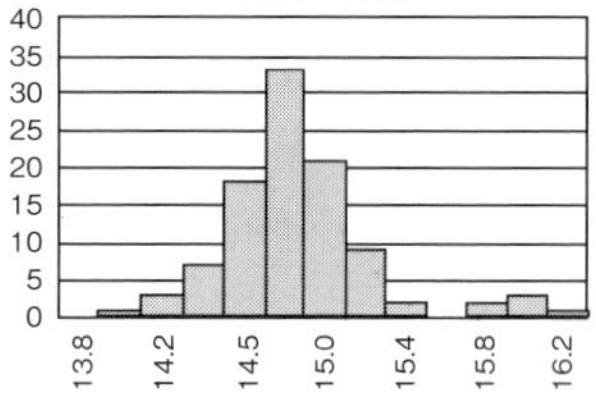	・工程異常または測定異常を含んだデータの場合に現れる。	・異常の原因追求と、工程への是正処置。

図 4-14　ヒストグラムの主な形の例

5 正規分布と工程能力指数

【学習のポイント】
本章では、部品のばらつきを統計的に扱うために必須の知識である正規分布の基本と、規格幅とばらつき方の関係を示す工程能力指数について学んでもらう。この2つをしっかりと理解することで、公差設計が品質とコストをバランスさせることにどう役立つかをイメージできるはずだ。

5.1 正規分布の性質

5.1.1 公差とばらつき

まず最初に言っておきたいことが、公差とばらつきを混同しないように注意してほしいということだ。例えば、金属の棒を長さ100mmに加工する場合、同じように加工したつもりでも、寸法や形状には微小なばらつきが発生する。すべての金属棒を100mmぴったりに仕上げることはできない（**図5-1**）。このばらつきを小さくするように設計と製造の両面から取り組むわけだが、それでもばらつきをゼロにすることはできない。基本的に、このばらつきは**図5-2**（これをヒストグラムという）のように、目標とする寸法を中心として上下にばらつく。

そこで、この金属棒の用途によって、目標寸法（100）に対してばらついても許される上限の許容値（100.2）と、下限の許容値（99.8）を決めておく（**図5-2**の縦の線）。この両方の値の差（許容範囲）を公差という。つまり、公差はものを作る前に決めておく値で、ばらつき

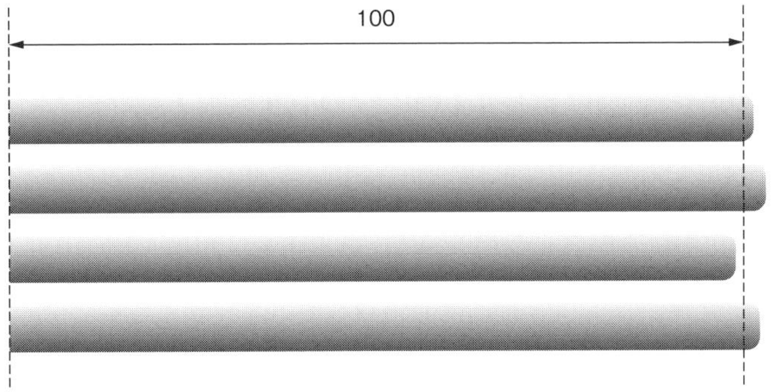

図5-1　金属棒の長さのばらつき

はものが作られてから得られる値という違いがあるのだ。

5.1.2　正規分布とは

前述のヒストグラムは限られたデータ数によって表された分布だが、実際のものづくりの現場では膨大な数の部品を製造する。その場合の分布はどのようになるだろうか（**図 5-3**）。

ヒストグラムのデータ数を増やし、区間の幅を狭くしていくと、**図 5-3** の右のようになめ

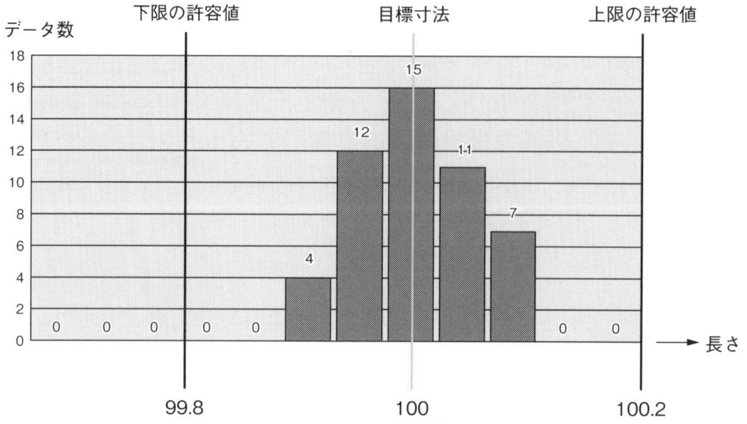

図 5-2　公差とばらつきは違うもの

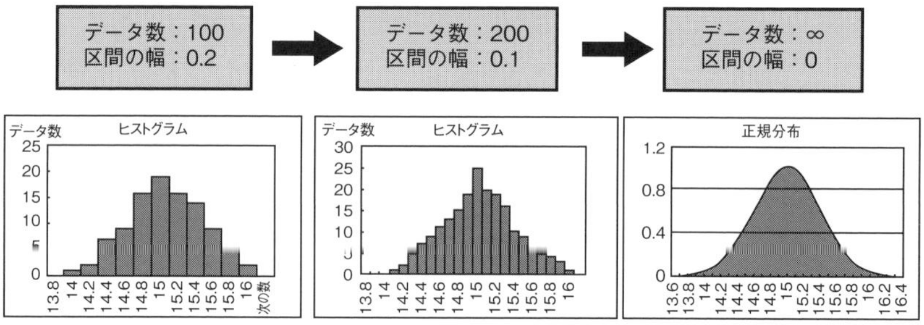

図 5-3　ヒストグラムと正規分布

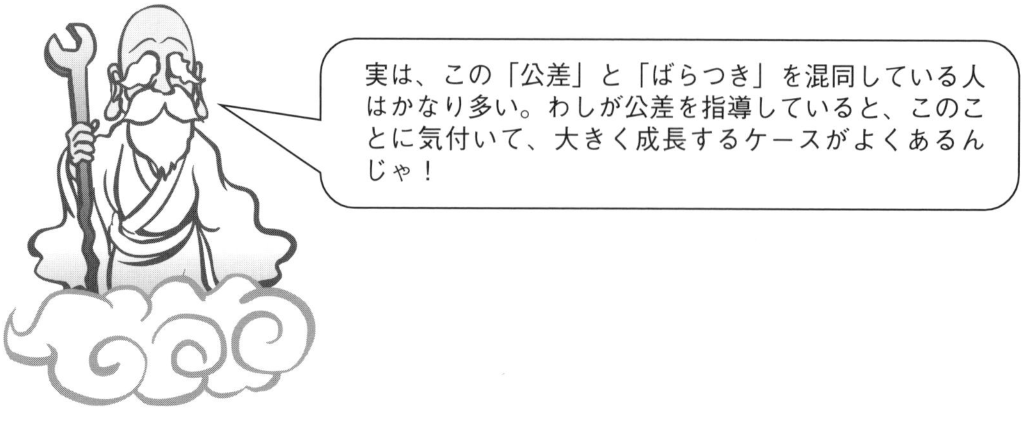

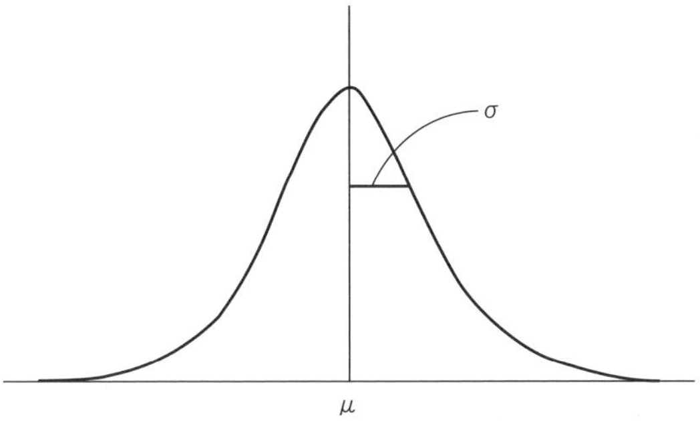

図 5-4　正規分布の形

表 5-1　母集団とサンプルで使う記号

	数値の総称	平均値	標準偏差
母集団	母数	μ	σ
サンプル	統計量	$\bar{x}$	s

注：母数は母集団の数や、ロットの総数の意味で使うことがあるが、正しくは母集団の平均値や標準偏差を指す用語である。

らかな曲線を描く。この分布を「正規分布」と呼ぶ。ヒストグラムを描いてみて、ほぼ左右対称の釣鐘型を示せば、その母集団（後述）は正規分布とみなすことができる。

適切に管理された工程から得られるデータの分布は正規分布になることが多いため、この正規分布の性質を知ることは非常に重要だ。ここからしばらくは数理的な説明が出てくるが、細かい数式にこだわるのではなく、基本的な性質を理解して活用することに心がけてほしい。

さて、ヒストグラムでは、①分布の形、②中心位置、③ばらつきの大きさ、のイメージを一目で分かりやすい。例えば**図 5-4** を見れば、①分布の形がほぼ左右対称で釣鐘型なので、正規分布と分かる。では②中心位置と③ばらつきの大きさは、次のように表す。

②中心位置：平均値＝μ

③ばらつきの大きさ：標準偏差＝σ

5.1.3　母集団とサンプル

母集団とは、情報を得たいと考えている対象の全体を指すが、対象の全体を測定することは現実的ではなく、平均値と標準偏差の真の値を実際に知ることはできない。そのため、母集団からサンプルを取り出して測定し、そのデータから平均値や標準偏差を計算して母集団を推測する（**図 5-5**）。また、厳密には母集団とサンプルでは、平均値や標準偏差を表す記号を区別する（**表 5-1**）。

一般的に表示される正規分布のグラフは、サ

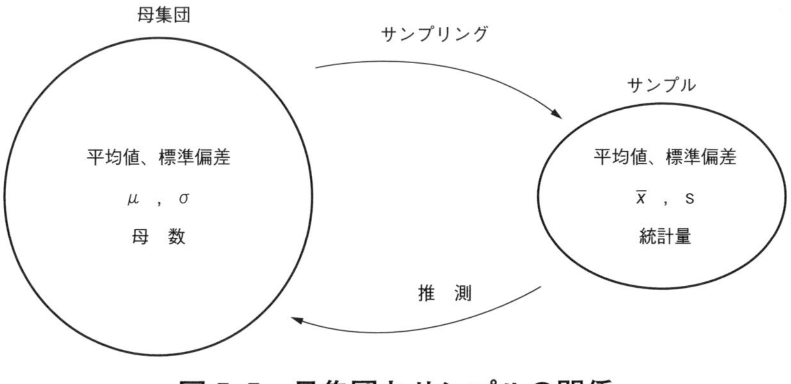

図 5 5　母集団とサンプルの関係

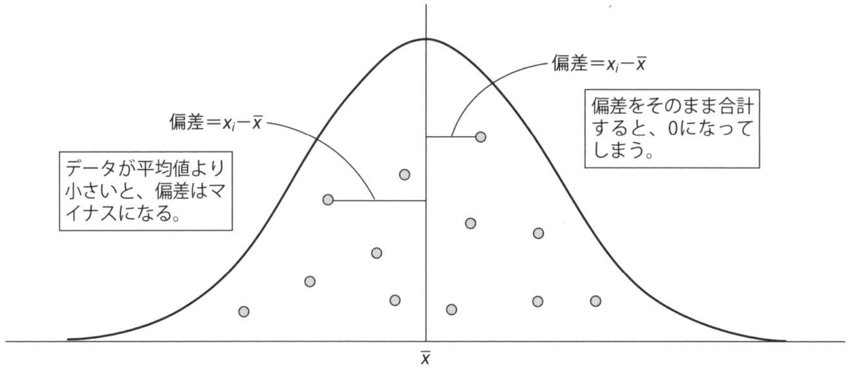

図 5-6　偏差とは

ンプルのデータで計算された統計量から推測した母数をもとに、母集団をシミュレーションしたものなので、その正規分布の平均値にはμ、標準偏差にはσを使う（図 5-5）。

5.1.4　平均値と標準偏差の求め方

【平均値の求め方】

平均値は日常生活でもよく使うので、その概念は理解しやすいだろう。単純に、データ全部を合計してデータ数で割れば平均値を求められる。

データが全部でn個の場合には、以下の式のようになる。

$$平均値\ \bar{x}=\frac{x_1+x_2+x_3+\quad\cdots x_n}{n}$$

$$=\frac{\sum x_i}{n}$$

この計算で求めた平均値はサンプルの統計量だが、正規分布とみなす場合にはμで表す。

【標準偏差の求め方】

標準偏差とは、ばらつきの大きさを数値で表したものだ。偏差とは個々のデータと平均値との差のことで、平均値からの距離とも考えられる（図 5-6）。そこで全データの偏差を合計し、データ数で割った値をばらつきの指標にしようと考えてみる。つまり、偏差の平均値（データの平均値と混同しないように）だ。

ただし、偏差の平均値を計算する際、全体の平均値と個々のデータの差を単純に計算すると、平均値より小さいデータの場合には偏差がマイナスの値となってしまう（図 5-6）。そのため、全データの偏差を合計すると 0 になってしまうので、ばらつきの指標には使えない。

そこで、個々のデータの偏差を 2 乗し、マイナスにならないようにする。そして、それらを合計して平均値を計算する。ただし、平均値といっても偏差の合計を割る数値はサンプル数から 1 を引いた$n-1$（これを自由度という）にする。さらに、偏差を 2 乗しているので、もとの単位に戻すために平方根をとる。

こうして計算された値を標準偏差といい、計算式は下記のようになる。

$$標準偏差\ s=\sqrt{\frac{\sum(x_i-\bar{x})^2}{n-1}}$$

計算された標準偏差はサンプル統計量だが、正規分布とみなす場合にはσで表す。

5.1.5　正規分布の表し方

正規分布は、平均値μと標準偏差σが決まれ

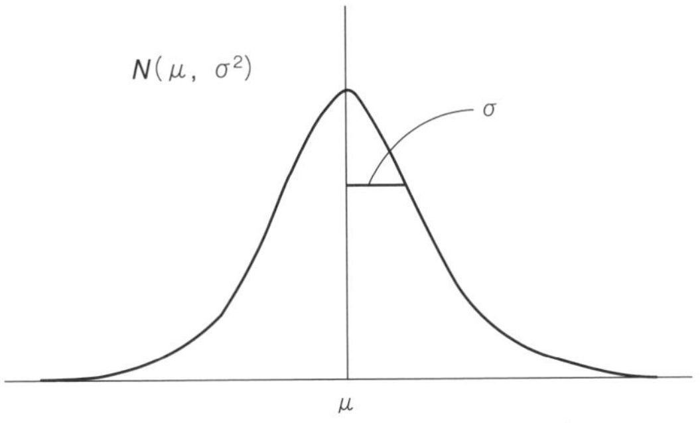

図 5-7 正規分布の表し方

ば分布の形が決まることから、次のように表記する（図 5-7）。

平均値 μ、標準偏差 σ の正規分布
→ $N(\mu, \sigma^2)$

Nという文字を使うのは、正規分布の英語訳が Normal distribution であることからきている。また、σが 2 乗で表記されている、このσ^2を分散と呼び、分布を組み合わせた時のばらつきの計算に使う。

正規分布の確率密度関数$f(x)$は次の式で表される。確率密度関数は本書では使用しないが、正規分布を表す式として参考に記載した。

$$f(x)=\frac{1}{\sqrt{2\pi}\cdot\sigma}\,exp\left\{-\frac{(x-\mu)^2}{2\sigma^2}\right\}$$

正規分布は、μとσが決まれば具体的な形状が決まるが。図 5-8 は、$N(-1, 2^2)$ と $N(2, 0.5^2)$ の正規分布を重ねて表示したものだ。μの値によって分布の中心位置が決まり、σの値によって正規分布の広がり具合が決まる。基本的にσが大きい（ばらつきが大きい）方が、横に広くなる。

このように、μとσの変化で形状は変わるが、左右対称で釣鐘形という正規分布の基本の形は変わらない。また、どんな場合でも正規分布のヒストグラムの面積は 1（100 %）になる。

5.1.6 正規分布の性質

正規分布の中の面積は 1（100 %）であると先述した。では、$\pm\sigma$の間の面積、つまりそこにデータが存在する確率はどのくらいだろうか。

実は、どのような正規分布でも、$\pm\sigma$の間にデータが存在する確率は全く同じで、約 68.3 %になる（図 5-9）。σを何倍にしても同様で、$\pm2\sigma$の場合には 95.4 %、$\pm3\sigma$の場合には 99.7 %と、全ての正規分布で全く同じ確率になる（図 5-10）。

そこで、話を単純化するために、平均値＝0、標準偏差＝1（分散＝1^2）の正規分布で考えてみよう（図 5-11）。この分布を標準正規分布（Standard Normal distribution）と呼ぶ。この分布の横軸の目盛り値は、そのまま標準偏差の何倍に当たるかに相当する。従って、±1 の間

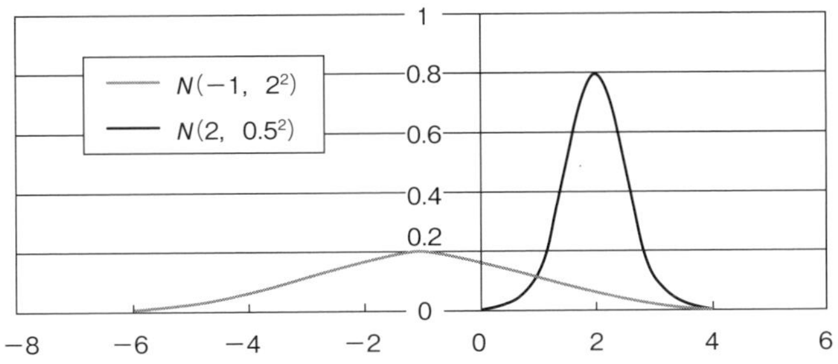

図 5-8 正規分布の違い

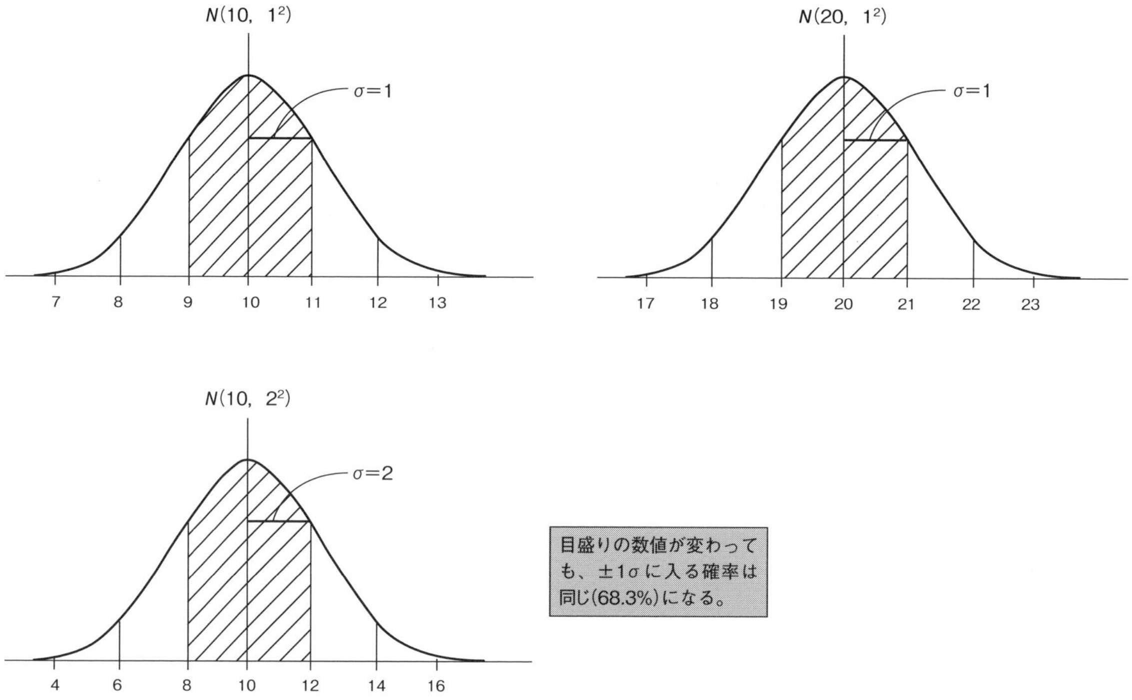
N(10, 1²)
σ=1
7 8 9 10 11 12 13
N(20, 1²)
σ=1
17 18 19 20 21 22 23
N(10, 2²)
σ=2
4 6 8 10 12 14 16
目盛りの数値が変わっても、±1σに入る確率は同じ(68.3%)になる。

図 5-9　同じ確率を示すさまざまな正規分布

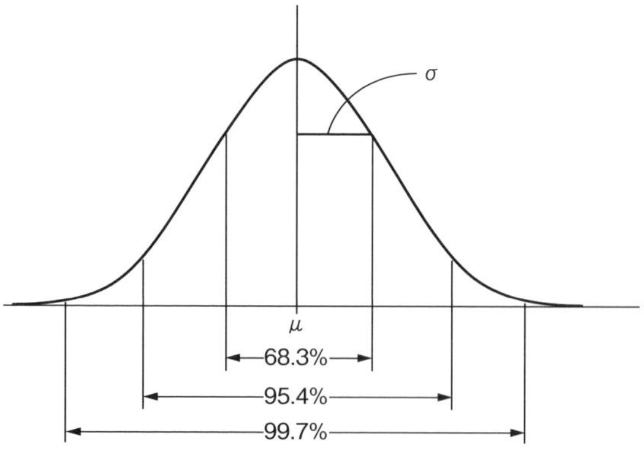
σ
μ
68.3%
95.4%
99.7%

図 5-10　正規分布と確率

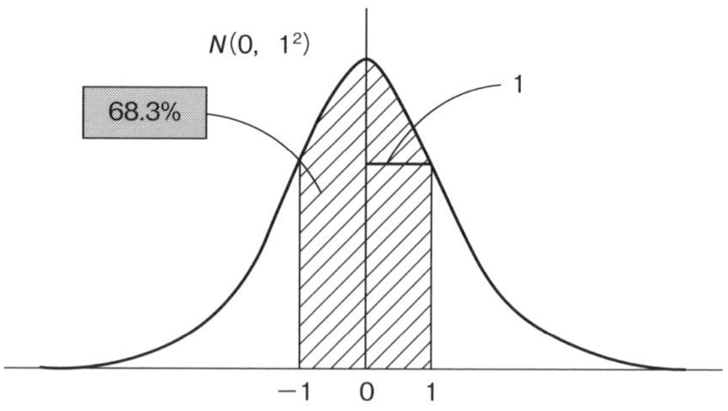
N(0, 1²)
68.3%
1
−1 0 1

図 5-11　標準正規分布の確率

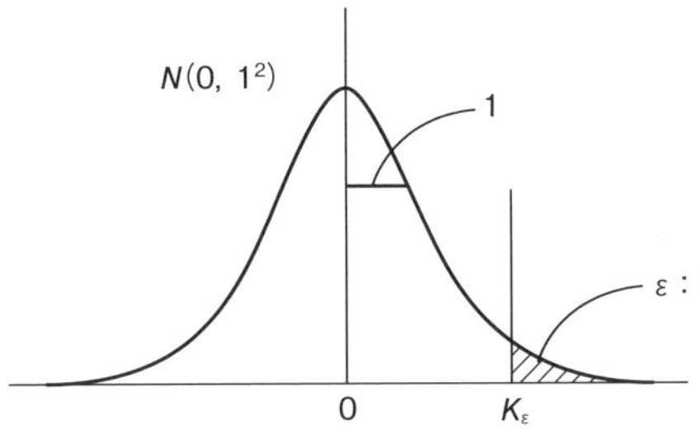

図 5-12　不良率の推定 1

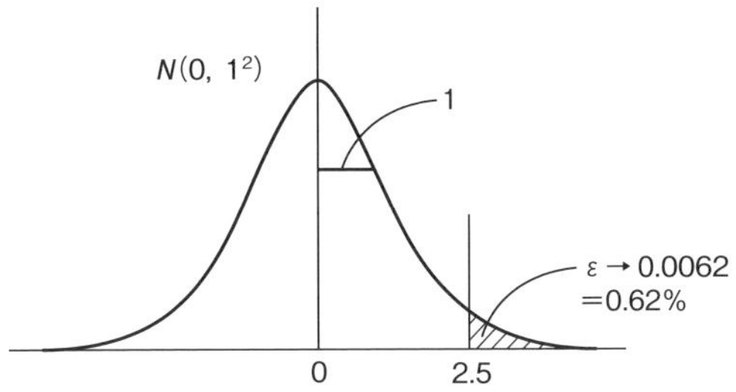

図 5-13　不良率の推定 2

に入る確率は 68.3 %になる。

この性質を利用して、「ある値以上の確率」「ある値以下の確率」といったものを求めることができる。

5.2　不良率の推定

5.2.1　不良率の求め方

前述のように、ある値以上とか、ある値以下の確率が求められることは、規格値を設定した場合の不良率が求められることを意味する。

仮にある工程の分布が、標準正規分布だったとしよう。規格値（ここでは上限規格 $K\varepsilon$ とする）に対応した不良率を求めるには、正規分布表というものを使う（**表 5-2**）。正規分布表は、第 1 章で記載したものと同じだ。正規分布表には、標準正規分布における $K\varepsilon$ 以上の確率を表す数値 ε が記載されており、$K\varepsilon$ から求めた数値 ε がそのまま不良率になる（**図 5-12**）。

例えば、$K\varepsilon=2.50$ の時、正規分布表で縦軸の 2.5 の行と横軸の 0 列が交わるところの値を見る。横軸は少数点以下第 2 位の $K\varepsilon$ の数値を示す。このカラムの値は 0.00621 なので、不良率は $0.00621\times100=0.62$ %と推定できる（**図 5-13**）。

5.2.2　正規分布の規準化

標準正規分布での不良率は推定できたが、実際のデータは、標準正規分布のように平均値＝0、標準偏差＝1 とは限らない。ほとんどの場合、平均値≠0、標準偏差≠1 と考えたほうがよいだろう。では、そのような場合には不良率をどう推定すればよいのだろうか。

5.1.6 で、$\pm\sigma$ の何倍かが決まれば、その間の確率は全ての正規分布で同じになると説明した。つまり、ある値（例えば上限規格値）が平均値から σ の何倍離れているかが分かれば、その値より大きい確率（不良率）を推定できることになる。そのためには、実際のデータを標準正規分布に変換する必要がある。これを正規分布の規準化という（**図 5-14**）。

【正規分布の規準化の式】

平均値 μ、標準偏差 σ の正規分布において上限規格値を x とすると、規準化した後の上限規格値 $K\varepsilon$ は、以下の式で求められる。

$$K_{\varepsilon}=\frac{x-\mu}{\sigma}$$

この式の意味を解説すると、次のようになる（**図 5-15**）。

標準正規分布にするため、まず平均値 μ を 0 にする。これによって、x も μ だけ動き、「$x-$

表 5-2 正規分布表（$K\varepsilon \geqq 0$）

K_ε	0	1	2	3	4	5	6	7	8	9
0.0	0.500000	0.496011	0.492022	0.488033	0.484047	0.480061	0.476078	0.472097	0.468119	0.464144
0.1	0.460172	0.456205	0.452242	0.448283	0.444330	0.440382	0.436441	0.432505	0.428576	0.424655
0.2	0.420740	0.416834	0.412936	0.409046	0.405165	0.401294	0.397432	0.393580	0.389739	0.385908
0.3	0.382089	0.378281	0.374484	0.370700	0.366928	0.363169	0.359424	0.355691	0.351973	0.348268
0.4	0.344578	0.340903	0.337243	0.333598	0.329969	0.326355	0.322758	0.319178	0.315614	0.312067
0.5	0.308538	0.305026	0.301532	0.298056	0.294598	0.291160	0.287740	0.284339	0.280957	0.277595
0.6	0.274253	0.270931	0.267629	0.264347	0.261086	0.257846	0.254627	0.251429	0.248252	0.245097
0.7	0.241964	0.238852	0.235762	0.232695	0.229650	0.226627	0.223627	0.220650	0.217695	0.214764
0.8	0.211855	0.208970	0.206108	0.203269	0.200454	0.197662	0.194894	0.192150	0.189430	0.186733
0.9	0.184060	0.181411	0.178786	0.176186	0.173609	0.171056	0.168528	0.166023	0.163543	0.161087
1.0	0.158655	0.156248	0.153864	0.151505	0.149170	0.146859	0.144572	0.142310	0.140071	0.137857
1.1	0.135666	0.133500	0.131357	0.129238	0.127143	0.125072	0.123024	0.121001	0.119000	0.117023
1.2	0.115070	0.113140	0.111233	0.109349	0.107488	0.105650	0.103835	0.102042	0.100273	0.098525
1.3	0.096801	0.095098	0.093418	0.091759	0.090123	0.088508	0.086915	0.085344	0.083793	0.082264
1.4	0.080757	0.079270	0.077804	0.076359	0.074934	0.073529	0.072145	0.070781	0.069437	0.068112
1.5	0.066807	0.065522	0.064256	0.063008	0.061780	0.060571	0.059380	0.058208	0.057053	0.055917
1.6	0.054799	0.053699	0.052616	0.051551	0.050503	0.049471	0.048457	0.047460	0.046479	0.045514
1.7	0.044565	0.043633	0.042716	0.041815	0.040929	0.040059	0.039204	0.038364	0.037538	0.036727
1.8	0.035930	0.035148	0.034379	0.033625	0.032884	0.032157	0.031443	0.030742	0.030054	0.029379
1.9	0.028716	0.028067	0.027429	0.026803	0.026190	0.025588	0.024998	0.024419	0.023852	0.023295
2.0	0.022750	0.022216	0.021692	0.021178	0.020675	0.020182	0.019699	0.019226	0.018763	0.018309
2.1	0.017864	0.017429	0.017003	0.016586	0.016177	0.015778	0.015386	0.015003	0.014629	0.014262
2.2	0.013903	0.013553	0.013209	0.012874	0.012545	0.012224	0.011911	0.011604	0.011304	0.011011
2.3	0.010724	0.010444	0.010170	0.009903	0.009642	0.009387	0.009137	0.008894	0.008656	0.008424
2.4	0.008198	0.007976	0.007760	0.007549	0.007344	0.007143	0.006947	0.006756	0.006569	0.006387
2.5	0.006210	0.006037	0.005868	0.005703	0.005543	0.005386	0.005234	0.005085	0.004940	0.004799
2.6	0.004661	0.004527	0.004397	0.004269	0.004145	0.004025	0.003907	0.003793	0.003681	0.003573
2.7	0.003467	0.003364	0.003264	0.003167	0.003072	0.002980	0.002890	0.002803	0.002718	0.002635
2.8	0.002555	0.002477	0.002401	0.002327	0.002256	0.002186	0.002118	0.002052	0.001988	0.001926
2.9	0.001866	0.001807	0.001750	0.001695	0.001641	0.001589	0.001538	0.001489	0.001441	0.001395
3.0	0.001350	0.001306	0.001264	0.001223	0.001183	0.001144	0.001107	0.001070	0.001035	0.001001
3.1	0.000968	0.000936	0.000904	0.000874	0.000845	0.000816	0.000789	0.000762	0.000736	0.000711
3.2	0.000687	0.000664	0.000641	0.000619	0.000598	0.000577	0.000557	0.000538	0.000519	0.000501
3.3	0.000483	0.000467	0.000450	0.000434	0.000419	0.000404	0.000390	0.000376	0.000362	0.000350
3.4	0.000337	0.000325	0.000313	0.000302	0.000291	0.000280	0.000270	0.000260	0.000251	0.000242
3.5	0.000233	0.000224	0.000216	0.000208	0.000200	0.000193	0.000185	0.000179	0.000172	0.000165
3.6	0.000159	0.000153	0.000147	0.000142	0.000136	0.000131	0.000126	0.000121	0.000117	0.000112
3.7	0.000108	0.000104	9.96E−05	9.58E−05	9.20E−05	8.84E−05	8.50E−05	8.16E−05	7.84E−05	7.53E−05
3.8	7.24E−05	6.95E−05	6.67E−05	6.41E−05	6.15E−05	5.91E−05	5.67E−05	5.44E−05	5.22E−05	5.01E−05
3.9	4.81E−05	4.62E−05	4.43E−05	4.25E−05	4.08E−05	3.91E−05	3.75E−05	3.60E−05	3.45E−05	3.31E−05
4.0	3.17E−05	3.04E−05	2.91E−05	2.79E−05	2.67E−05	2.56E−05	2.45E−05	2.35E−05	2.25E−05	2.16E−05
4.1	2.07E−05	1.98E−05	1.90E−05	1.81E−05	1.74E−05	1.66E−05	1.59E−05	1.52E−05	1.46E−05	1.40E−05
4.2	1.34E−05	1.28E−05	1.22E−05	1.17E−05	1.12E−05	1.07E−05	1.02E−05	9.78E−06	9.35E−06	8.94E−06
4.3	8.55E−06	8.17E−06	7.81E−06	7.46E−06	7.13E−06	6.81E−06	6.51E−06	6.22E−06	5.94E−06	5.67E−06
4.4	5.42E−06	5.17E−06	4.94E−06	4.72E−06	4.50E−06	4.30E−06	4.10E−06	3.91E−06	3.74E−06	3.56E−06
4.5	3.40E−06	3.24E−06	3.09E−06	2.95E−06	2.82E−06	2.68E−06	2.56E−06	2.44E−06	2.33E−06	2.22E−06
4.6	2.11E−06	2.02E−06	1.92E−06	1.83E−06	1.74E−06	1.66E−06	1.58E−06	1.51E−06	1.44E−06	1.37E−06
4.7	1.30E−06	1.24E−06	1.18E−06	1.12E−06	1.07E−06	1.02E−06	9.69E−07	9.22E−07	8.78E−07	8.35E−07
4.8	7.94E−07	7.56E−07	7.19E−07	6.84E−07	6.50E−07	6.18E−07	5.88E−07	5.59E−07	5.31E−07	5.05E−07
4.9	4.80E−07	4.56E−07	4.33E−07	4.12E−07	3.91E−07	3.72E−07	3.53E−07	3.35E−07	3.18E−07	3.02E−07
5.0	2.87E−07	2.73E−07	2.59E−07	2.46E−07	2.33E−07	2.21E−07	2.10E−07	1.99E−07	1.89E−07	1.79E−07

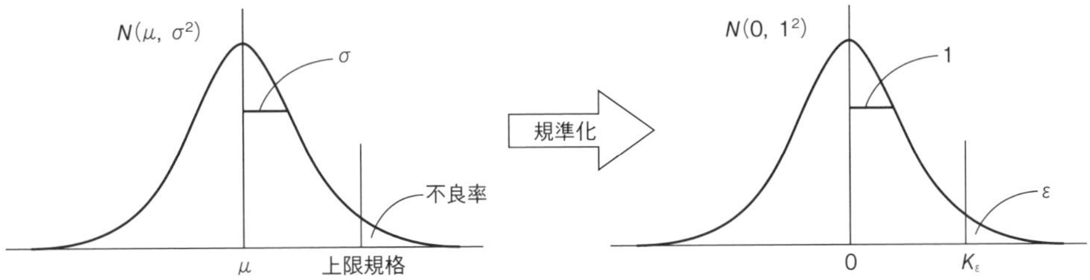

図 5-14　正規分布の基準化

μ」になる。この際、ばらつきの大きさは変わらないので、σのままである。次に、σを1にしなくてはならない。そのためには、正規分布全体をσで割る。これにより、平均値からxまでの距離がσの何倍かを計ることができるつまり、その距離は（$x-\mu$）/ σとなり、これが$K\varepsilon$になる。

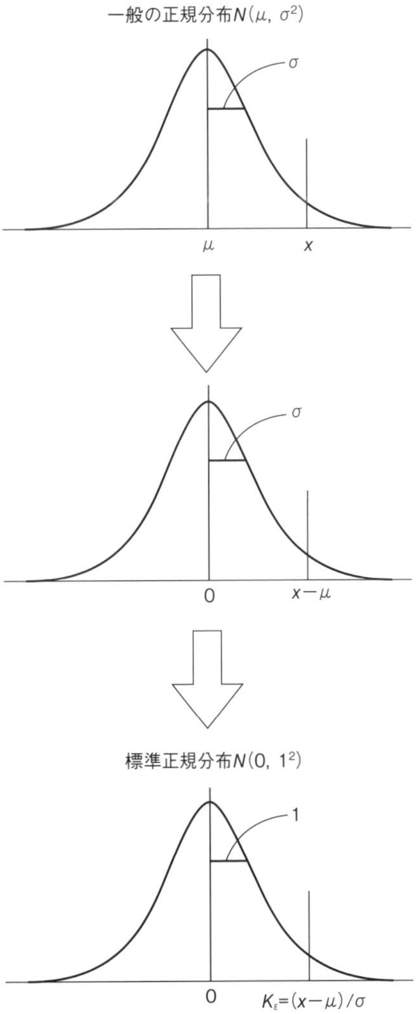

図 5-15　規準化の手順

5.3　工程能力指数

5.3.1　*Cp*

工程能力は、ばらつきの大きさと規格の幅（公差域）によって評価する。工程能力指数はCp（Process Capability）という記号を用い、次の計算式で求める。ここで、Uは規格上限値、Lは規格下限値のことで、これらの差（$U-L$）が規格の幅となる（図 5-16）。

$$Cp=\frac{U-L}{6\times\sigma}$$

この式から分かるように、工程能力指数Cpは規格の幅を6σで割った値だ。つまり規格の幅がちょうど6σの場合に$Cp=1$となる。では、$Cp=1$の時の不良率とはどの程度になるのだろうか。

平均値μが規格の中心にあると仮定すると、規格上限値$U-\mu+3\sigma$となる。不良率を推定

するためには規準化が必要となるので、正規分布の規準化の式

$$K_\varepsilon=\frac{x-\mu}{\sigma}$$

の x に U を代入する。

$$K_\varepsilon=\frac{x-\mu}{\sigma}=\frac{\mu+3\sigma-\mu}{\sigma}=3$$

$K_\varepsilon=3$ →推定不良率＝0.135 %（U 側）

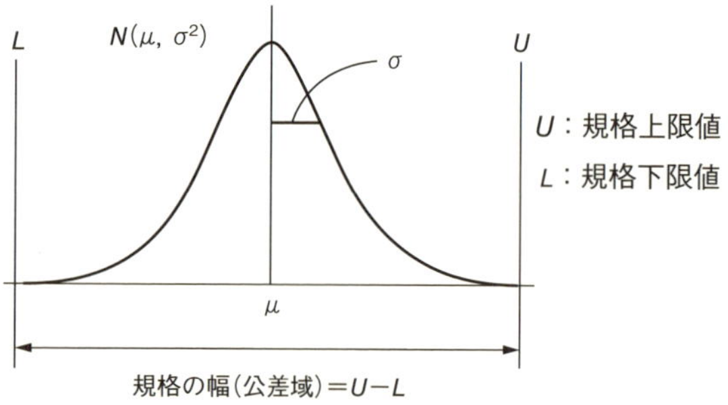

図 5-16　規格の幅(公差域)と正規分布

L 側でも同じ不良率なので、全体では 0.135 %×2＝0.27 % が、$Cp=1$ の場合の推定不良率となる（**図 5-17**）。

$Cp=1$ 以外でも同様の方法で不良率を推定できる（**図 5-18**）。$Cp=1$（規格の幅がちょうど 6σ）の時、前述の通り $K\varepsilon=3$ である。つまり、Cp を 3 倍した値が $K\varepsilon$ という関係になり、これを使って不良率を推定する。例えば、$Cp=1.2$ の場合、$K\varepsilon$ は 1.2×3＝3.6 となる。これは、上限規格値が、σ の 3.6 倍の位置にあることを示す。

表 5-2 の正規分布表から $K\varepsilon=3.60$ の位置を見ると、$\varepsilon=0.000159$ であることが分かる。これは、片側規格の不良率なので、全体では ε を 2 倍にした値（＝0.000318）となり、百分率で表現すれば不良率は、0.032 % となる。

表 5-3 のように工程能力指数を評価することで、工程能力が十分であるか、あるいは不足

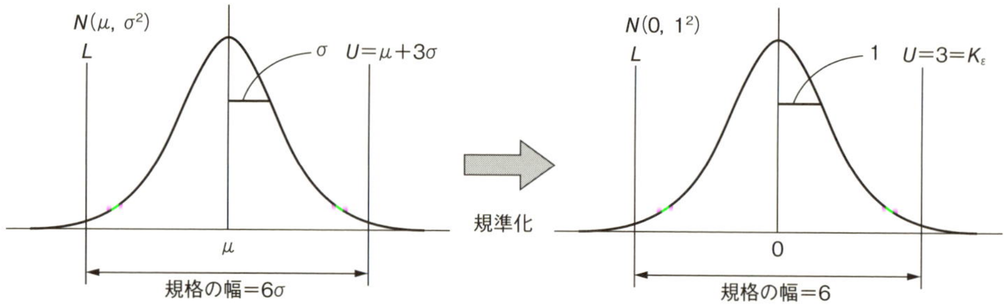

図 5-17　$C_p=1$ の場合の不良率の推定

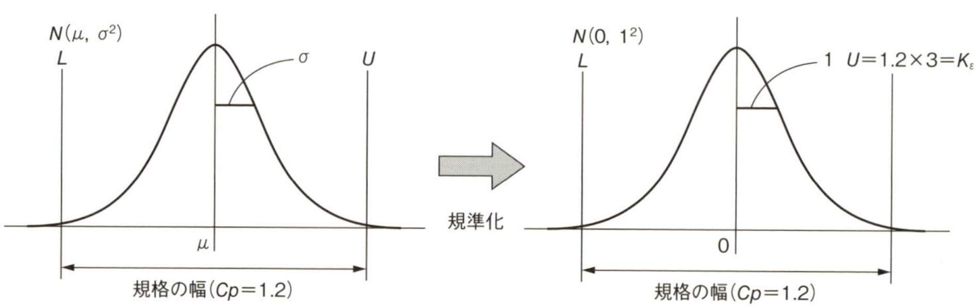

図 5-18　$Cp \neq 1$ の場合の不良率の推定

していのるのかを判断できる。このことは第１章でも説明しているが、大切なことなので改めて紹介した。

一般的に、Cp＝1 を境界とし、それを下回ると、対応策が必要になる。工程能力指数を求める式からもわかるように Cp を大きくするための対応策としては、

①工程の見直し　（ばらつきの低減＝σ を小さくする）
②規格の再検討　（公差を広げる＝U と L の差を大きくする）

表 5-3　工程能力指数の判断基準

<table>
<tr><th>分布の状態</th><th>Cp</th><th>不良率</th></tr>
<tr><td>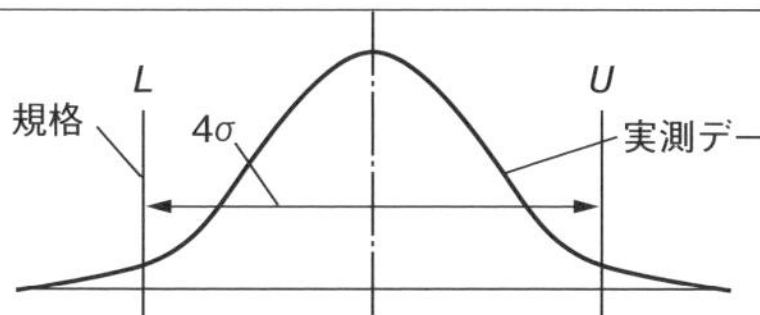L
U
規格
4σ
実測データ</td><td>0.67
(4/6)</td><td>4.55%</td></tr>
<tr><td>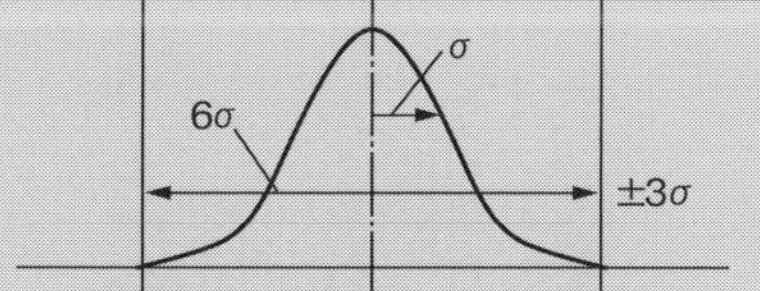σ
6σ
±3σ</td><td>1</td><td>0.27%</td></tr>
<tr><td>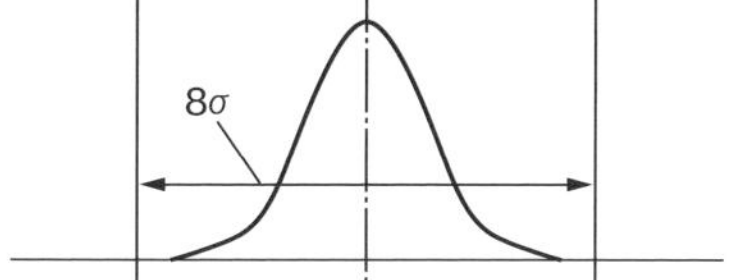8σ</td><td>1.33
(8/6)</td><td>0.006%
(60ppm)</td></tr>
<tr><td>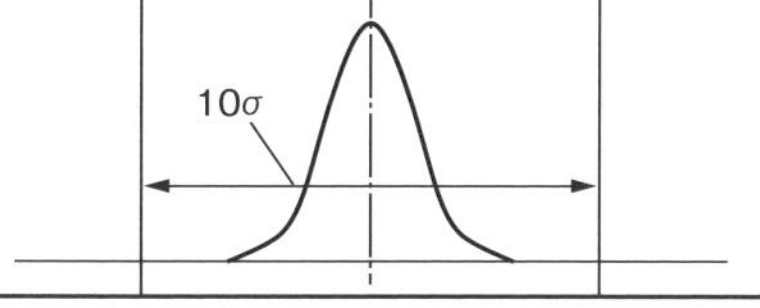10σ</td><td>1.67
(10/6)</td><td>0.00006%
(0.6ppm)</td></tr>
</table>

※ppm：Parts Per Millionの略で、100万分のいくらかを表す単位
　例）60ppmは0.006%

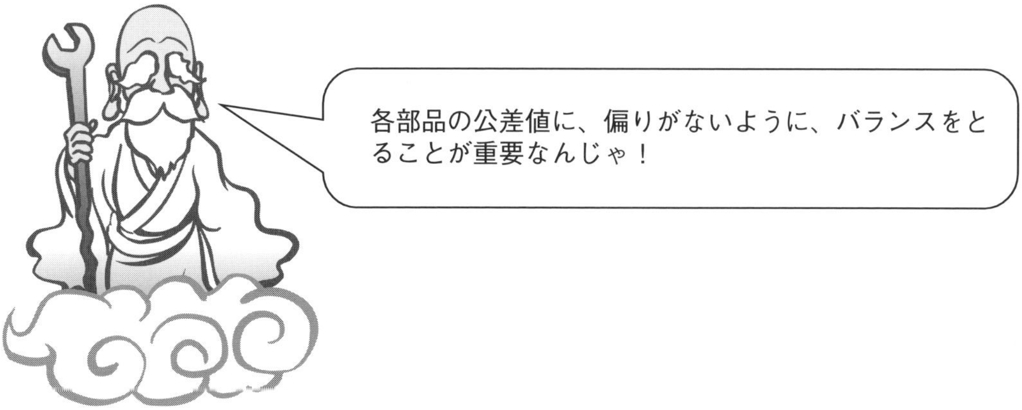
各部品の公差値に、偏りがないように、バランスをとることが重要なんじゃ！

第5章

③選別

などが挙げられる。

最近、同一製品の部品において非常に厳しい公差を設定して全数検査した上で合否判定（選別）することで対応している部品もあれば、公差の余裕があり過ぎる部品もあるというアンバランスな状況で設計された製品の存在を目にすることが多い。余裕のある公差が予め予測できているなら、その公差を厳しい公差の部品に分けることで、トータルとしてバランスが良い設計とできるのだ。

ただし、量産に入ってからでは、規格の再検討は非常に困難である。いかに、設計段階で公差値を適正に作りこむかが設計者に求められる重要な要素となる。

5.3.2　*Cpk*

Cp は平均値が規格の中心にある場合の工程能力指数を表すが、実際には平均値が規格中心から離れている場合がほとんどである。その場合には、*Cp* で推定した不良率よりも実際の不良率は大きくなる。従って、規格片側の幅が小さい方を用いて、工程能力指数を計算する（**図5-19**）。この場合には、*Cpk* という記号を使い、次式のように計算する。

$$Cpk=\frac{(U-\mu)\ \text{または}\ (\mu-L)}{3\times\sigma}$$

この式から分かるように、平均値から規格片側までの幅が小さい方を 3σ で割った値が *Cpk* となる。

5.3.3　*Cp* と *Cpk* の使い分け

計算では必ず $Cpk \leqq Cp$ となる。それでは、*Cp* と *Cpk* はどのように使い分けるのだろうか。

Cp は、平均値がどの位置にあっても同じ値になる。一般に、工程の平均値を調整するのは比較的容易なため、「平均値を規格の中心へ調整したら、この程度まで工程能力が向上する」という目安になる。

一方、*Cpk* は平均値が規格中心から離れるに従って、値が小さくなる。前述のとおり *Cpk* は悪い方の片側だけで計算するため、実際より不良率が高く推定されるが、その方が安全サイ

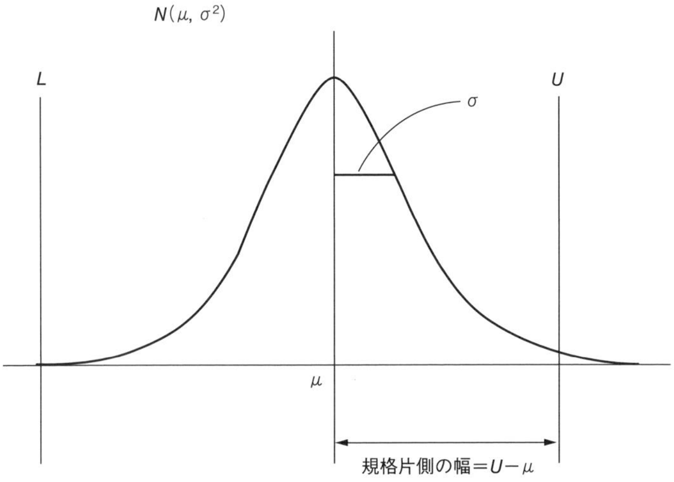

図 5-19　規格片側の幅と正規分布

ドで判断できる。

両側規格の場合には、*Cp* と *Cpk* の両方を計算して比較するのが良い。*Cp* と *Cpk* がほぼ同じ値になり、いずれも工程能力は十分であれば、この工程は問題ない（**図 5-20**）。ところが、*Cp* の値では工程能力が十分と判定されても *Cpk* が不十分であれば、分布の中心が規格の中心から大きく離れていると考えられる。その場合には、分布の中心を規格中心へ移動させるような対応が必要だ（**図 5-21**）。

Cpk で推定した不良率は実際よりも高めになるが、平均値が規格中心に近い場合には、あまり気にする必要はない。ただし、平均値が規格中心から大きく離れている場合には、上側と下側の両方の不良率を計算して合計した方が、実際の不良率に近い値が得られる。

例えば、部品の分布が、N（$2.6, 0.15^2$）、規格が 2.5±0.5（U=3.0、L=2.0）の時、この部品の推定不良率を求めてみよう（**図 5-22**）。まず、上側規格値の外側となる確率は、

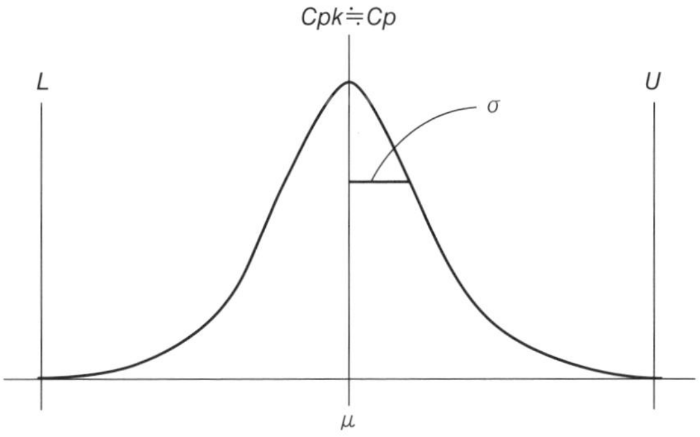

図 5-20　*Cpk*≒*Cp* の場合の正規分布と規格値

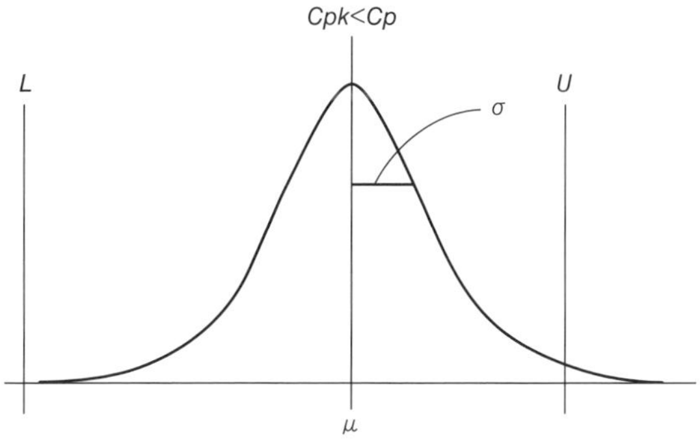

図 5-21　*Cpk*<*Cp* の場合の正規分布と規格値

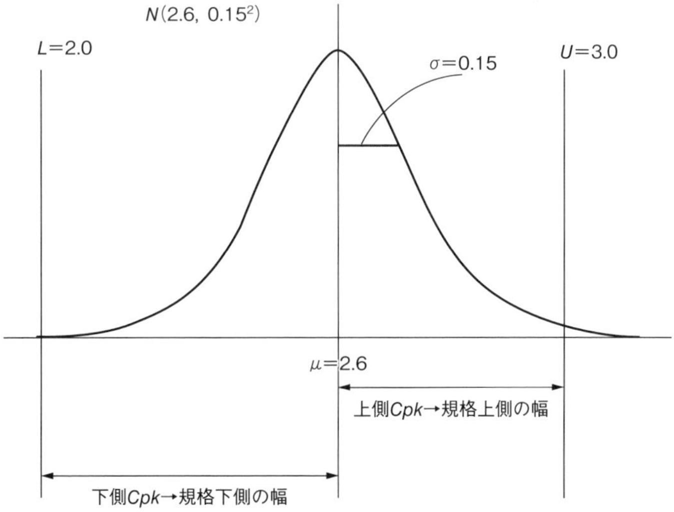

図 5-22　平均値が規格中心から離れている場合の不良率

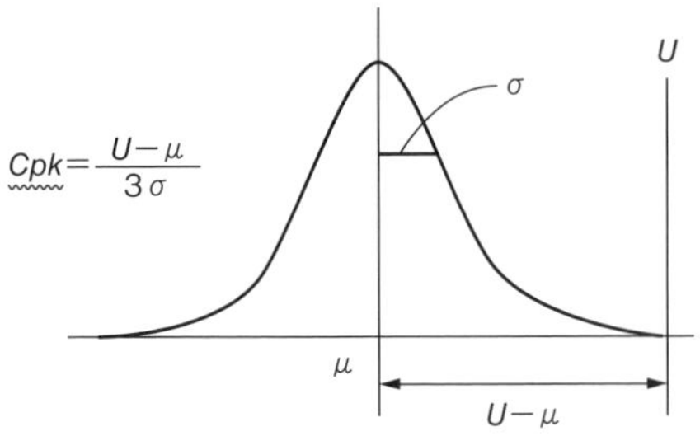

図 5-23　上側規格だけの場合の工程能力指数

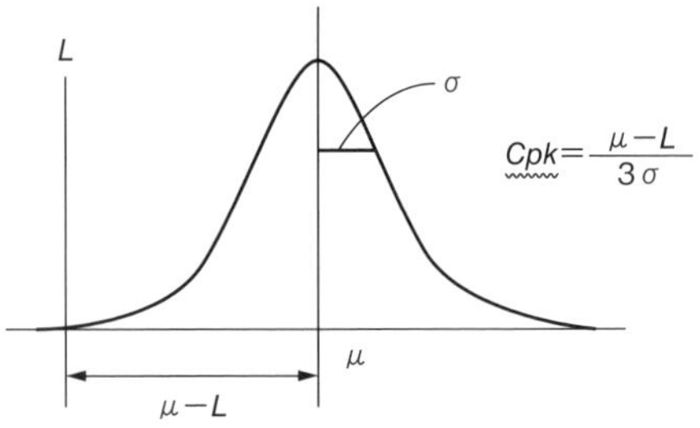

図 5-24　下側規格だけの場合の工程能力指数

$$上側\ Cpk=\frac{U-\mu}{3\sigma}=\frac{3.0-2.6}{3\times0.15}=0.89$$

$K\varepsilon=0.89\times3=2.67$

正規分布表から$\varepsilon=0.003793$となり、推定不良率は 0.38 %となる。

一方、下側規格値の外側となる確率は、

$$下側\ Cpk=\frac{\mu-L}{3\sigma}=\frac{2.6-2.0}{3\times0.15}=1.33$$

$K\varepsilon=1.33\times3=3.99$

正規分布表から$\varepsilon=0.0000331$となり、推定不良率は 0.0033 %となる。

これらから、全体の不良率は 0.38＋0.0033＝0.3833 %と推定できる。

【片側規格の場合】

なお、片側規格の場合には、工程能力指数の計算式は**図 5-23**、**図 5-24** のようになる。片側規格の場合の工程能力指数はCpkとして扱う。

設計者は工程能力指数を知れば、自分の設定した公差が厳しかったのか緩かったのかを判断できる。その結果を受けて、現状の公差を変更できるものならば変更すべきだ。量産に入ってからの設計変更は他の部品との関係など十分に配慮する必要があるため難しい場合も多いが、少なくとも次の製品の設計に生かすことが大切である。

6 統計的取り扱いと公差の計算

【学習のポイント】

公差の計算をしなければ、図面への公差の指示はできない。また、設計リーダーが図面チェック（検図）をするときにも、製品の仕様を満足しているものであるのか、公差計算ができなければ判定ができない。公差設計のPDCAでは、P（Plan）にあたる公差計算だが、これまで学習してきたことを盛り込みながら、公差計算手法を学習しよう。

6.1　分散の加法性

公差設計の時に重要になるのは、多数の部品が組み合わさったときに製品の仕様を満足できるかどうか、ということである。実際の公差設計では、多数の部品を考えなくてはならないが、話を単純にするために、ここでは2部品を組み合わせたときを考えてみよう。各部品の寸法は、正規分布していることとする。

図6-1のa寸法がN（μ_a，σ_a^2）、b寸法がN（μ_b，σ_b^2）の正規分布でばらついている場合に、それらを組み合わせたc寸法のばらつきはどうなるかを考える。

実は、正規分布の和は、やはり正規分布になり平均値と分散は次のようになる。cの平均値をμ_cとすると、$\mu_c=\mu_a+\mu_b$となる。また、cの分散をσ_c^2とすると、$\sigma_c^2=\sigma_a^2+\sigma_b^2$となる。

この法則を当てはめて、実際の数値を使って計算してみよう。寸法aはN（3，0.1^2）、寸法bはN（4，0.15^2）の正規分布とする（図6-2）。この場合、

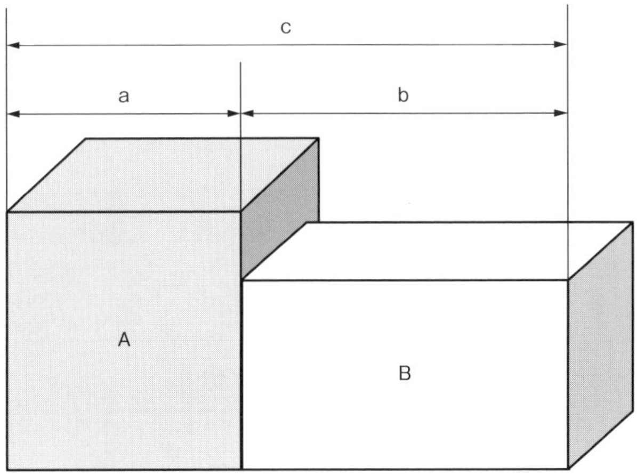

図6-1　2部品の組み合わせ（和）

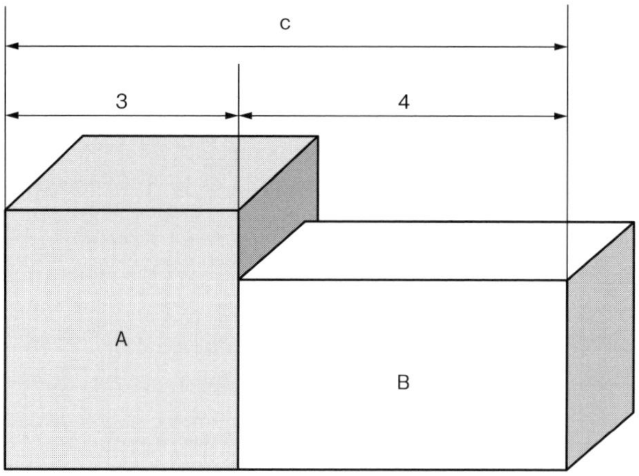

図 6-2　寸法 a と寸法 b の値

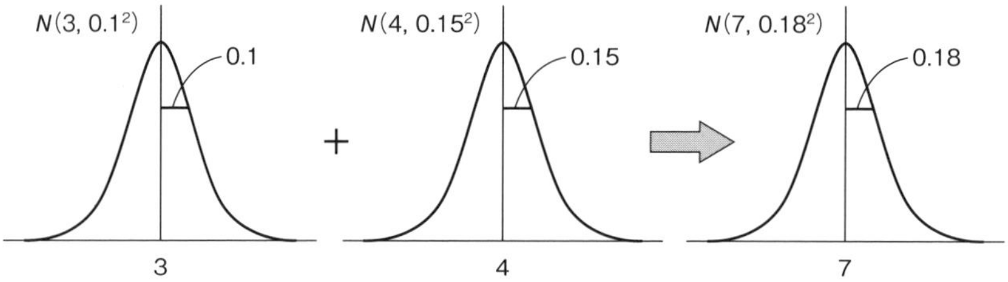

図 6-3　分散の加法性（和）

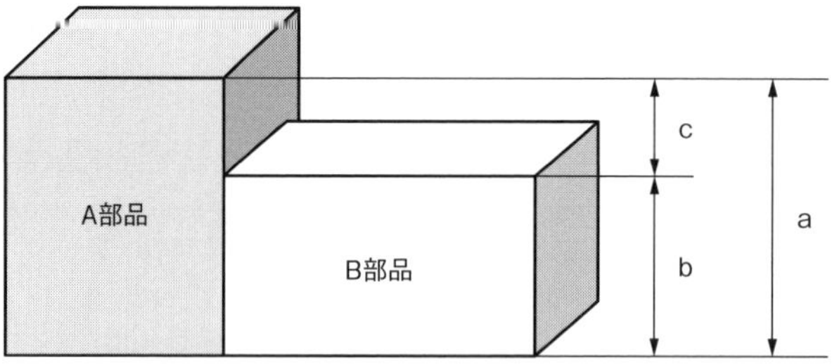

図 6-4　2 部品の組み合わせ（差）

表 6-1　平均値と分散

	和	差
平均値	$\mu_1+\mu_2$	$\mu_1-\mu_2$
分散	$\sigma_1^2+\sigma_2^2$	$\sigma_1^2+\sigma_2^2$

平均値：$\mu_c=3+4=7$

分散：$\sigma_c{}^2=0.1^2+0.15^2=0.0325=0.18^2$

これを分散の加法性といい、公差設計に活用される基本的な計算式となる（**図 6-3**）。正規分布の和で分散の加法性が成り立つことを説明したが、差ではどうだろうか。実は差の場合にも、分散の加法性は成り立つ。例えば、**図 6-4** のような部品の組み合わせで、A 部品の高さ寸法 a と B 部品の高さ寸法 b との差である段差の c 寸法はどのような分布になるかを考える。

a 寸法が N（μ_a , $\sigma_a{}^2$）、b 寸法が N（μ_b , $\sigma_b{}^2$）の分布に従う場合に、C 寸法の平均値は$\mu_c=\mu_a-\mu_b$、分散は$\sigma_c{}^2=\sigma_a{}^2+\sigma_b{}^2$ の正規分布になる。差の場合、平均値の計算は差になるが、分散は和になることに注意してもらいたい。従って、差の場合でも、ばらつきは大きくなるのである。

分散の加法性について整理すると次のようになる。2 つの正規分布 N（μ_1 , $\sigma_1{}^2$）と N（μ_2 , $\sigma_2{}^2$）の和、もしくは差の分布は正規分布となり、その平均値と分散は**表 6-1** のようになる。分布の和でも差でも分散は和になることから、分散の加法性は統計手法の基本的な計算式として広く活用されている。ここで注意しておきたいことは、加法性が成り立つのは分散であって、標準偏差ではないということだ。標準偏差で表す場合には、下式のように平方根をとることになる。

$$\sigma=\sqrt{\sigma_1{}^2+\sigma_2{}^2}\quad（注意：\sigma\neq\sigma_1+\sigma_2）$$

6.2　統計的取り扱いと公差の計算

6.2.1　互換性と不完全互換性

公差の概念は、機械工業における量産方式の発達とともに固まってきたといわれている。量産する部品は、まず互換性を備えていることが要求される。互換性とは、その部品集合の中のものであれば、どの部品をもってきても OK（問題が発生しない）ということだ。

これは公差設計の視点では、複数の部品から構成される製品にとって、すべての部品の公差が最悪状態（最大、または最小）で組み付けられた場合を想定して計算している状態になる。この計算方法を、「互換性の方法」という。

それに対して、これまで説明した通り、ばらつきとその扱いからくる統計理論をベースにした計算方法を、「不完全互換性の方法」という[1] [2]。すなわち、ある確率では不良品が発生する可能性があるとするものである。

それぞれの計算式は以下のようになる。

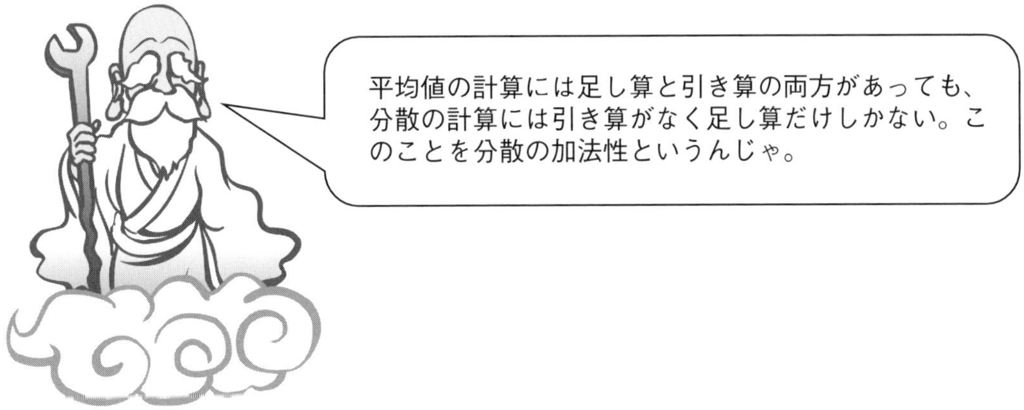
平均値の計算には足し算と引き算の両方があっても、分散の計算には引き算がなく足し算だけしかない。このことを分散の加法性というんじゃ。

【互換性の方法】

公差　$T = T_1 + T_2 + T_3 + T_4 + \cdots\cdots + T_n$

【不完全互換性の方法】

$T^2 = T_1^2 + T_2^2 + T_3^2 + T_4^2 + \cdots\cdots + T_n^2$

よって、

公差　$T = \sqrt{T_1^2 + T_2^2 + T_3^2 + T_4^2 + \cdots\cdots + T_n^2}$

例えば、**図 6-5** のように 4 つのブロックを積み重ねた場合、各ブロックの寸法と公差を使って、不完全互換性の方法で全体の厚さ寸法 μ と公差 T を計算することができる。

ここまでは、互換性の方法、不完全互換性の方法という言葉を使って説明をしてきたが、今後は、これを「Σ（シグマ）計算」と「$\sqrt{\ }$（ルート）計算」と呼ぶ。計算の仕方そのものを呼び名にしたものだ。

互換性の方法　　　⇒　Σ 計算
不完全互換性の方法　⇒　$\sqrt{\ }$ 計算

ここからは、実際の公差計算の例題で理解を深めよう。基本的な 3 つの例題を用意した。

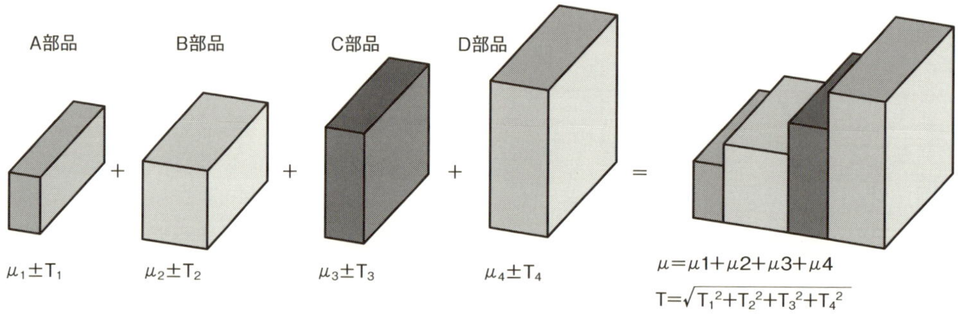
A部品
B部品
C部品
D部品
+
+
+
=
$\mu_1 \pm T_1$
$\mu_2 \pm T_2$
$\mu_3 \pm T_3$
$\mu_4 \pm T_4$
$\mu = \mu1 + \mu2 + \mu3 + \mu4$
$T = \sqrt{T_1^2 + T_2^2 + T_3^2 + T_4^2}$

図 6-5　ブロックの積み重ね

結構多くの会社で、Σ（シグマ）計算と$\sqrt{\ }$（ルート）計算と呼んでいるんじゃ。

［1］　公差の計算にも、第 6 章で説明した分散の加法性がそのままあてはまる。公差と標準偏差には直接関係はないが、公差を標準偏差のある倍数、例えば 6 倍（つまり $\pm 3\sigma$）をベースに考えることは一般的に行われていることである。

［2］　公差の計算は量産（大量に生産）する製品だけに適用できるものではなく、例えば、1 台しか製作しない機械装置等にも適用できる。

【例題 1】

3 つの部品の寸法と公差が**図 6-6** のように指定されている。この部品が図のように組み合わされたときの、総厚 D の寸法と公差はいくつになるか。Σ計算と$\sqrt{\ }$計算のそれぞれで求めよ。

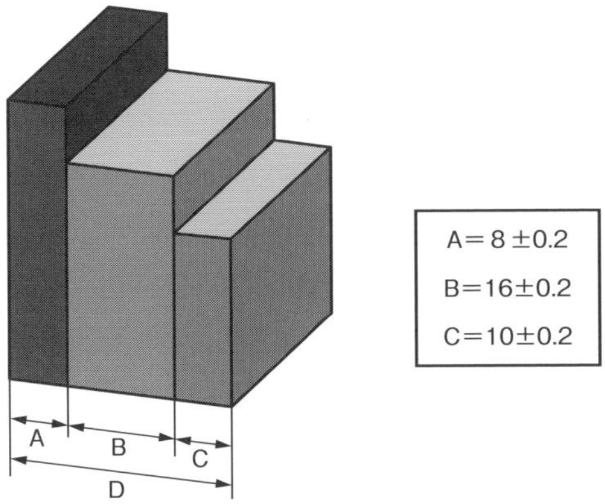

図 6-6　例題 1 のアセンブリ

【解答】

まず、総厚 D の寸法は、8+16+10=34 となる。公差に関しては、Σ計算では、

$0.2+0.2+0.2=0.6$、

$\sqrt{\ }$計算では

$\sqrt{0.2^2+0.2^2+0.2^2}=0.346$

となる。従ってΣ計算では 34±0.6、$\sqrt{\ }$計算では 34±0.346 となる。

【例題 2】

図 6-7 のように、3 つの部品で構成されている製品がある。総厚 D が 30mm±0.3mm と決められている。3 つの部品の寸法と公差は同じ値であるとした場合、総厚 D を満足させるためには、各部品の寸法と公差 T をいくつにしたらよいか。$\sum$ 計算と $\sqrt{\ }$ 計算のそれぞれで求めよ。

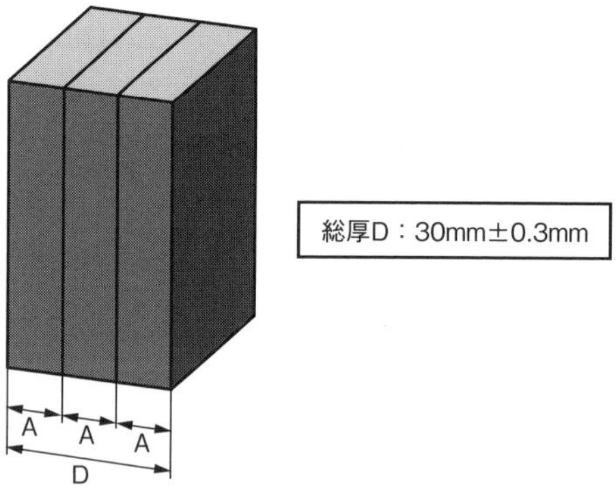

図 6-7　例題 2 のアセンブリ

【解答】

まず、部品の寸法は 30mm÷3 部品＝10mm となる。$\sum$ 計算では $T+T+T=0.3$ となればよいので、$T=0.1$ となる。つまり、個々の部品を 10±0.1 とすれば総厚 D の仕様を満足できる。
一方の $\sqrt{\ }$ 計算では以下の式で計算される。

$\sqrt{T^2+T^2+T^2}=0.3$

$\sqrt{3T^2}=0.3$

$T\sqrt{3}=0.3$

$T=0.3/\sqrt{3}$

$T=0.173$

結果、個々の部品を 10±0.173 とすれば総厚 D の仕様を満足できる。

ここまで来ると、だんだん公差計算の意義が解ってくると思う。
$\sqrt{\ }$ 計算で計算をする方が、公差を大きくしても総厚を満足できているということだ。
次の例題 3 で、さらに理解が深まるだろう。

【例題 3】

例題 2 の部品 3 個を 10 個にした場合（**図 6-8**）は、総厚 D の 30mm±0.3mm を満たすには個々の部品の寸法と公差をどうすればよいか。

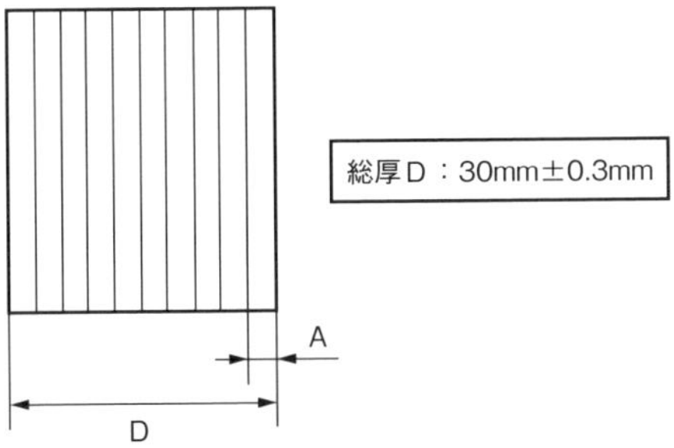
総厚D：30mm±0.3mm
A
D

図 6-8　例題 3 のアセンブリ

【解答】

個々の部品の寸法は 30mm÷10 部品＝3mm。公差 T に関しては、$\sum$ 計算では、$10T=0.3$ なので $T=0.03$ となり、個々の部品を 3±0.03 とすれば総厚 D の仕様を満足できる。一方、$\sqrt{\ }$ 計算では、以下のようになる。

$\sqrt{10\mathrm{T}^2}=0.3$

$T\sqrt{10}=0.3$

$T=0.3/\sqrt{10}$

$T=0.095$

結果、個々の部品を 3±0.095 とすればよい。

Σ(シグマ)計算と√‾（ルート）計算を比較すると、√‾計算はΣ計算に対して、√n倍大きくなるんじゃ（nは個数）。

この例では、$\sqrt{\ }$計算の方が$\sum$計算と比較して、部品の公差が$\sqrt{10}$倍（約3.16倍）となっている。寸法と公差が同一の部品を積み重ねたような場合、nを部品の個数とすると$\sqrt{\ }$計算の計算結果は$\sum$計算に対して$\sqrt{n}$倍の値になる。

例題2では、$\sqrt{\ }$計算の方が$\sum$計算より、1.73倍（$\sqrt{3}$倍）部品の公差が大きくなる（製造が楽になる）ことが分かった。例題3では、$\sqrt{10}$倍公差が大きくなっている。このように、2部品重ねると$\sqrt{2}$倍、3部品重ねると$\sqrt{3}$倍、4部品重ねると、$\sqrt{4}$倍になる。

$\sqrt{\ }$計算では、部品点数が多くなれば多くなるほど、部品の公差を大きくできる。当然、実際の設計においては、寸法と公差が同一の部品のみを組み合わせることはなく、寸法と公差が各部品で異なるので、その都度公差計算を行って設計を進めていく。

しかし、部品点数が多くなればなるほど各部品の公差を大きくできるという傾向は変わらない。会社によって、$\sum$計算のみを採用している会社と$\sqrt{\ }$計算のみを採用している会社がある。例題3では、一方では±0.03と記入し、もう一方では±0.1（±0.095が算出した値だが、分かりやすくするため）と記入することになる。

これは、加工側から見れば著しく違う値であり、当然コストも大きく変わってくる。部品の公差を大きくすることは、製造が楽になるだけではなく、部品コストの低減にもつながる。ただし、どちらの計算方法を採用するかは会社の方針であり、これを十分に確認することが重要だ。いずれにしても、$\sum$計算と$\sqrt{\ }$計算の差と理論的背景を十分に認識しておくことが必要である。

次は、実践に近い例題をやってみよう。

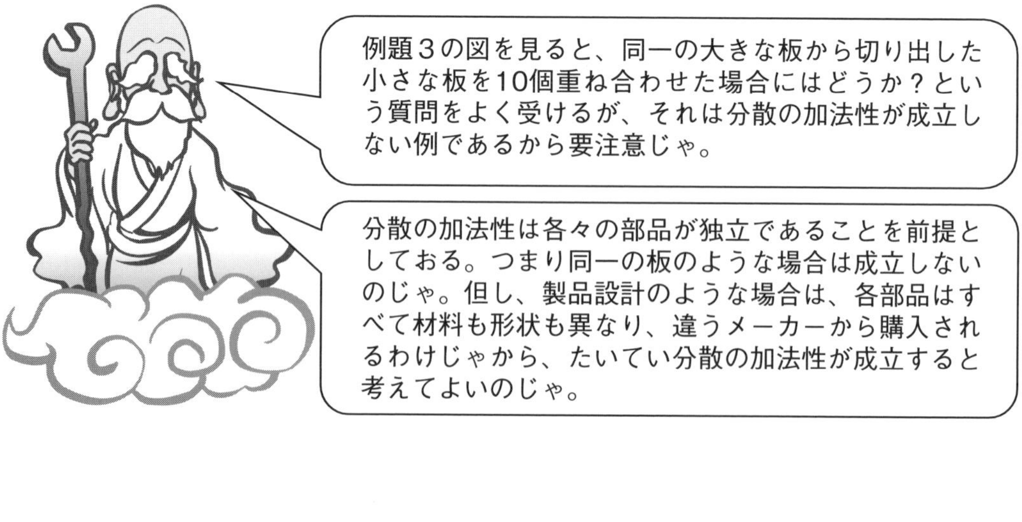
例題3の図を見ると、同一の大きな板から切り出した小さな板を10個重ね合わせた場合にはどうか？という質問をよく受けるが、それは分散の加法性が成立しない例であるから要注意じゃ。
分散の加法性は各々の部品が独立であることを前提としておる。つまり同一の板のような場合は成立しないのじゃ。但し、製品設計のような場合は、各部品はすべて材料も形状も異なり、違うメーカーから購入されるわけじゃから、たいてい分散の加法性が成立すると考えてよいのじゃ。

【例題 4】

図 6-9 は、第 2 章で紹介した具体的事例である。公差計算でスキマ f の値を求めよ。f のスキマはぶつかってしまってはいけない。図のとおり各部品に指定された寸法と公差で、適正なスキマは保たれるかを確認してほしい。

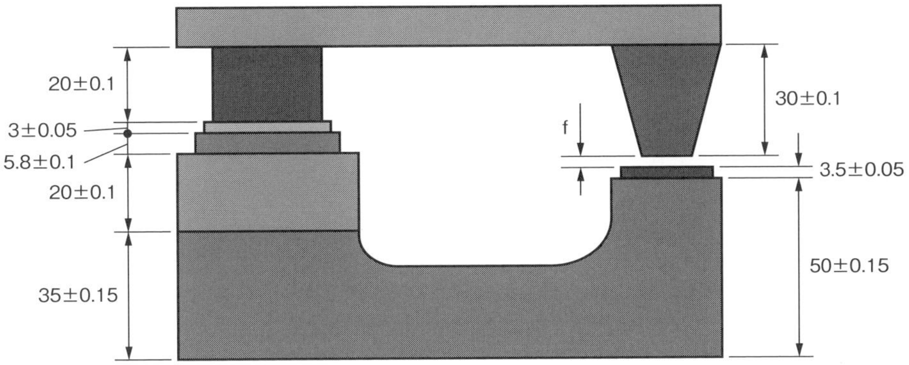

図 6-9　例題 4 のアセンブリ

【解答】

まず、公差計算をする場合には計算式を作ることから始める。この図の中に指示されている寸法は全て、f のスキマに関係してくる寸法である。実際に公差計算をする時には、設計目標値に関係してくる寸法を全てピックアップすることが重要となる。

分かりやすいように、**図 6-10** のように各寸法に記号をつけて考える。普通に考えると、左側 5 つと右側 3 つの差となり、スキマ f の計算式は次のようになる。

f＝(C＋D＋E＋F＋G)－(B＋A＋H)　…式①

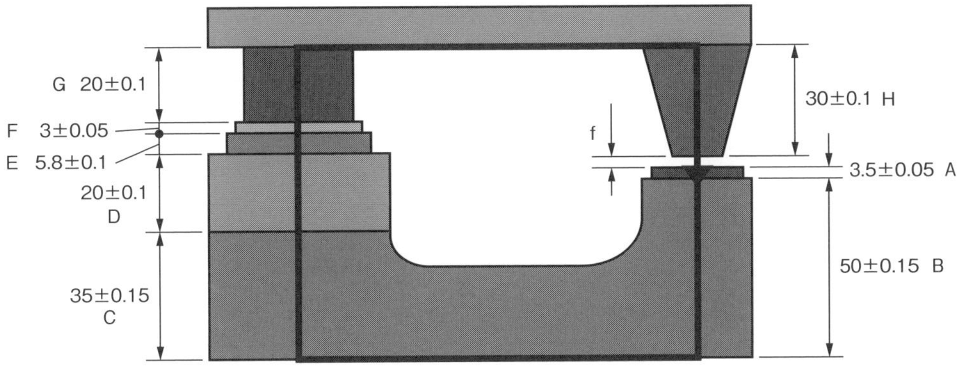

fの下側位置からスタートして、関係している全ての寸法を経てfの上側位置までのループ。
下方向を－、上方向を＋とする。

図 6-10　スキマの設計

ここで、最近の3次元公差解析ソフトを用いる場合に備えて、次のように考えてみよう。3次元公差解析ソフトでは、スキマを基準としたループを作って考える。図では、fの下側位置からスタートし、関係している全ての寸法を経てfの上側位置までのループだ。下方向を－、上方向を＋としている。そうすると、次のような計算式になる。

f＝－A－B＋C＋D＋E＋F＋G－H…式②

当然、式②と式①は、同じ式である。スキマfの寸法は、式②にそれぞれの値を入れて、

f＝－3.5－50＋35＋20＋5.8＋3＋20－30

＝0.3

となる。Σ計算による公差は、

T＝0.05＋0.15＋0.15＋0.1＋0.1＋0.05＋0.1＋0.1＝0.8

よって、fは0.3±0.8になる。スキマfの寸法を求めるときには計算式の通りマイナスの計算があったが、公差計算の場合には、すべて加算のみとなる。

一方、√￣計算では、

$$T=\sqrt{0.05^2+0.15^2+0.15^2+0.1^2+0.1^2+0.05^2+0.1^2+0.1^2}$$

＝0.3

となり、fは0.3±0.3となる。なお、この例題4を各種公差解析ソフトで解析した結果を第10章（p.168～）で紹介している。

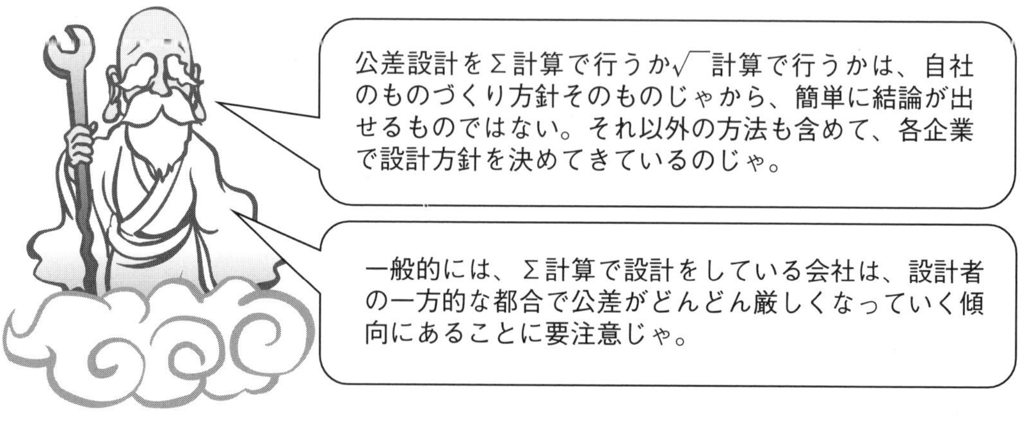
公差設計をΣ計算で行うか√￣計算で行うかは、自社のものづくり方針そのものじゃから、簡単に結論が出せるものではない。それ以外の方法も含めて、各企業で設計方針を決めてきているのじゃ。
一般的には、Σ計算で設計をしている会社は、設計者の一方的な都合で公差がどんどん厳しくなっていく傾向にあることに要注意じゃ。

さて、以上の公差計算結果について考察してみよう。

まず、例題4の設計を行っている会社が、設計ルールとしてΣ計算を採用している会社だったとしたら、その公差計算結果0.3±0.8のまま量産に移行することはできない。すべての部品の公差が最悪の組合せになった場合には、最大で0.5mmの干渉（スキマの最大は1.1mm）が発生することになるからだ。

中心スキマf=0.3は、もともと設計中央値として最適な値であり、これを変更することはできない。この場合は、各部品の公差値を調整することになるが、トータルの公差を0.5も小さくする必要があり、結果として各部品の公差を著しく厳しい（小さい）値に変更することになる。

仮に8部品で均等配分（0.5/8）すれば、約0.06ずつ小さくすることになる。結果、各部品のコストが大幅に上昇することは確実だ。かつ、設計者の一方的な都合で、製造現場に大きな負荷を掛けるとんでもない公差を付けるという状況に陥ることになるので、要注意である。

一方、$\sqrt{\ }$計算を採用している会社であるなら、例題4の公差計算結果0.3±0.3はギリギリOKということだろう。ただし、この場合は全ての部品が正規分布していることが前提であり、スキマfの分布も正規分布することになる。当然、ある確率で不良品が発生する。

この状態で量産に移行する場合は、公差計算結果を常にオープンにして、関係部門の協力を得ることが必要である。各部品の公差には無理がなさそうだが、正規分布として確実に管理をしてもらうこと、完成品として不良品が発生することを数字（確率）で明確にしておく必要がある。

一般的には$\sqrt{\ }$計算で設計してもギリギリセーフという場合も多いことから、その場合には、設計図面上で特に管理をしてほしい箇所および公差を「重点管理項目（一覧表）」という形で明記して、製造部門、組立部門、品質管理部門へ依頼をしていくことになる。

当然、$\sqrt{\ }$計算で設計する設計者は、重点管理部分がいつも気になっているし、部品データ、組立上のデータを常に見るようになる。現場の人の意見も聞くようになるし、データで議論ができるようになる。つまり、バランス設計が出来るようになるのである。

一般的には、$\sqrt{\ }$計算で設計している会社は、常にデータで管理し、データで議論するようになる。そして、不良が発生（FMEAで予測されている）しても素早く対応ができるんじゃ。

設計者は、作ってみなければ解らない、という発言は出来ない。自信を持って理論的に設計をしていることを、常に求められているんじゃ。

以上の通り、Σ計算を採用している会社と√￣計算を採用している会社とでは、設計方針と対処方法がまったく違ってくる。

次に、不良率について考察しておこう。**図 6-10** の設計を、√￣計算で行い、かつ各部品の各公差を $Cp=1$ で管理している会社の場合は、公差計算結果（√￣計算）0.3±0.3 から、次の不良率が予測されることになる。第 1 章で説明したが、$Cp=1$ を前提にした√￣計算結果は±3σ値となる。従って**図 6-11** の通り、0.3 のスキマはこの図面通りに量産した場合に、平均値 0.3、標準偏差 0.1 の正規分布となる。この場合のスキマ f が 0 以下となる確率は、$K\varepsilon=3$ となり、標準正規分布表より 0.135 % ということが分かる。**図 6-10** の場合、両側で管理（0.3 ± 0.3）したいということならこれを 2 倍し、0.27 %（つまり 1000 個検査すると 3 個不良になる）となる。

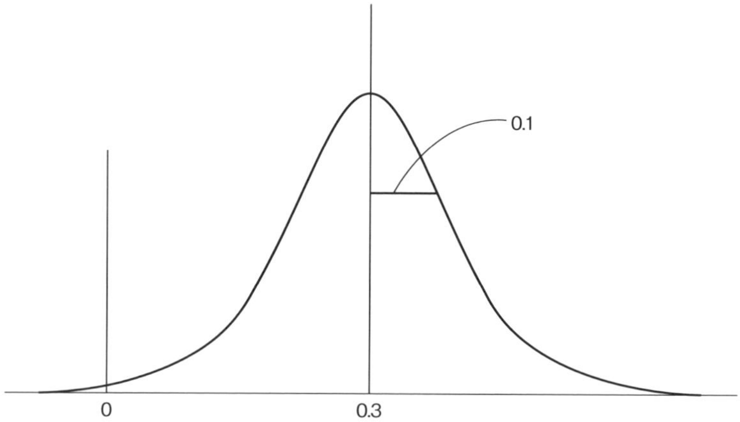
0.1
0
0.3

図 6-11　スキマ f の分布

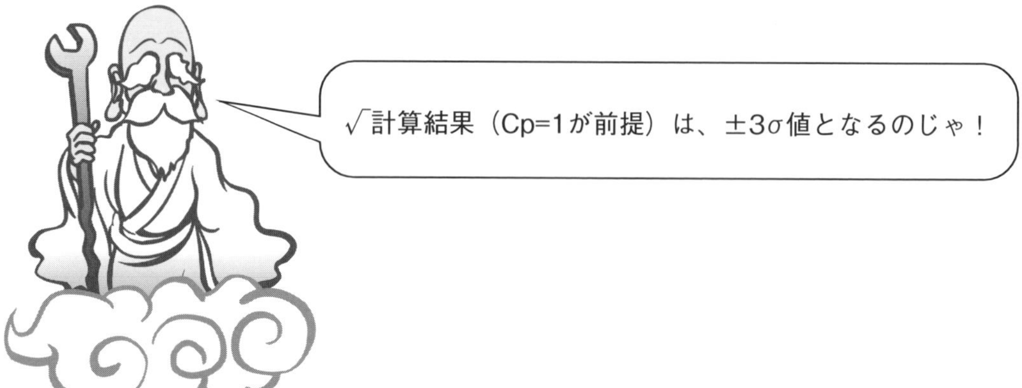
√￣計算結果（Cp=1が前提）は、±3σ値となるのじゃ！

6.3　公差設計の PDCA まとめ

設計者が行う公差計算では、設計目標値（製品仕様）を実現するために各部品の公差値を計算して求める。公差値を計算する代表的な方法として、Σ計算と√￣計算の 2 種類を説明した。Σ計算は、全ての部品が最悪状態（最大または最小）で組みつけられる状態を想定して計算する方法であり、√￣計算は、すべての部品が正規分布していることが前提（ある確率で不良が発生する）の計算方法である。

例題 4 の事例を再確認してみると、Σ計算を採用した場合は、設計目標値を満足する為には各部品の公差を著しく厳しい（小さい）値にしなければならない、つまり、大幅なコストアップとなるため、このまま量産に移行することは出来ない、という判定だった。一方、√￣計算を採用した場合は、公差計算結果をオープンにして関連部門との連携をとることや、「重点管理項目」として後工程へとしっかり伝える等の万全な技術活動をすることで量産に移行できるという判定だ。同じ製品の設計でもどちらの方法を採用するかにより、その取り組みは全く異なる。

例題 3 のブロック（10 個）の事例でも確認してみよう。設計目標値を満足するために、Σ計算を採用した場合と√￣計算を採用した場合とでは、全く異なる公差となり部品コストも著しい差となる。

このように、公差は製品の設計品質を保証し、部品コストを確定するものである。公差設計を実践している会社とそうでない会社とでは著しい差があり、公差設計が企業のノウハウとなる。Σ計算と√￣計算は、その基本中の基本のものであり、それ以外にもさまざまな公差計算手法が用いられている。

他国・他社に負けない製品を開発するために、皆さんの会社の公差設計は、どのような方法で行われているだろうか。その中で設計者として必須の知識となるのが、第 3 章で学習した寸法記入と寸法公差方式や、第 4 章および第 5 章で学習した品質とばらつき、正規分布と工程能力指数などである。

設計者が設定した公差値（PDCA の P）を、後工程へと正しく伝える（PDCA の D）ことは設計者の仕事そのものである。また、正しく指示された図面を見て製造された部品や製品のデータは、設計者に必ずフィードバックされなければならない。ヒストグラムから部品のばらつき状態や工程能力指数が確認（PDCA の C）できれば、設計者は自ら設定した公差が適切だったかどうかが容易に判断でき、また次の製品の公差設計へ生かせる（PDCA の A）のだ。

さまざまな公差の計算方法

公差の計算方法としては、∑計算と√￣計算を中心に説明をしてきたが、それ以外にも「モンテカルロ法」や「特有の方法」を採用している企業や、それらを組み合わせて活用している企業もある。

モンテカルロ法とは、乱数を使用したシミュレーション方法であり、実際におこるであろう事を現実に行って確率を計算する[1]。実は、このモンテカルロ法は、サイコロの目のような一様分布[2]の公差計算をするのに適している（図6–a）。

企業特有の方法には、次のような計算式がある［n は要因（部品）数］。

・（∑計算結果＋√￣計算結果）/2

・√￣計算結果×（2n）/（n＋1）

これらは、各企業で自社の実態に合わせて実施してきた計算方法であり、各社各様で公差をコントロールしている。まさに企業ノウハウの部分だ。しかし、これらの方法もグローバル設計の視点では課題も出てきており、「今の時代に合った公差設計」を目指す企業が増えてきている。

あえて付け加えれば、∑計算と√￣計算は公差計算においては両極端な計算方法であり、上記のモンテカルロ法（一様分布）や企業特有の方法は、その中間的な位置付けの計算をしようとしているといえる。

このように、日本企業の設計者は「公差」を真剣にとらえ、様々な計算方法を用いて設計をしてきたのである。

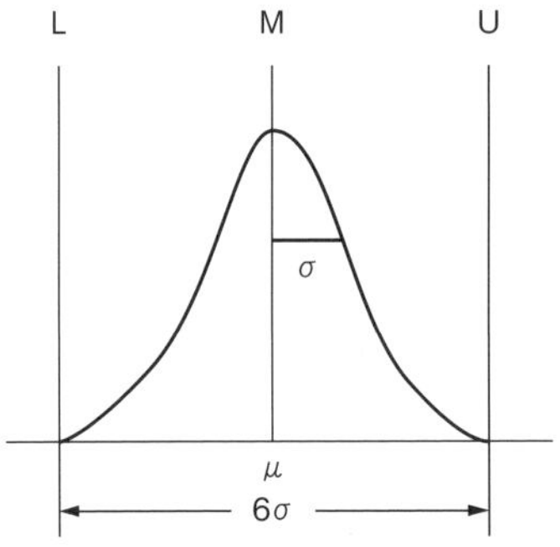

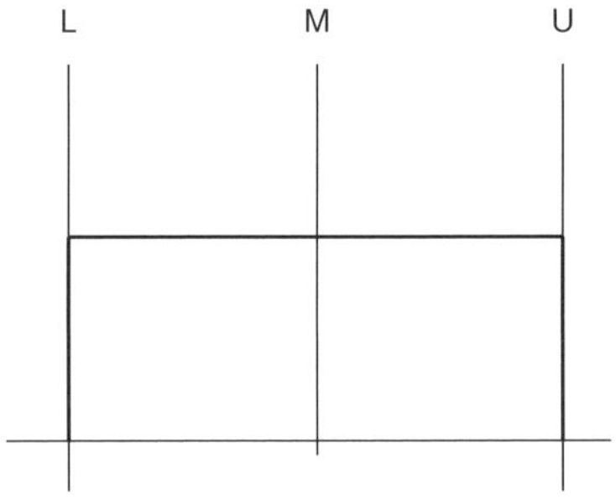

図 6–a

［1］　モンテカルロ（Monte Carlo）は、モナコ公国の北東部の地区。地中海に面する観光・保養地で国営賭博（とばく）場のカジノがある。多くのとばくゲームは、サイコロの目のような予測できない事柄を利用して行われる。このことが、この方法の名の由来である。

［2］　一様分布は、例えばサイコロを振ったときの1～6までの目が出る確率のように、すべての事象の起こる確率が等しい現象のモデルである。例えば、プレス部品の金型などは、最初は摩耗を考慮して公差の片側に寄せて制作する。その後、長期間使用すると、部品のばらつきは公差内一杯にばらつくことになる。また、旋盤で加工した部品は、刃物が摩耗するとともに構成刃先が刃の先端に付着するため、公差内でいっぱいにばらつくことになる。構成刃先は、アルミニウムあるいは軟鋼などを比較的低速度で切削すると、被削材の一部が刃先に付着する。これを構成刃先と呼ぶ。この付着物は加工硬化されて硬く、切削工具の刃先にかわって切削に影響する。この状態で切削を継続すると構成刃先は更に成長し、ある程度大きくなると脱落するが、再生・脱落を繰り返す。

日本企業の設計者は、これほどまでに「公差」を真剣にとらえ、様々な計算方法を用いて設計をしてきたのじゃ。公差設計が日本製品の素晴らしさの根幹を成していたことが解るじゃろう。

7 幾何公差方式

【学習のポイント】

設計・製造のグローバル化が進む中、世界共通の言語である「幾何公差」を正しく指示していない図面では、設計者の意図を正しく伝えることはできない。本章は、公差設計のPDCAのD（Do）である幾何公差について解説する。ここでは主として、測定することに重点を置いて解説しているが、公差計算上からの幾何公差のメリットについても触れる。なお、幾何公差の公差計算方法については、第8章で説明する。

7.1　幾何公差とは何か

7.1.1　日本における幾何公差の実態

最初に、日本の設計現場における幾何公差の実態を確認しておこう。**表7-1**は公的機関で実施したアンケート結果の概要だ。主な回答者は設計・開発業務を担当する30歳代である。規格としての幾何公差を「知っている」とした回答者は30％と、「知らない」とした回答者の約半分しかいない。顧客からの要求がないとした回答は90％、業務に適用していないという回答は80％にもなる。さまざまな理由が考えられるが、この調査結果は、幾何公差適用の実態を示しているといえる。

表7-1　幾何公差に関するアンケート

質　問	主な回答
①規格の認知度	知っている　30％ 知らない　60％
②顧客からの規格要求は	無い　90％
③規格を業務で適用しているか	していない　80％
④規格を業務に導入しない理由は	情報不足　40％
⑤今後の導入予定	予定が無い　40％

アンケート回答者　設計、開発業務担当者　2000名（2009年3月）

もう1つは設計現場から聞こえてくる誤解である（**表7-2**）。まず、現状の設計図面の多くは寸法公差で描かれているが、これで十分だと思っている技術者が多い。後で説明するが、幾何公差と寸法公差では狙っている機能が違う。寸法公差と幾何公差それぞれの良いところを併用することが大切だ。

幾何公差の検査工数が余分に掛かるというのも、大きな誤解だ。検査工数は同じである。逆に不必要な寸法公差を見直せば、加工が楽になり、コストダウンを実現できる場合もある。いわゆる機構系部品以外には幾何公差を使えない、と思っている方も多いと思うが、板金部品やプラスチック部品などを含む、幾何形状を持

表7-2　設計現場から聞こえてくる誤解

・幾何公差を使わなくても、必要な公差は寸法公差で十分！
・幾何公差を使うことで、検査が難しく、検査工数が掛かる！
・板金物やプラスティック部品に使えない！

つ全ての部品に幾何公差を適用できることを覚えておいてほしい。

7.1.2　幾何公差の歴史

このように、日本の設計現場においては、幾何公差が広く普及しているとはいいがたい。しかし、海外に目を向けてみれば、幾何公差の重要性に対する認識を改める必要があることが分かるだろう。

世界的に見れば、幾何公差は1940年代から図面に採用されている。また、1960年代からは主要工業国において国家規格として整備されてきている。幾何公差に関する規格は1982年にISOで整備され、追加・修正する形で現在に至っている。

ただし、米国ではASME（米国機械学会）として幾何公差方式を設定し、運用されている。日本のJISに対応するアメリカでの工業規格はANSIであり、ASMEは米国機械学会の自主規格であるが、世界的には権威のある規格として存在している。なお、ISOとASMEとでは幾何公差の基本的な考え方は共通である。

一方、日本では幾何公差について世界の統一規格に合わせようと1984年にJIS（日本工業規格）を整備し、2000年にはISO規格とJISを一致させるための整備を行ってきた。しかし、先のアンケートにも見られるように、日本の製造現場では設計者の意図をくんで“ものづくり”をする技術力の高さがあり、幾何公差の必要性が低く、導入が進まないという現状があった。

最近は製造業のグローバル化が進んでおり、幾何公差の必要性を感ずる企業が増え始め、徐々にではあるが導入し適用し始めたところだと言える。

特に、GPS（Geometrical Product Specifications：製品の幾何特性仕様）規格について知っておいてほしい。GPS規格とは、**図面のあいまいさを排除し、測定不確かさを体系的にまとめ、**世界的認証制度に適用することを目的に、ISO（国際標準化機構）のTC213（第213技術委員会）によって既存の国際規格を追加・修正する形で規格化が進められている。取引に使われる設計図面はGPS規格に準拠されることが検討されており、その中核となるのが幾何公差となっているのだ。

7.2　幾何公差導入の必要性

7.2.1　図面のあいまいさの排除

ここからは、幾何公差を導入する意義について具体的に説明する。例えば、直方体の断面の形状を寸法公差で指示した図面を考えてみよう（**図7-1**）。設計者は**図7-2**のように、平面を寸法公差の幅で平行移動した2面の間で加工が仕上がってくると考えることが多いと思う。一方、日本の製造現場の担当者は、平面にどれだけ近いか、基準と平行かどうかといった図面上の指示がなくても、設計者の意図を考えて、できる限り平面に近く、できる限り平行に造る。公差の規格幅が0.6mmもあっても、工作機械の能力を最大限に発揮し、寸法の中心値で加工するだろう。

ところが、この図面を使って海外の加工業者に部品を発注したとすると、加工面が**図7-3**のように傾いたり、**図7-4**のようにウネリのある部品が納入されてしまう可能性が高い。このような部品を組み込んだ製品が不具合を起こし、品質問題が発生したというケースは少なくない。例えば、傾いた面で加工された部品を組

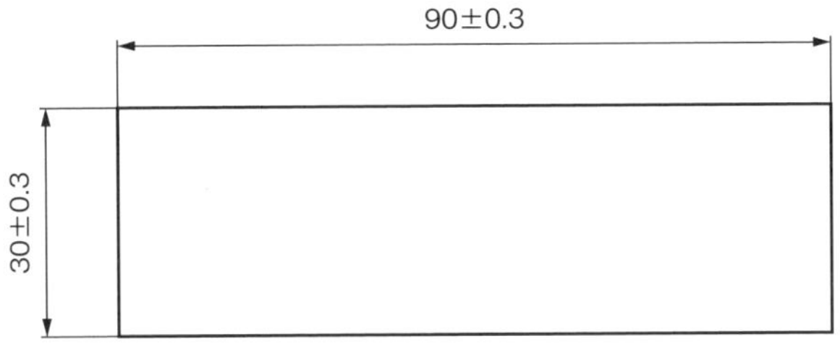

図 7-1　寸法公差による指示

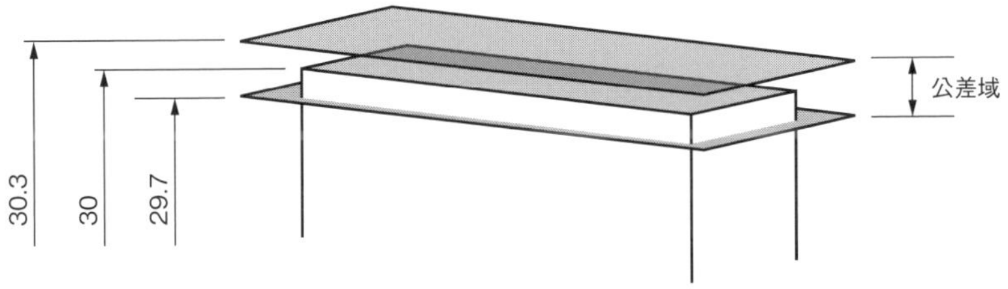

図 7-2　設計者が期待する形状

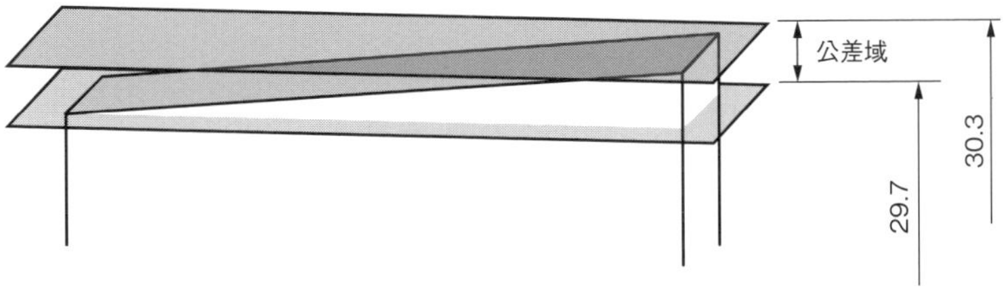

図 7-3　加工面の傾き

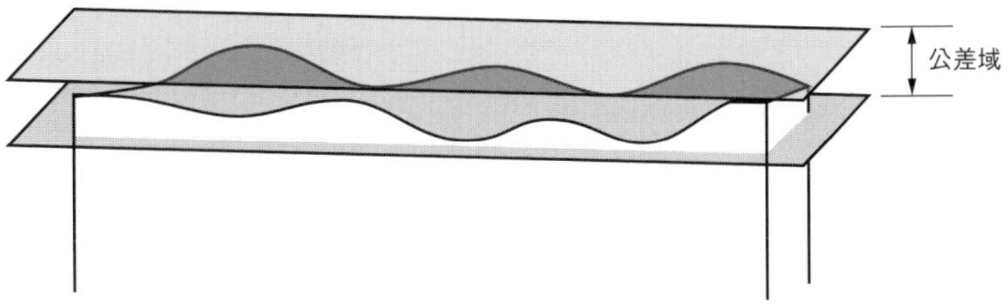

図 7-4　加工面のうねり

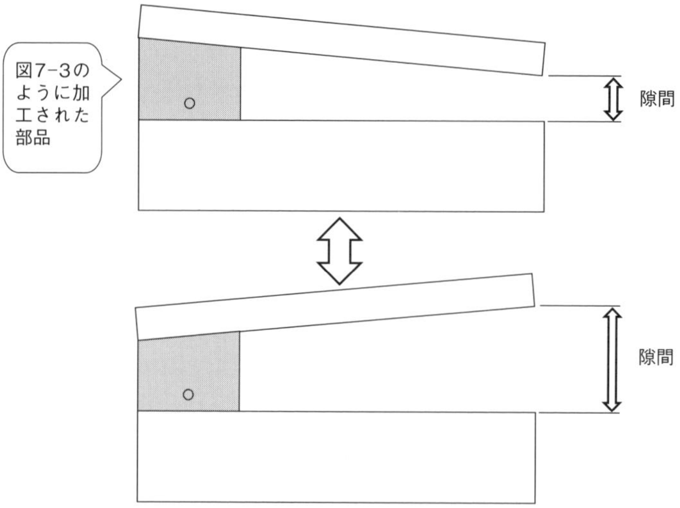

図 7-5　加工面が傾いた部品を組み込んだ場合

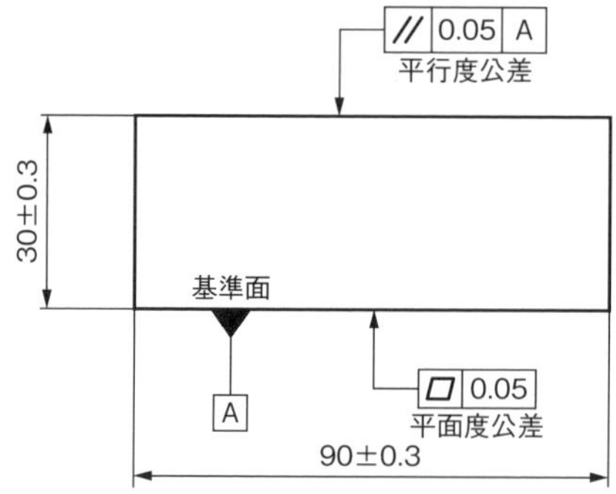

図 7-6　幾何公差を使った図面

み込んだ場合をシミュレーションしてみると、上下の部品の右端の隙間はかなり大きく変動する（**図 7-5**）。右端の隙間がこれほど大きく変動すると、製品によっては不具合が起きるのも当然である。これは加工した海外の業者が悪いのではなく、図面の表記に問題（あいまいさ）があるのだ。

このような問題の発生を避けるには、設計者は**図 7-6** のように幾何公差を使った図面を描かなくてはならない。平行性を期待するならば、それをきちんと表記すべきということである。**図 7-6** には今までの寸法公差の図面に、枠で囲んだ記号、数字、アルファベットが描かれている。この表記内容については用語のところで説明するが、ここでは右上の平行度公差に注目してほしい。簡単に言うと、下面を基準として上面の平行性が 0.05 以内であることを規定している。

この図面によって海外で製造してもらう。そして先ほどと同じ条件で右端の隙間をシミュレーションしてみる（**図 7-7**）。すると寸法公差だけで指示したものと大きく違っている（隙間の変動量が小さい）ことを理解して頂けたものと思う。

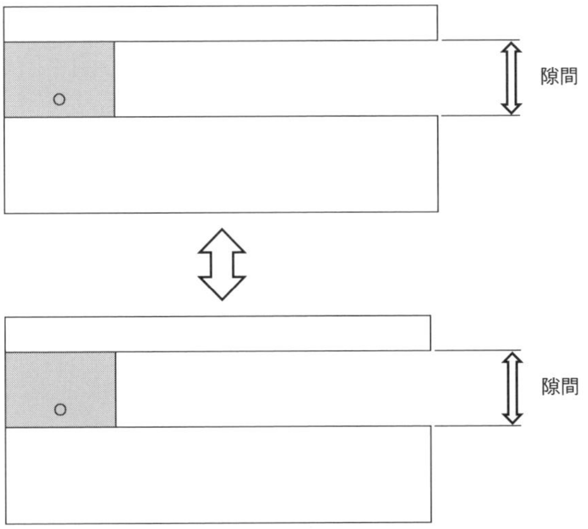
隙間
隙間

図 7-7　幾何公差で指示した部品を組み込んだ場合

つまり、設計者が期待している通りのことを、幾何公差を用いて正確に伝える（表記する）ことで、図面のあいまいさを排除して現場のトラブルを減少でき、製品の機能を実現できるわけである。このように寸法公差と幾何公差の良いところを併用することが効率的だと考えている。

このことは一般的な製造メーカーでの加工上でも言える。**図 7-6** のように、寸法公差で公差域 0.6（± 0.3）の厚みと幾何公差の平行性 0.05 以下を併用すると、加工する場合、材料に罫書き（p.100 の別掲記事参照）を入れて、治具に確実に固定して加工すれば 1 回で加工できる。一方、寸法公差だけで指示しようとすると、幾何公差の平行性 0.05 以下を厚み寸法公差に変えて 30±0.025（平行性 0.05 を寸法公差に変換）とすることによって平行性 0.05 以下と同じ管理が可能となる。しかし、これは必要以上の精度を求めていることになる。±0.025 という精度は 1 回の加工ではできないため厚めに荒加工し、中仕上げ、仕上げ加工と工程が何倍かに増えてコストが増大する。

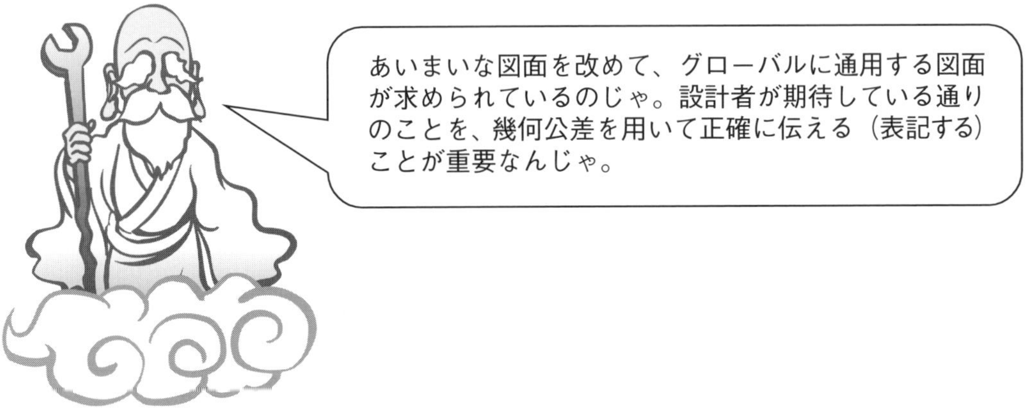
あいまいな図面を改めて、グローバルに通用する図面が求められているのじゃ。設計者が期待している通りのことを、幾何公差を用いて正確に伝える（表記する）ことが重要なんじゃ。

寸法公差と幾何公差の良いところを併用することで、加工コストを削減できるのだ。設計者の意図を過不足なく製造側に伝えるには、寸法公差に加え幾何公差による指示が不可欠となる。

7.2.2　測定不確かさの推定

前述のGPS規格では、「測定不確かさ」の推定についても明確に定義しようとしている。これは、言い換えれば測定した結果の正確性の向上だ。測定の不確かさは、さまざまな要因で発生する。

まず第1に、測定方法を成分とするものだ。例えば、直径10㎜、長さ100㎜の丸棒の軸径と真円度をノギスを使って測定することを考える（**図7-8**）。この場合、**図7-9**のように直交する2方向の測定値から推定する軸径と真円度と、正確な軸径や真円度の値とには差があるということが容易に想像できるだろう。

さらに、測定器具を成分とする不確かさもある。**表7-3**は、一般的によく使われる測定機の精度と価格について、参考程度だがまとめたものだ。ノギスという測定機は**表7-3**に示したように、価格は安いものの測定精度は±0.03mmとあまり高くはない。この軸径の公差0.01や真円度公差0.02という0.01㎜台の測定をするのに、測定機として選定するには精度が十分ではなく、不適切なのである。

その他にも、測定者による個人差、測定場所

罫書きの方法

罫書きとは、設計図に基づいて材料を加工する際に、図面に指示された位置に印を付けることである。罫書きによく使われるのが**図7-a**に示すようなハイトゲージである。ハイトゲージは品物の高さや平行度などを測定する測定器の一種だが、0.01㎜単位で高さが設定でき、測定子の先端が鋭利な刃先になっているため、罫書きを行うのに適している。通常の使い方としては、図のように加工する原料とハイトゲージを同一の定盤（精度が良く、剛性のある平板）上に置いて、図面に指示された高さに目盛を合わせ、測定子の先端で線を引く。

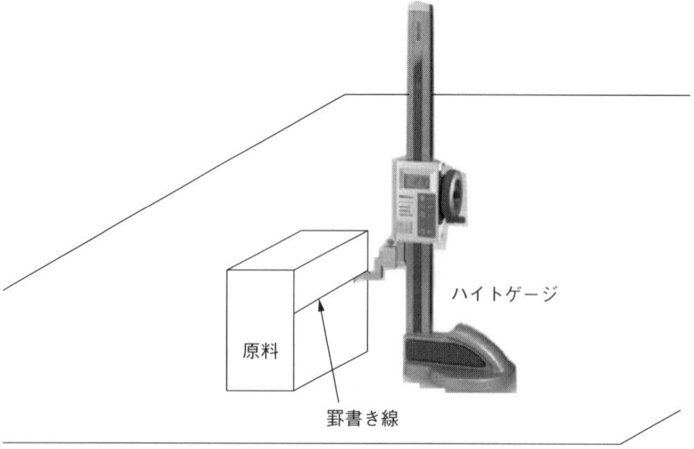

図7-a

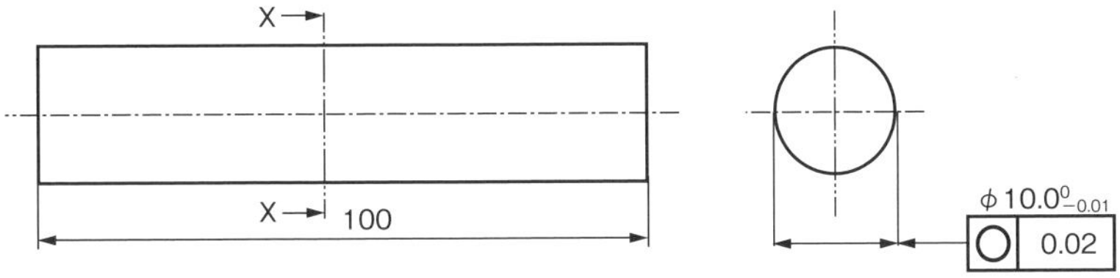

図 7-8　丸棒の図面

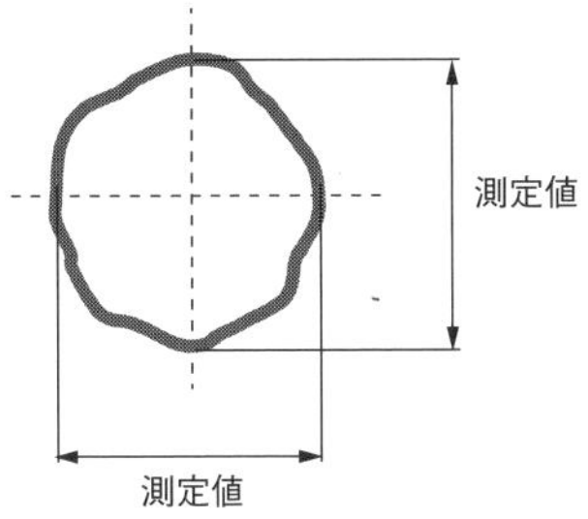

図 7-9　丸棒の測定方向

表 7-3　一般的に使われる計測機の精度と価格

計測機名称	主な測定	測定精度	価格（万円）	備考
デジタルノギス	外形・内径	±0.03	0.2〜1	
マイクロメータ	外形・内径	±0.01	0.5〜2	
ダイヤルゲージ	高さ・段差	±0.01	0.5〜2	
電気 DG	高さ・段差	±0.005	5〜50	
測定顕微鏡	全項目	±0.01	250〜500	
投影機	全項目	±0.01	300〜700	
三次元測定機	全項目	±0.002	1,500〜2,000	一般の空調で使用可
三次元測定機	全項目	±0.001	2,000〜10,000	耐震・空調だけで別途 2,000〜4,000 万円必要

の温度差、測定機が同じメーカーのものであっても誤差が生じるなど、不確かさ成分が数多く指摘されている。

GPS 規格ではこの状況を踏まえて、体系的にまとめ対応しようとしている。本章では幾何公差の測定状況を説明するため三次元測定機を使用した例を主に取り上げて説明していくが、実際の製造・計測現場では多種多様な測定機も使用されていることを頭に入れておいてほしい。

7.2.3　グローバルスタンダード

幾何公差導入の必要性の一つが図面の変遷に関わるグローバルスタンダードである。**図 7-10** は図面の変遷を示している。日本に初期の幾何公差が導入された頃、図面は 2 次元だった。それから少しずつ 3 次元 CAD が導入され、現在、設計は 3 次元 CAD が主体で、一部の外注先などへ 2 次元の紙図面が出されているという状況である。

今後は一部で始まっている 3 次元単独図になって行くと考えられ、国際標準ではこうした流れに準拠した動きが活発だ。**図 7-11** には、3 次元単独図の例を示した。もちろん 2 次元図面の場合でも、幾何公差を使っていないと図面として認められない段階に来ていることを認識してほしい。

第7章

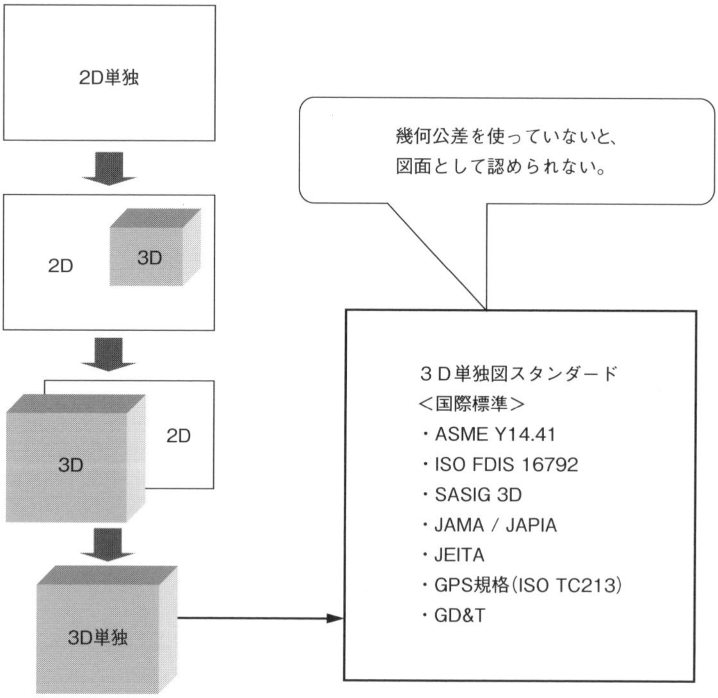

図 7-10　図面の変遷

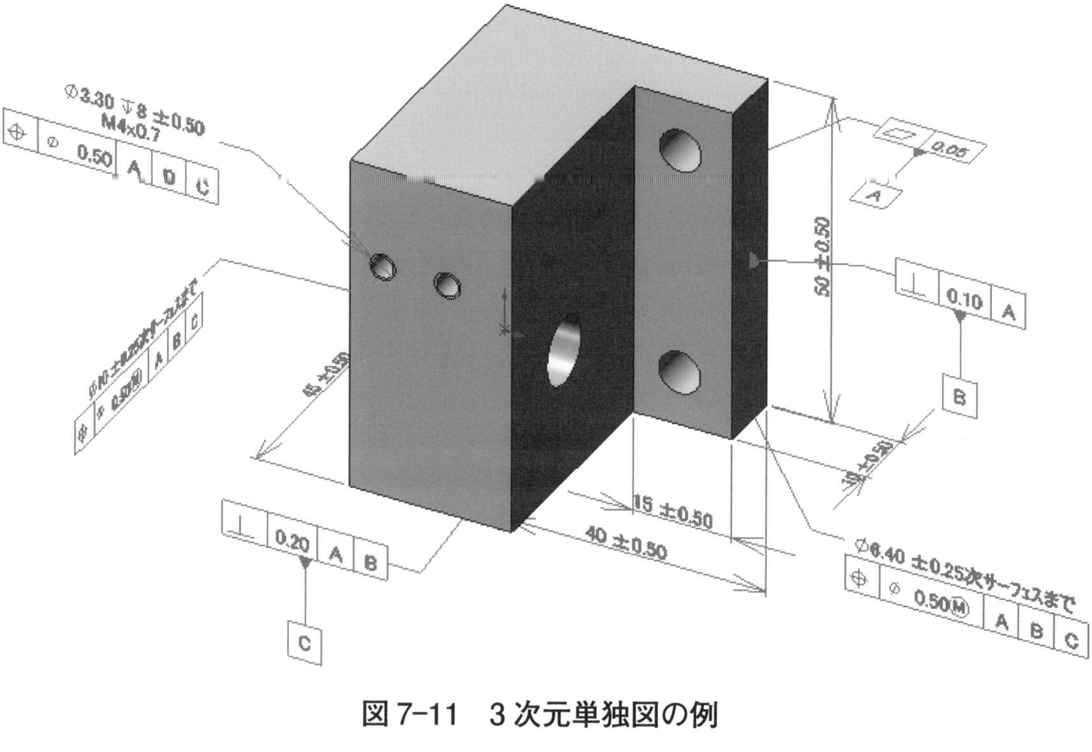

図 7-11　3 次元単独図の例

7.3　寸法公差と幾何公差の違い

7.3.1　寸法公差と幾何公差

ここからは、寸法公差と幾何公差の違いについて詳しく説明する。

ある直方体の部品の図面で、寸法公差と幾何公差の両方が表記されているものを例に考えてみよう（**図 7–12**）。この中で、部品の厚さで指示されている 30 ± 0.3 や、部品の長さを指示している 90 ± 0.3 が寸法公差による表記だ。30 ± 0.3 を例にとると、基準寸法 30 に対してプラス側に 0.3、マイナス側に 0.3、すなわち、厚みが 29.7～30.3 の中に入っていること、というものである。つまり、**寸法公差はサイズを規制する**。

寸法公差の測定は、**図 7–12** 右のようなノギスやマイクロメータなどを使った二点測定が基本となる。そのため、表面のうねりやひずみは規制できない。

一方、上面に指定した平行度公差（実際には漢字での記載はない）が幾何公差による表記だ。下の基準面 A に対し、平行であるべき上面の狂いの大きさが 0.05 の公差域の中に入っていること、というものである。**幾何公差はサイズではなく、姿勢や形状を規制する**のだ。

この違いが重要だ。また、幾何公差の測定の基本は**図 7–13** 左のように、測定対象物と測定機（ダイヤルゲージや三次元測定機など）を同一の定盤・テーブル上に置いて測定する。そのため、二点測定はできないが、平面度や平行度等多種の測定ができる。

ここで、寸法公差の公差域と幾何公差の公差との関係について**図 7–13** 右上で示す。一般的には寸法公差の公差域の中で幾何公差の公差を設定するので、**幾何公差の公差は寸法公差よりも小さな値を設定すること**が必要だ。一般的と言ったのは、寸法公差と幾何公差の測定方法の違いから、形状によっては**図 7–13** 右下のように平行度の公差が寸法公差の最大許容寸法 30.3 よりはみ出すこともあり得るからである。

7.3.2　幾何公差の用語

幾何公差のイメージを少し掴んで頂いたところで、知っておいて欲しい幾何公差の用語について説明する。

図 7–14 は、平板にφ8 の穴が明いている内容を平面図と側面図で描いている。下部に複数に区切られた長方形の枠がある。これを公差記

第7章

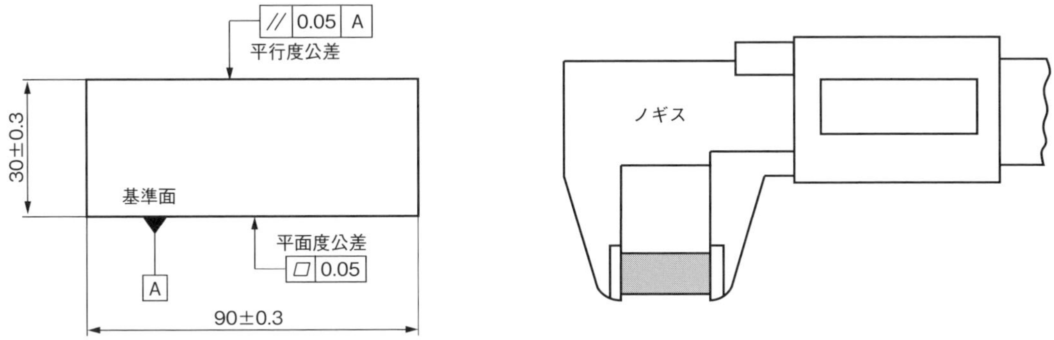

図 7–12　寸法公差と幾何公差を表記した図面とノギスによる二点測定

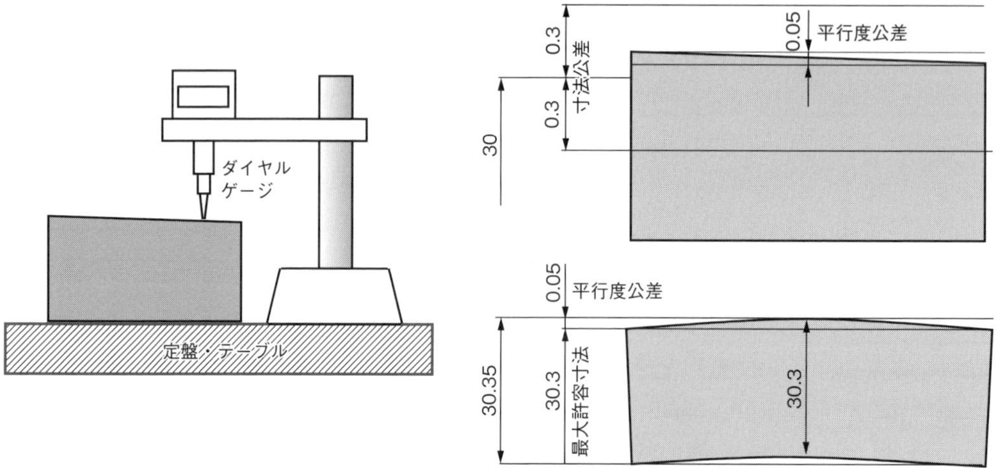
ダイヤル
ゲージ
定盤・テーブル
0.3
寸法公差
0.3
30
0.05
平行度公差
0.05
平行度公差
30.35
30.3
最大許容寸法
30.3

図 7-13　寸法公差の公差と幾何公差の公差

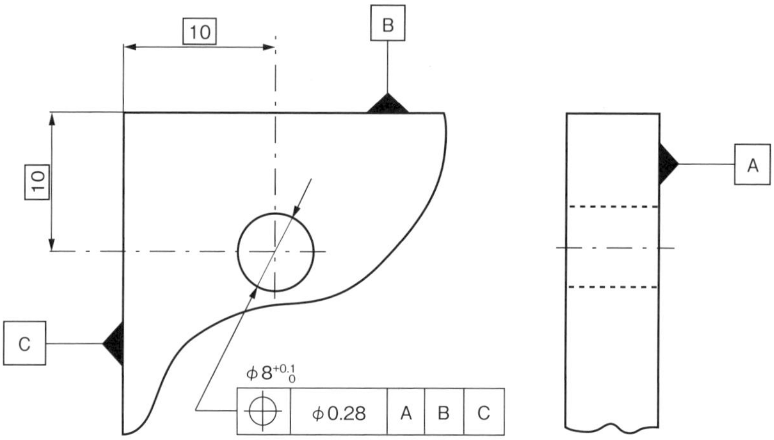
10
B
10
A
C
φ8+0.1 0
φ0.28
A
B
C

図 7-14　幾何公差の用語

設計者も、製品設計上の理由から、幾何公差を出来るだけ小さい値にしたいんじゃ。

入枠と呼び、幾何公差の表示であることを示している。

公差記入枠の最初のマスに示されているのが幾何公差の種類を示す記号で、16 種類ある。**図 7-14** の記号は位置度を示しており、穴の中心の位置を規制している。ϕ0.28 は公差値といって、規格の範囲を示す。この公差値を、前章までの公差計算によって設定しなければならない。

3 番目以降の「A」「B」「C」と記入されているのがデータム（設計、製造、検査上の基準）を示す。▲記号から補助線が出て、□にアルファベットが入っているものだ。この平板の例では、底面がデータム A、上の側面がデータム B、左側面がデータム C ということを示している。データムは 3 つまで記入でき、左のマスから優先順の高いデータムを記入する。

また、データム面から穴の位置を示す寸法を□で囲っている。これは理論的に正確な寸法というもので、公差が付かず設計者が設定する寸法を示す。その他、図面を構成する外形線、穴、軸などの図形を形体（Feature）と言う。

7.3.3　幾何公差の種類

表 7-4 に表示しているのが幾何公差の全 16 特性とその記号である。

左の適用形体とはデータムに関連するかしないかということであり、単独形体とはデータムに関連しない特性で、形状公差が対象である。線の真っ直ぐさ、真円度、設計通りの曲り具合などの特性となる。もう一方の関連形体はデータムに関連する。大別すると 3 種類の公差があり、直角度や平行度、傾斜度といった姿勢を表す姿勢公差、設計者の意図する正確な位置で公差域を設定する位置公差、軸部品に使われる振れ公差がある。

表 7-4　幾何公差特性の分類と記号（JIS B 0021）

適用形体	公差の種類	幾何特性	記号
単独形体	形状公差	真直度	⏤
		平面度	⏥
		真円度	○
		円筒度	⌭
		線の輪郭度	⌒
		面の輪郭度	⌓
関連形体（要データム形体）	姿勢公差	直角度	⊥
		平行度	//
		傾斜度	∠
	位置公差	位置度	⌖
		同軸・同心度	◎
		対称度	⌯
		線の輪郭度	⌒
		面の輪郭度	⌓
	振れ公差	円周振れ	↗
		全振れ	⌰

本章では、データムの関連の有無と実際に良く使われるという観点から、代表的な 4 つの幾何公差について、その考え方と図面表記方法、そして、測定方法を実際の測定風景を取り入れて説明していく。また、幾何公差の公差計算に関しても、これらを中心に説明を加える。4 つの幾何公差とはデータムに関連しない真直度、データムに関連する平行度、位置度、線の輪郭度である。

7.4　データムと各幾何公差

7.4.1　データムとは

データムは、幾何公差で一番大事なものだと

第7章

言っても過言ではない。設計者が「ここを基準とする」としてデータムとして決めれば、製造者はそこを基準に寸法をとって加工し、測定者もそのデータム基準で測定を行う。

データムとは公差域を規制するための理論的に正確な基準であり、データム直線なら真直度0、データム平面なら平面度0の理想的なものである。

図7−15はデータムと加工・測定物、定盤などの関係を表している。実際の部品の表面や穴の中心線をデータムだと勘違いしてはならない。図の加工・測定物の底面はこの図のように微小だが変形しており、基準としては理想的ではない。その面をデータム形体と呼ぶ。

データム形体に接してデータムを設定するために用いる十分に精密な形状を持つ実際の表面、例えば定盤などを実用データム形体と呼ぶ。

データムは、データム形体と実用データム形体から得られる理想的な形状であり、データム点、データム直線、データム平面、データム軸線（軸直線）などがある。

このデータムについての設定方法、表記方法等の詳細は「JIS B 0022」や多くの書籍で解説されているので、ここでは省略し、公差計算に直結する部分を主体に説明を進める。また、これから4つの幾何公差の説明に入るが、幾何公差を初めて学習される方のために、最も分かりやすい例とその測定方法を中心に解説する。

7.4.2　真直度

真直度はデータムと関連しないものである。分かりやすい例として、**図7−16**のような円筒の図面で説明する。円筒を真横から見た時、円筒の上下の稜線を母線と呼ぶ。左側の側面図には真直度0.05と記載されているが、これは母線のまっすぐ具合を規制するものだ。この母線の曲がり、うねりが0.05の間隔の平行な二平面の間に入っていればOKというものである。母線とは**図7−16**右側に示しているように、円筒が回転することにより全周が母線になり得る

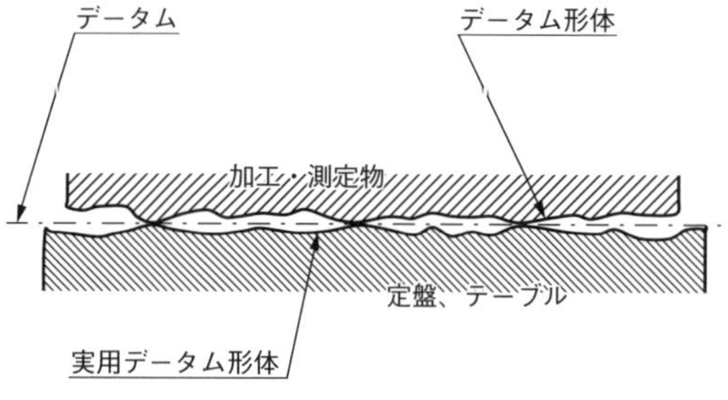

図7−15　データムの関係

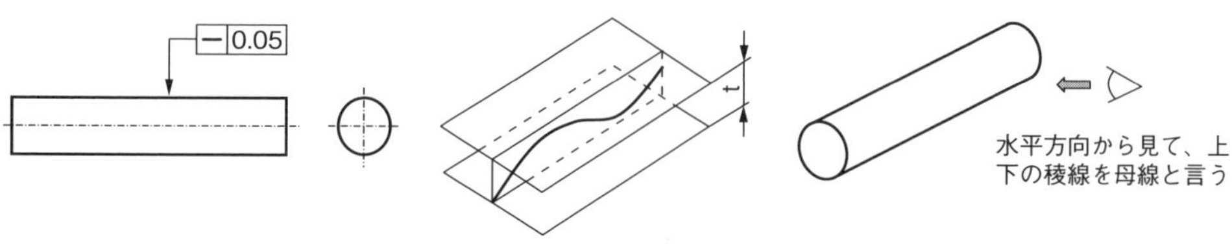

図7−16　真直度の説明

ことに注意してほしい。

この真直度を三次元測定機で測定してみよう(**図 7-17、7-18**)[1]。測定したいのは母線の真直度である。母線の位置を設定する方法の一例を**図 7-19** に示す。測定対象の円筒にはその中心となる軸線が存在する。この軸線を Z 軸方向に垂直に上方に移動し、円筒の表面に投影したものが母線だ。

そこで、軸線を先に求める。まず、円筒から例えば図のように 5 カ所の断面（縦の 2 点鎖線部）を選ぶ。次にその 1 つの断面に対して右図のように上方 5 カ所（下方には V ブロックがあるため測定できない）にプローブ（三次元測定機のルビー製の測定端子）を当てて断面の

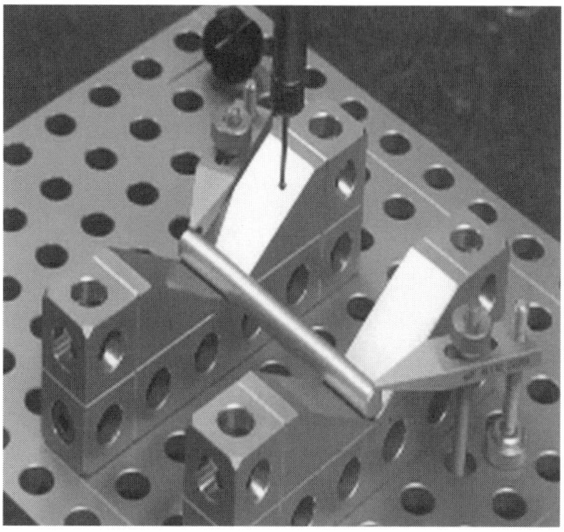

図 7-17 真直度の測定準備

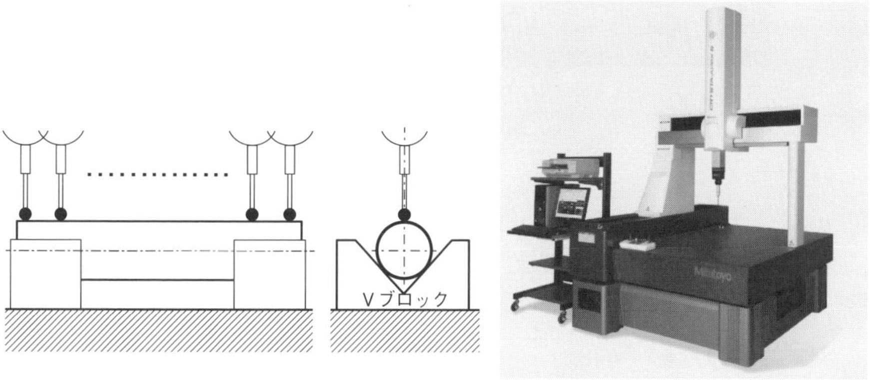

図 7-18 真直度の測定方法

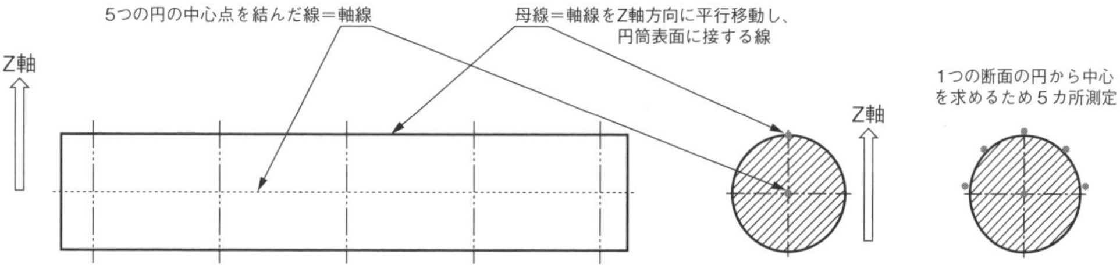

図 7-19 母線の位置の設定方法

[1] 本章に掲載された測定写真は長野県工業技術総合センターの協力を、計測機写真はミツトヨからの提供を受けている。

円の中心を求める。これを5か所の断面に同じ測定を行って5つの中心を求める。この5つの中心を結んだ線が円筒の軸線となる。

前述したように、母線はこの軸線をZ軸方向に移動した円筒表面にあるので、この軸線に沿って円筒表面を測定すれば母線の真直度を測定することになる。**図7-20**は軸線の設定と母線の真直度を測定する様子である。

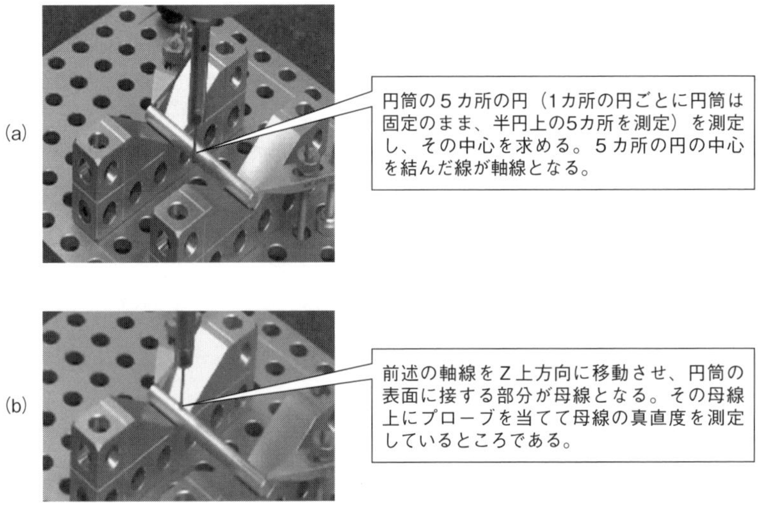
(a)
円筒の5カ所の円（1カ所の円ごとに円筒は固定のまま、半円上の5カ所を測定）を測定し、その中心を求める。5カ所の円の中心を結んだ線が軸線となる。
(b)
前述の軸線をZ上方向に移動させ、円筒の表面に接する部分が母線となる。その母線上にプローブを当てて母線の真直度を測定しているところである。

図7-20　軸線の位置設定（a）と母線の真直度測定（b）の様子

スキャニング測定データ：8,990ポイント

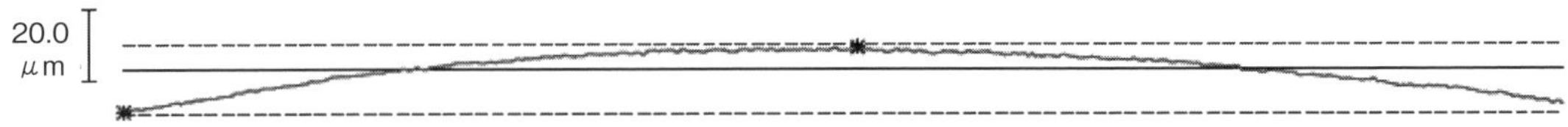
20.0
μm

Text	Eval	Actual	Nominal	Up.Tol.	Low.Tol.	Act-Nom	Graphic
STRTNS(1)			PLA				
	STRTNS	0.0181	0.0000	0.0500	0.0000	0.0181	
	MIN	-0.0117					
	MAX	0.0063					
	SIGMA	0.0051					

真直度

ポイント測定データ：10ポイント

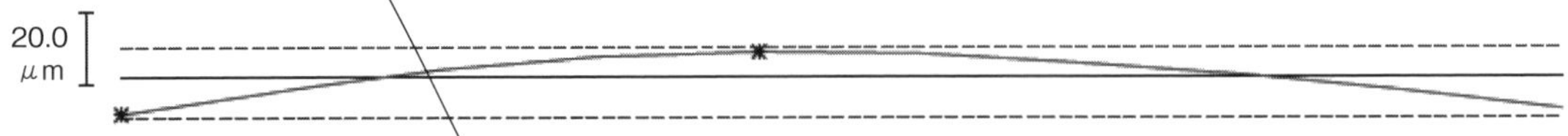
20.0
μm

STRTNS(1)			PLA				
	STRTNS	0.0173	0.0000	0.0500	0.0000	0.0173	
	MIN	-0.0102					
	MAX	0.0071					
	SIGMA	0.0060					

図7-21　真直度の測定結果

真直度の測定結果はこの**図 7-21** のように出力される。上の結果がスキャニング（プローブが測定面に接触したまま連続測定すること）で測定した結果だ。この測定では約 9000 ポイントのデータを取得した。枠で囲んだ「MIN－0.0117（下側最大偏差）」と「MAX 0.0063（上側最大偏差）」の合計が真直度で、0.0181 という結果が得られている（小数点以下の扱いで若干差がある）。真直度の規格 0.05 を満たしていたことが分かる。

図 7-21 下の結果はポイント（測定者が測定ポイントを決めて 1 カ所ずつプローブを当てて測定すること）測定した結果だ。10 ポイントの測定結果は真直度 0.0173（MIN -0.0102、MAX 0.0071）でやはり OK だった。

真直度の測定には直定規を使用する方法があるが、これは現場でできる簡易的測定方法である。直定規では 0.1 ㎜レベルだが、三次元測定機では μm レベルの真直度が測定できる。

7.4.3　平行度

真直度はデータムに関連しなかったが、幾何公差にはデータムに関連する特性が 10 種類あり、ここから説明する 3 種類は全てデータムに関連したものとなる。

まず、平行度を説明しよう。平行度を指示された面は、データム面に対する平行の度合いを規定している。この場合も、やはり最も分かりやすい例として、平面形体における平行度の図面で説明する。

図 7-22 では底面がデータム A となっており、底面に対する上面の平行度は 0.05 以内でなければならない。右の公差域の図のように、公差域はデータム A に平行で、間隔が 0.05 である 2 つの平面によって規制される。

ここで注目して欲しいのは幾何公差で平行度を指示された面と底面との長さは寸法公差で $20^{\pm0.2}$ と公差が示されていることだ。長さは 19.8～20.2 までばらついてもよいが、平行度は 0.05 以内という意味である。これは独立の原則と呼んでおり、寸法公差と幾何公差とが互いに独立して適用されることを前提としている。

この平行度を三次元測定機で測定してみよう。

三次元測定機は幾何公差特性の測定によく使われるが、他の測定機についても使用するにあたっては注意が必要だ。特に、7.2.2 で述べた測定の不確かさへの配慮は不可欠である。

データムで考えてみよう。データムは、データム形体の面を三次元測定機のテーブル上に置き、データム形体とテーブル面（実用データム

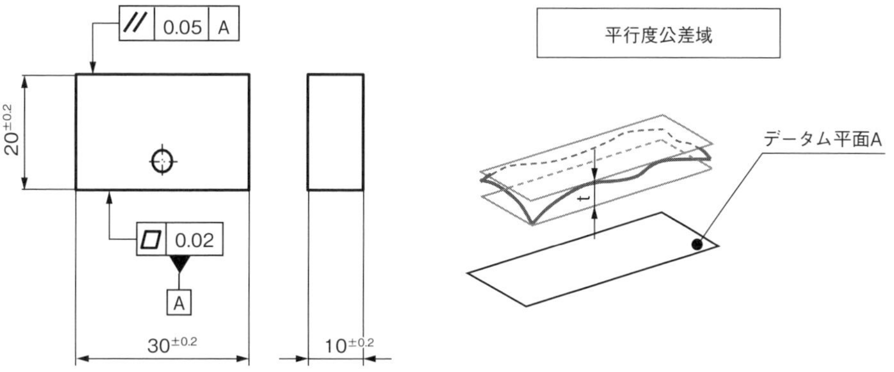

図 7-22　平行度を指示した図面

第7章

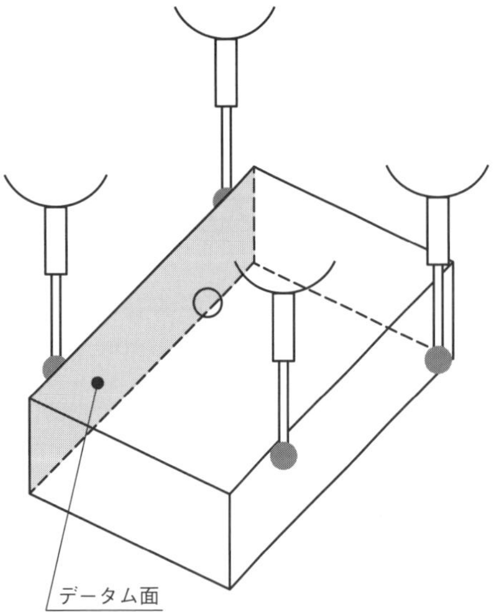
データム面

図 7-23　プローブの当て方

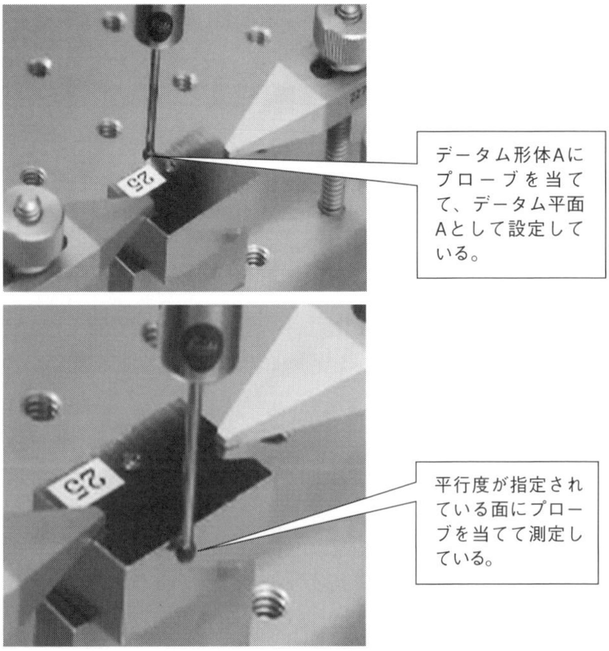
データム形体Aにプローブを当てて、データム平面Aとして設定している。
平行度が指定されている面にプローブを当てて測定している。

図 7-24　データム設定と平行度測定の様子

形体）から導き出された理論的に正確な幾何学的基準となる。これが、JIS の定義である。

一方、普通に行われている三次元測定機でのデータム設定は、データム形体を三次元測定機のテーブル上に置き、実用データム形体であるテーブルの上面を数点測定しそのデータから最小自乗法（p.116 の別掲記事参照）によってデータム（平面）を設定している。これは前述の JIS では定義されていない。さらに、前述のデータムは最優先の第 1 次データムであり、第 2 次データム、そして第 3 次データムには、精度の高い実用データム形体は現実的ではなく使えない。

実際の測定においては、データム形体の表面状態や測定する幾何特性の公差値等多くの情報から測定不確かさを最小限にできるよう、データムの設定、測定プローブ等を設定している。これが、測定方法全体の基本設計である。本章では 5 種類の測定を三次元測定機で行っているが、測定方法全体の基本設計の中で考えて採用している。そのことから、各幾何公差で示す測定方法は、数ある測定方法の中での 1 つの例として認識してほしい。

この測定方法全体の基本設計については本章の最後に別掲するコラム「測定点の大切さ」（p.127）で触れている。このコラムでは、三次元測定機における測定点についての専門的な考察に加え、測定者側からの設計・技術者に対する提言も述べているので、ぜひご一読願いたい。

それでは、平行度を三次元測定機で測定してみよう。一般的にはデータム形体 A の面を三次元測定機のテーブル上に置き、実用データム形体であるテーブルの上面を数点測定し、そのデータから最小自乗法によってデータム（平面）を設定する。しかし、この部品では**図 7-23** および**図 7-24** のように、横にして置くこと

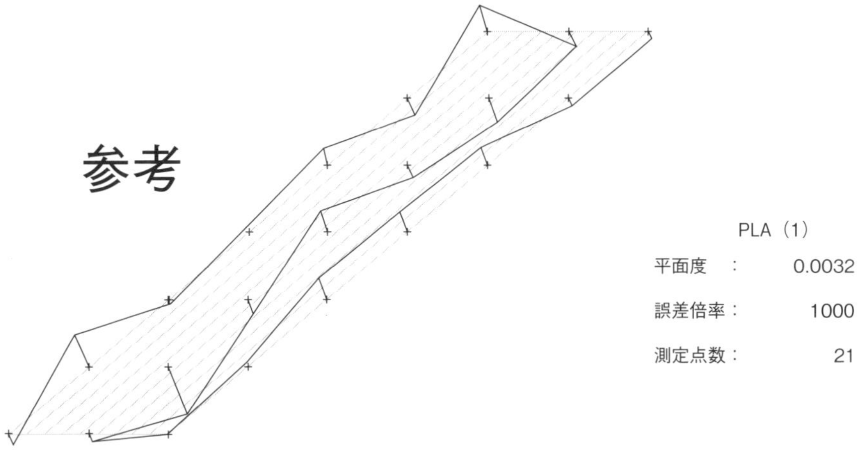
参考
PLA（1）
平面度　：　0.0032
誤差倍率：　1000
測定点数：　21

Text	Eval.	Actual	Nominal	Up.Tol.	Low.Tol.	Act-Nom	Graphic
RE_PLA（1）			PLA				
	FORM	0.0018	0.0000	0.0500	0.0000	0.0018	
RE_PLA（1）			PLA				
	FORM	0.0032	0.0000	0.0500	0.0000	0.0032	
	EA_PX	0.0203	0.0000	0.0500	−0.0500	0.0203	
PARALL（1）			PLA				
	PARALL	0.0066	0.0000	0.0500	0.0000	0.0066	

データム面の平面度
測定面の平面度
測定面の角度
平行度の値

図 7-25　平行度の測定結果

によってデータム形体に直接プローブを当ててデータムを設定した。この測定対象物の表面品質状況を見て、データム形体から直接データムを設定した方が測定の不確かさを最小限にできるという判断によるものだ。

測定した結果は、**図 7-25** の通りである。この結果では、平面度 3.2 μm とともに（図では参考として平面度の状態を表している）、平行度は 6.6 μm の値が確認できる。平行度規格は 0.05 以下なので、これを十分に満たしている。

7.4.4　位置度

次は位置度を説明しよう。図面上で位置度を含む位置公差を指示する時は三平面データム系[3]を用いる。

やはり最も分かりやすい例として、規制する方向を定めない場合の位置度の図面で説明する。**図 7-26** では 2 つの穴の軸線の位置を規制したいので、データムからの位置に理論的に正確な寸法を用いている。公差域に φ が使われた

[3]　三平面データム系　これは三次元測定機が X、Y、Z の直交座標系で測定することを考えれば分かりやすい。つまり、直交座標系の考え方を図面に展開する方法が三平面データム系である。三平面データム系には優先順位があり、公差記入枠のデータムのマスには左側から優先順に指示することを忘れてはならない。

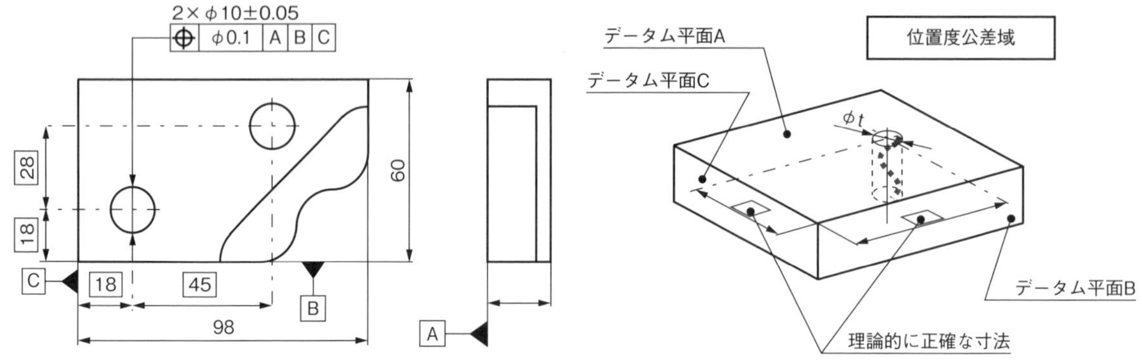

図 7-26　位置度を指示した図面と公差域

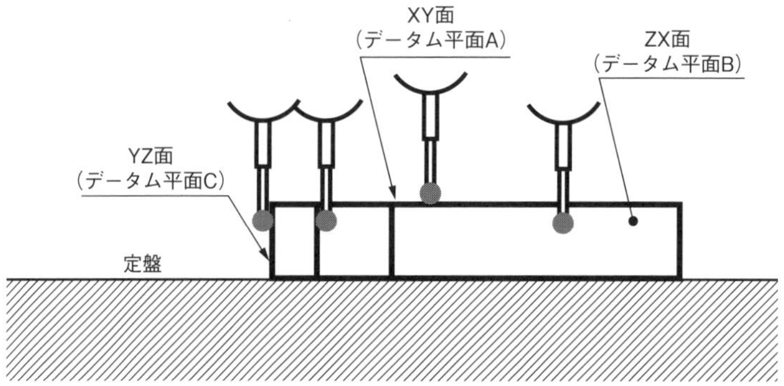

図 7-27　三平面データム系と測定箇所へのプローブの当て方

場合は、公差域は理論的に正確な座標において φ0.1 の方向を定めない円筒内に規制されることを意味する。

この 2 つの穴の軸線の位置度を三次元測定機で測定してみよう。

位置度を測定するような場合は、直交座標系を設定する。この場合は、測定物の上面を XY 面、手前側面を ZX 面、左側面を YZ 面として三次元測定機のプローブを当て、直交座標系を設定する（**図 7-27**）。次に 2 つの穴の内面にプローブを当てて測定する。この操作によって 2 つの穴の位置度を検証することができる（**図 7-28**）。

図 7-29 が、位置度の測定結果である。左の穴の結果は 0.0549、右は 0.0983 だった。位置度規格は φ0.1 以下なので、右の穴は位置度規格をぎりぎり満足している。

測定結果の下に計算方法を記したので参照されたい。

7.4.5　輪郭度

幾何公差の紹介の最後は輪郭度である。やはり最も分かりやすい例として、線の輪郭度の図面で説明する（**図 7-30**）。線の輪郭度の場合も三平面データム系を使用するのが一般的である。**図 7-30** の場合は上面がデータム平面 A、手前の側面がデータム平面 B、左側面がデータム平面 C として三平面データム系を構築して

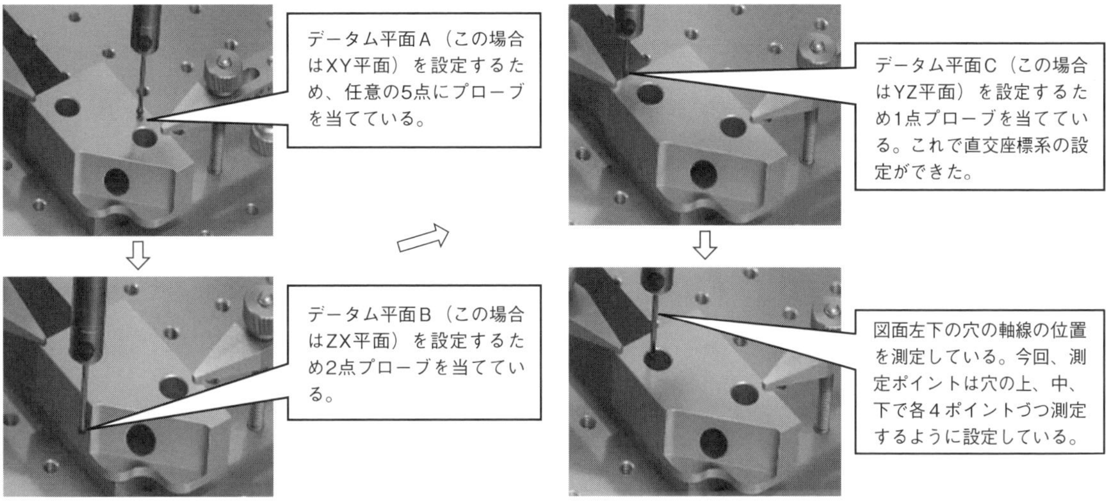

図 7-28　位置度の測定の様子

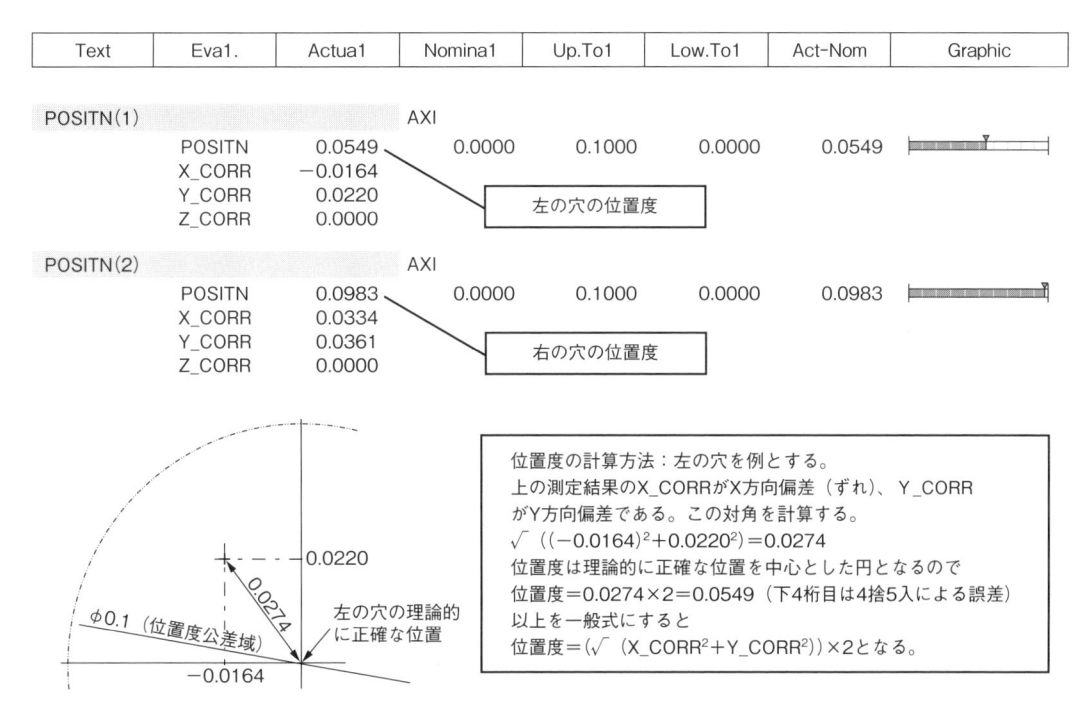

Text	Eva1.	Actua1	Nomina1	Up.To1	Low.To1	Act-Nom	Graphic
POSITN(1)			AXI				
	POSITN	0.0549	0.0000	0.1000	0.0000	0.0549	
	X_CORR	−0.0164					
	Y_CORR	0.0220					
	Z_CORR	0.0000					
POSITN(2)			AXI				
	POSITN	0.0983	0.0000	0.1000	0.0000	0.0983	
	X_CORR	0.0334					
	Y_CORR	0.0361					
	Z_CORR	0.0000					

左の穴の位置度

右の穴の位置度

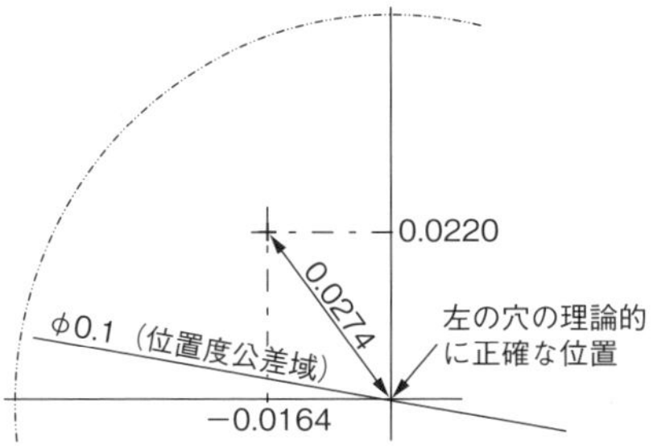

位置度の計算方法：左の穴を例とする。
上の測定結果のX_CORRがX方向偏差（ずれ）、Y_CORRがY方向偏差である。この対角を計算する。
$\sqrt{\ }((-0.0164)^2+0.0220^2)=0.0274$
位置度は理論的に正確な位置を中心とした円となるので
位置度＝0.0274×2＝0.0549（下4桁目は4捨5入による誤差）
以上を一般式にすると
位置度＝$(\sqrt{\ }(X_CORR^2+Y_CORR^2))\times 2$となる。

図 7-29　位置度の測定結果と計算方法

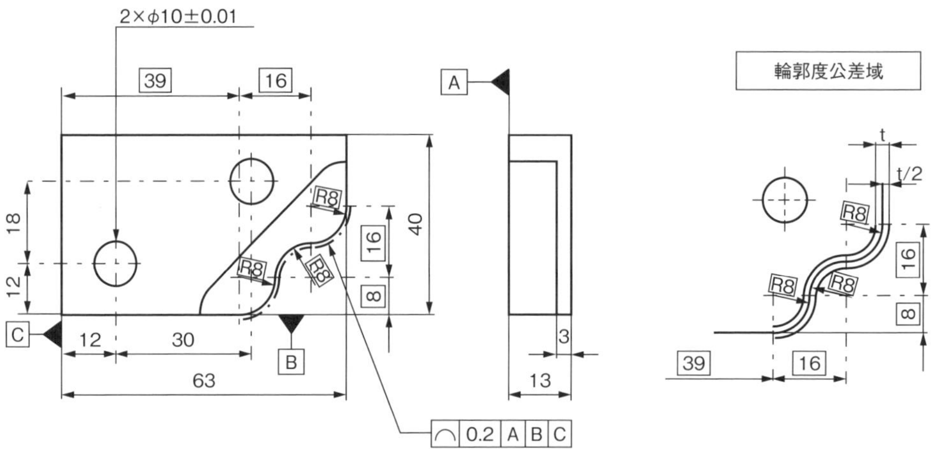

図 7-30　線の輪郭度を指示した図面と公差域

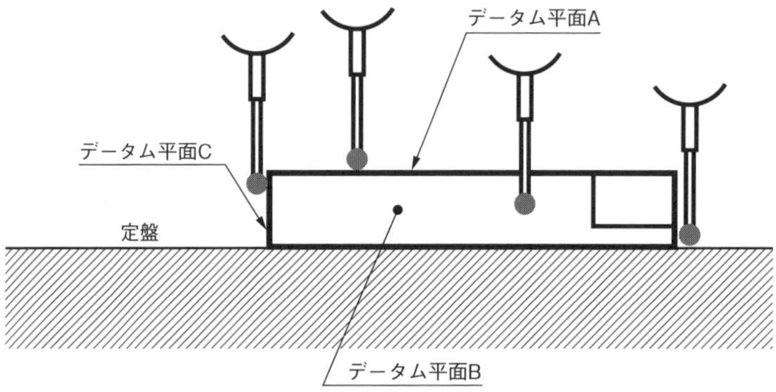

図 7-31　線の輪郭度の測定方法

いる。

図の右下に「R8」の曲線で結ばれた形状があり、その形状を 0.2 の公差域で規制したいというのがこの図面の意図である。線の輪郭度では、理論的に正確な形状の線上に中心を置く φ 0.2 の円で描かれる 2 つの線（これを包絡線と呼ぶ）の間で規制される。

線の輪郭度を三次元測定機で測定してみよう。輪郭度の場合も位置度の場合と同様に、各データム平面にプローブを当てて直交座標系を設定する（**図 7-31**）。

その後、測定する形状にプローブを当てポイント測定する（**図 7-32**）。解析する時は規制する形状の理論的に正確な寸法（設計形状）を入力し、測定データと比較することにより、輪郭度を出力できる。

図 7-33 が、輪郭度の測定結果である。ポイント測定で 29 カ所を測定した。中央の線が理論的に正確な形状、即ち設計値である。この線に対して偏差をもって描かれているのが測定値である。設計値に対する偏差は下側の最大値が 0.053、上側の最大値が 0.027 で、その 2 つの値の和である 0.080 が輪郭度を示す。線の輪郭度公差 0.2 以下を満足している。

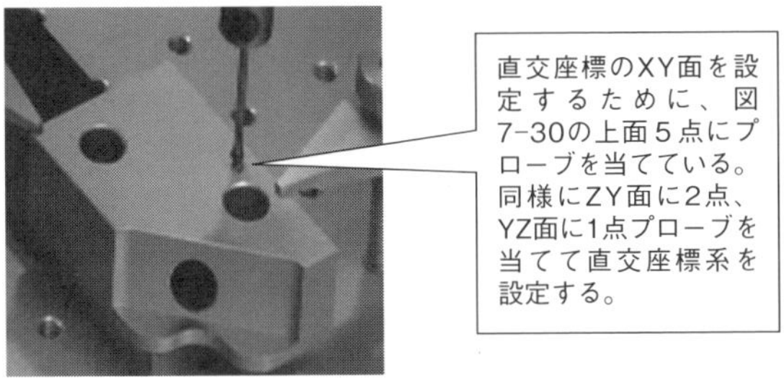
直交座標のXY面を設定するために、図7-30の上面５点にプローブを当てている。同様にZY面に2点、YZ面に1点プローブを当てて直交座標系を設定する。

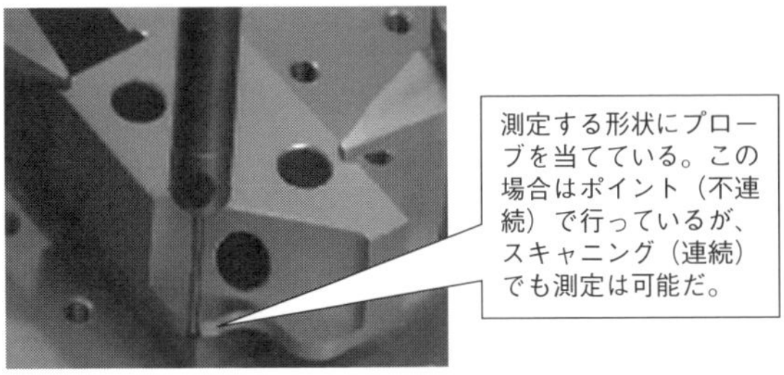
測定する形状にプローブを当てている。この場合はポイント（不連続）で行っているが、スキャニング（連続）でも測定は可能だ。

図 7-32　線の輪郭度を測定している様子

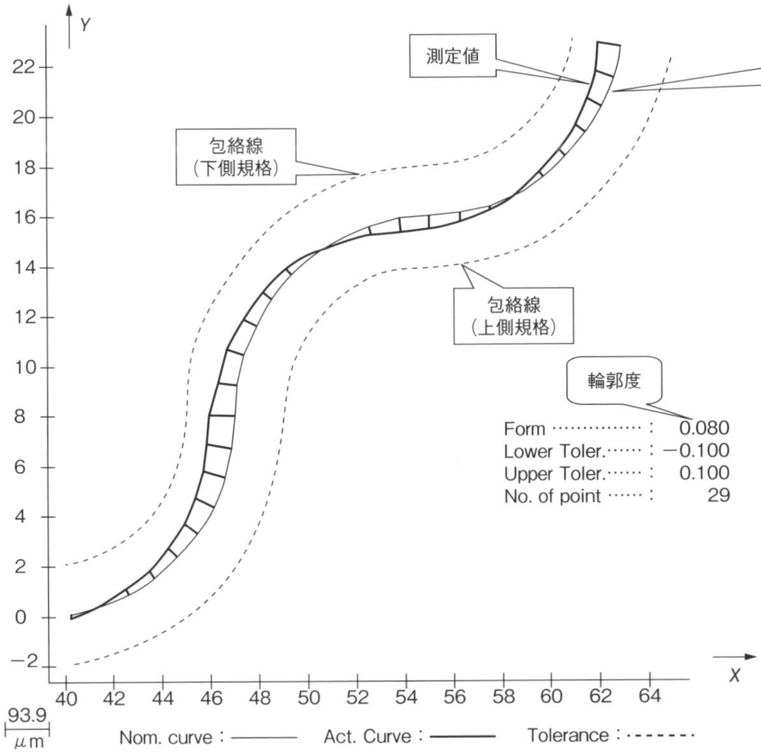
Y
測定値
理論的に正確な形状（設計値）
包絡線（下側規格）
包絡線（上側規格）
輪郭度
下側の最大値
上側の最大値
Form ……………： 0.080
Lower Toler.……：−0.100
Upper Toler.……： 0.100
No. of point ……： 29
Min. Deviat.…：−0.053
Max. Deviat…： 0.027
X
93.9 μm
Nom. curve：
Act. Curve：
Tolerance：

図 7-33　線の輪郭度の測定結果

後述の 7.6 では、この輪郭度を用いて公差計算上からの幾何公差のメリットを説明する。

最小自乗法

最小自乗法とは、真直度、真円度、平面度などの測定、そして、データム直線、データム平面などの設定の時に三次元測定機等の測定機で使われているのが最小自乗（2乗でも可）法である。直線でも平面でも最小自乗法の考え方は同じであるため、一番分かり易い例として真直度で考えてみる。

三次元測定機で**図7–b**の矢印（下向き5カ所）部を厚味を測定する要領で測定する。すると**図7–c**のようなグラフが描ける。各測定ポイントをここではP_1～P_5とし、それぞれがX,Z座標を持っている。この5点に対し、各点から遠くない直線を**図7–c**のように引く。この直線に対し、各5カ所の点からの距離を図のようにδ_1～δ_5とする。

δ_1～δ_5の自乗和が最小となる線を求めることが最小自乗法の意味である。式で表すと、

$$S=\delta_1^2+\delta_2^2+\delta_3^2+\delta_4^2+\delta_5^2$$

となりSの最小値を求める。実際の計算は方程式によって行うが、計算の詳細はここでは省く。計算によって得られた直線が線形方程式（この場合は一次方程式）で表される。

得られた一次方程式の直線から上方の点で直線から最も遠い点への長さ（この図ではδ_2）と同じく下方の点で直線から最も遠い点への長さ（この図ではδ_3）の和が真直度となる。

以上、真直度を求めるロジックを示したが、三次元測定機では測定後膨大なデータでも瞬時に上記の演算を処理し、真直度を出力することができる。

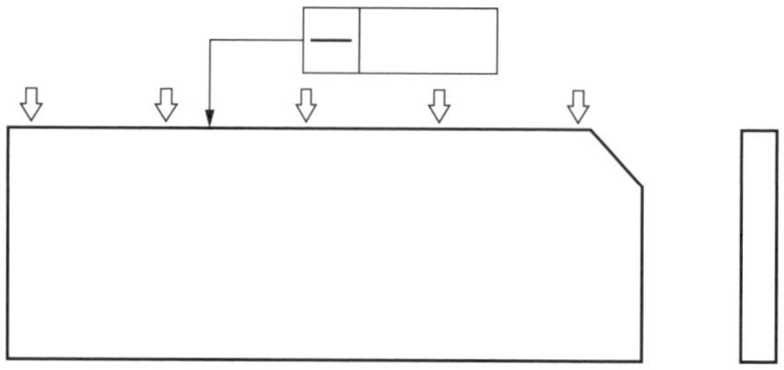

図7–b　真直度測定ポイント

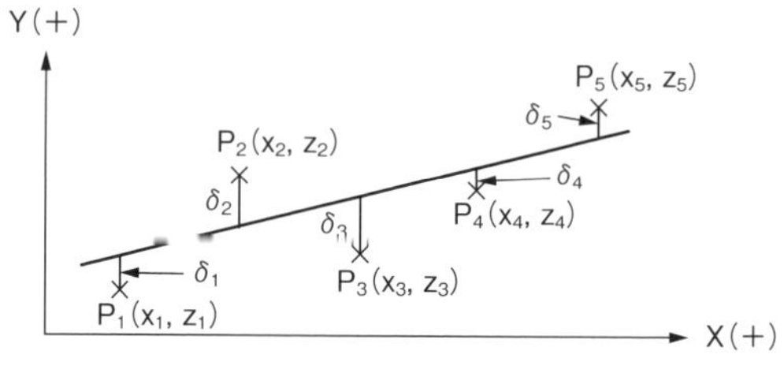

図7–c　測定値のグラフ

7.5　大きな効果が期待できる最大実体公差方式

7.5.1　最大実体公差方式の用語

幾何公差を適用した場合に得られるメリットが1番大きい最大実体公差方式について説明する。まず、最大実体公差方式を理解するために必要な用語を理解してほしい。

寸法公差方式では軸径や穴径の公差の呼び方は軸径、穴径ともに大きい方を最大許容寸法、小さい方を最小許容寸法と呼ぶ。これに対して幾何公差方式（最大実体公差方式）では、その形状を実現するために使用する材料が最も多い状態を最大実体状態、その時の寸法を最大実体

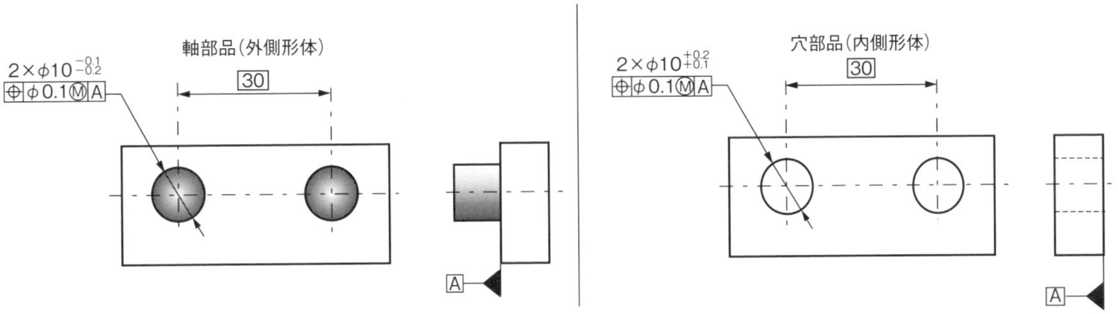

図 7-34　最大実体公差方式を適用した軸部品と穴部品の図面

寸法と呼ぶ。逆に、材料が最も少ない状態を最小実体状態、その時の寸法を最小実体寸法と呼ぶ。つまり、「実体」としての材料が最大な状態であるか、最小の状態であるかを示す用語だ。

例えば、軸と穴の場合で考えてみる（**図 7-34**）。軸では、径が許容範囲内で最大の場合（φ9.9）、使われる材料は最も多くなる。この場合が最大実体状態となり、逆に軸の径が最小の場合（φ9.8）は最小実体状態となる。ところが穴では、穴径が許容範囲内で最大の場合（φ10.2）、穴が存在する板で使われる材料の体積は最小になる。この場合が最小実体状態となり、逆に穴径が最小の場合（φ10.1）が最大実体状態となる。軸径と穴径では、その数値が最大と最小になる場合と、最大実体状態 / 最小実体状態の関係が逆になる。

もう 1 つの重要な用語が、最大実体実効状態と最大実体実効寸法である。最大実体状態や最大実体寸法とかなり似た用語なので、注意が必要だ。

穴で説明すると、穴径が最大実体寸法（穴径としては最小）で位置度公差の範囲内で最大にばらつきがあった場合でも、この径より穴が内側に入ることがない状態を最大実体実効状態、その時の穴径を最大実体実効寸法と呼ぶ。

図 7-35 で説明する。穴径が最大実体寸法φ10.1 の穴が、位置度公差φ0.1 でばらついたことを考える。穴の中心は直径 0.1 の円内に入るので、この場合、最大実体寸法φ10.1 の穴はφ10.0 の円の内側には入ってこない。このφ10.0 の円を最大実体実効状態、この時の寸法φ10.0 を最大実体実効寸法と呼ぶ。

一方、軸部品の場合は、最大実体寸法φ9.9 で位置度公差φ 0.1 の範囲内でばらつくことを考える。この場合は、軸の外形はφ10.0 の円の外側に出ることはない。つまり、この状態が最大実体実効状態で、φ10.0 が最大実体実効寸法となる。

7.5.2　最大実体公差方式とは

最大実体公差方式は、軸と穴のはめあいの場合に適用されることが多い。そこで、**図 7-36** のような、2 つの軸を持つ部品と 2 つの穴を持つ部品を組み付けることを例に説明しよう。設計者は、軸もしくは穴のピッチ（中心距離）が最悪の組み合せで、穴径が最小かつ軸径が最大（いずれも最大実体寸法）の時でも、はめあいが確保できるように設定する必要がある。

図 7-37 は、軸のピッチが公差範囲内で広く、穴のピッチが公差範囲内で狭い場合の状態を示した図だ。左図は軸と穴がいずれも最大実体寸法の場合で、

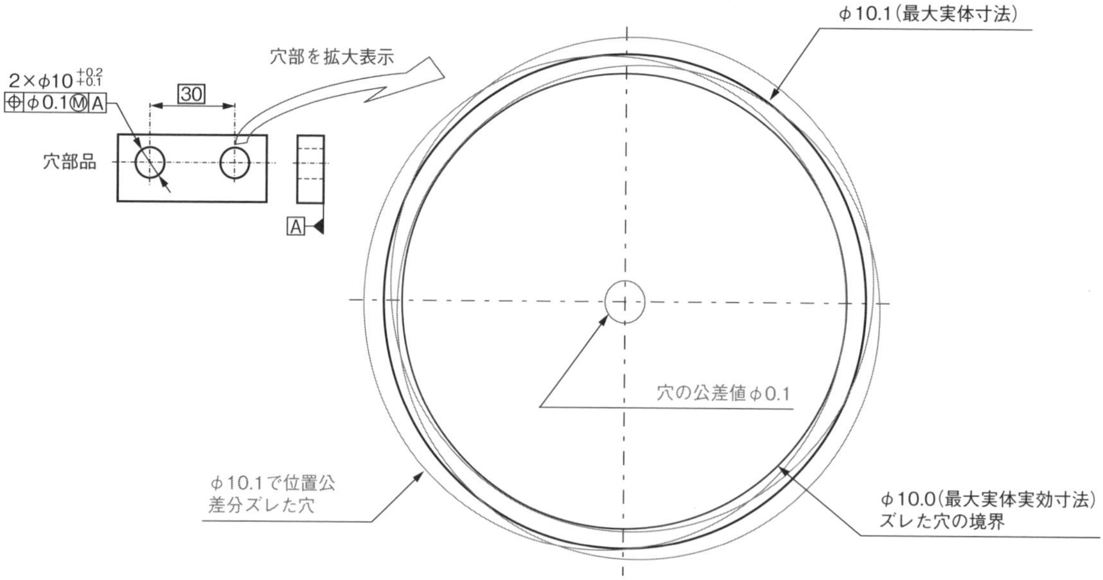

図 7-35　穴の最大実体寸法と最大実体実効寸法

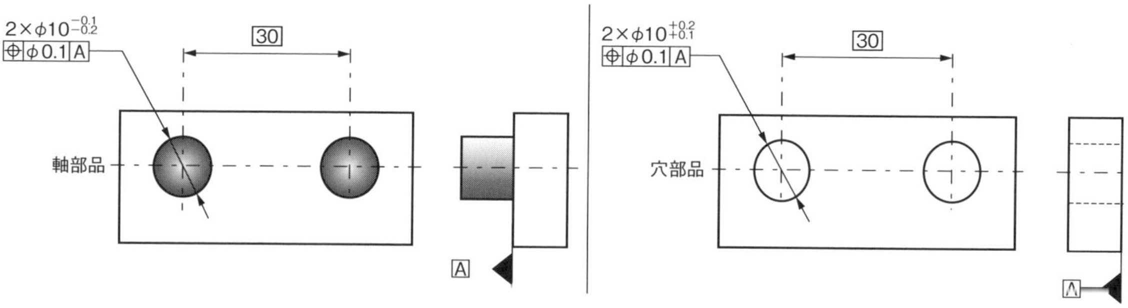

図 7-36　位置度公差の軸部品と穴部品の図面

2つの軸の最外端＝30.1＋9.9＝40.0
2つの穴の最外端＝29.9＋10.1＝40.0

つまり、最外端部ではガタは無いものの、軸を穴にはめ込める状況になっている。

一方の右図は、同じ軸と穴のピッチの組み合わせだが、軸と穴がいずれも最小実体寸法の場合を示している。

2つの軸の最外端＝30.1＋9.8＝39.9
2つの穴の最外端＝29.9＋10.2＝40.1

つまり、最外端部では軸と穴との間には0.2のガタが生じている。

この最小実体寸法の時に注目して、**このガタを詰めてもはめあいという機能には問題がないため、位置度公差の公差値を少し許容しようというのが最大実体公差方式の基本的な考え方である。**

図 7-38 は、**図 7-36** で示した位置度公差で

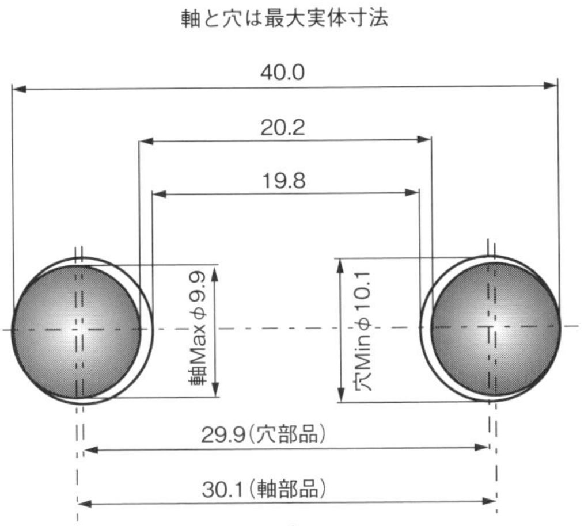

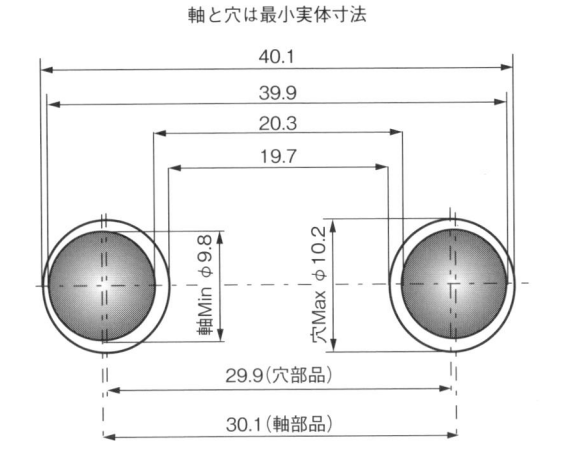

図 7-37　位置度公差での軸部品と穴部品のはめあい関係

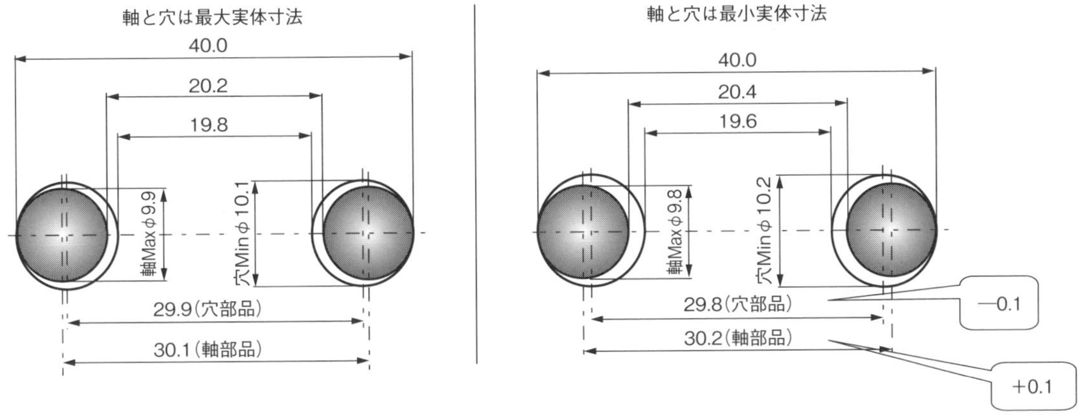

図 7-38　最大実体公差での軸部品と穴部品のはめあい関係

のはめあい関係に対して、最大実体公差方式を適用させた時のはめあい関係を示している。左の図は、軸と穴が最大実体寸法の場合であり、**図 7-37** の左図の状態と全く同じである。

図 7-37 の右図でのガタを詰めた図が、**図 7-38** の右図となる。ガタがない分ピッチが 0.1 ずつ変わっている。**図 7-37** 右図では軸のピッチと穴のピッチがそれぞれ規格内で最大 (30.1) と最小 (29.9) だが、**図 7-38** 右図では軸のピッチが 0.1 大きい 30.2 まで許容し、穴のピッチも 0.1 小さい 29.8 まで許容している。この組み合わせでも、はめあいはできることが分かる。

このように、最小実体寸法の時にははめあいと言う機能は満足させながら位置度公差の規格幅を拡大させることができる。これが最大実体公差方式の考え方だ。最大実体公差方式 (Maximum Material Requirement) の頭文字 M を○で囲んだ記号を使い、設計者が位置度公差の公差値の後に記号付加する（**図 7-34** 参照）。

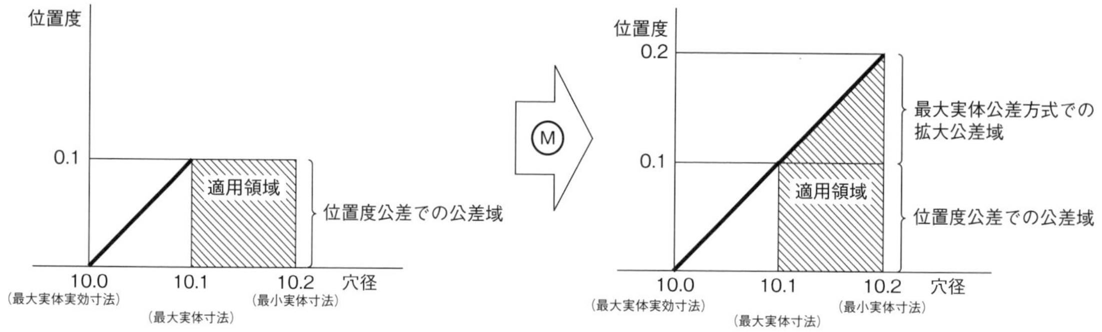

図 7-39　動的公差線図

具体的な規格幅の拡大について詳細にみてみよう(**図 7-39**)。これは動的公差線図と呼ばれるもので、軸径、穴径と位置度の関係を示したものだ。**図 7-39** では穴の場合の動的公差線図を示している。

左図は、最大実体公差方式を適用せずに位置度公差(φ0.1)のみを表記した場合である。右図は最大実体公差方式を適用した場合で、位置度が最大でφ0.2まで拡大していることが分かる。動的公差線図からは、適用領域の面積が1.5倍になっていることが分かるだろう。製造の視点から考えれば、位置度に関する規格が拡大されるため歩留まりの向上つまりコストダウンというメリットが生ずることになる。

ここで、動的公差線図の作成方法を簡単に説明しよう(**図 7-40**)。まず、横軸に軸径と穴径それぞれの最大実体寸法/最小実体寸法、および最大実体実効寸法をプロットする。縦軸には位置度公差値と、軸径もしくは穴径の寸法公差分を位置度公差値に加えた値をプロットする。これは、軸径もしくは穴径の寸法公差分が追加公差分になるためだ。

その上で、横軸の最小実体寸法と縦軸の寸法公差分を追加した位置度公差の値の交点と、横軸上(位置度公差=縦軸は0)の最大実体実効寸法とを結ぶ直線を引く。最小実体寸法は軸と穴の両方にあるので、2本の斜めの直線が引かれることになる。この2本の直線の下側で、寸法公差を満たす領域が最大実体公差方式の適用領域となる。

さて、製造工程においては、軸径や穴径が最大実体寸法や最小実体寸法で製造されることはほとんどない。寸法公差における許容範囲の中間で加工された場合においても、この最大実体公差方式のメリットがあることを説明しよう。

例えば、**図 7-41** のように製造現場で加工した穴径がφ10.15と規格範囲内にあるものの、穴位置の位置度規格0.1に対し0.13と少しはみだしてしまったような場合を考えてみよう。位置度公差だけの表記であれば、不良の判定となる。

こうした時には、前述の動的公差線図が役立つ。**図 7-41** の右に示す動的公差線図に穴径φ10.15をプロットすると、位置度は0.15まで許容されることが分かり、位置度0.13であった製品も(穴径がφ10.15であれば)良品として出荷できる。このように、動的公差線図を見れば、穴径が中間の場合に許容できる位置度公差が分かる。

最大実体公差方式では、量産に対応して通止

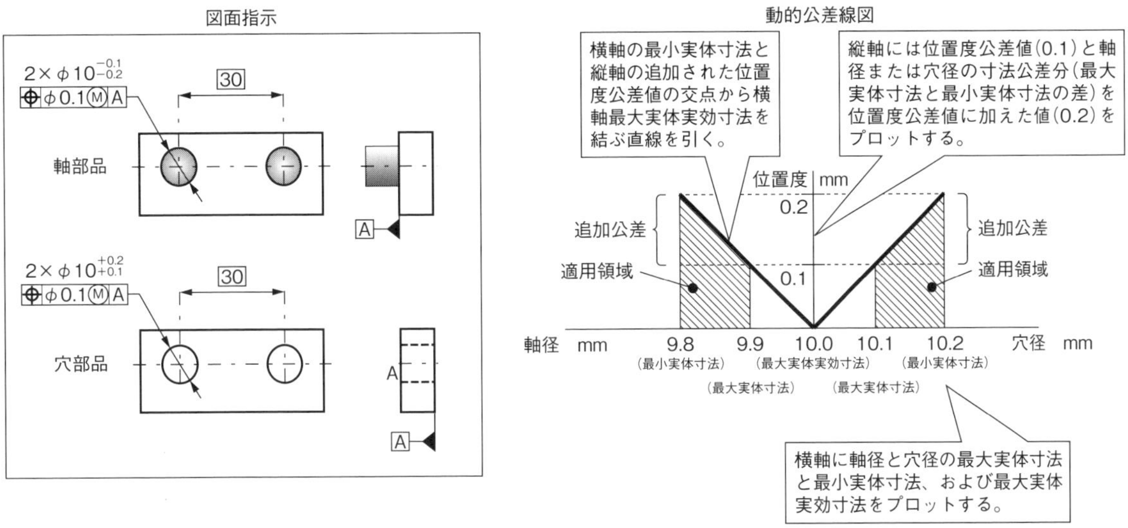

図 7-40　動的公差線図の作成方法

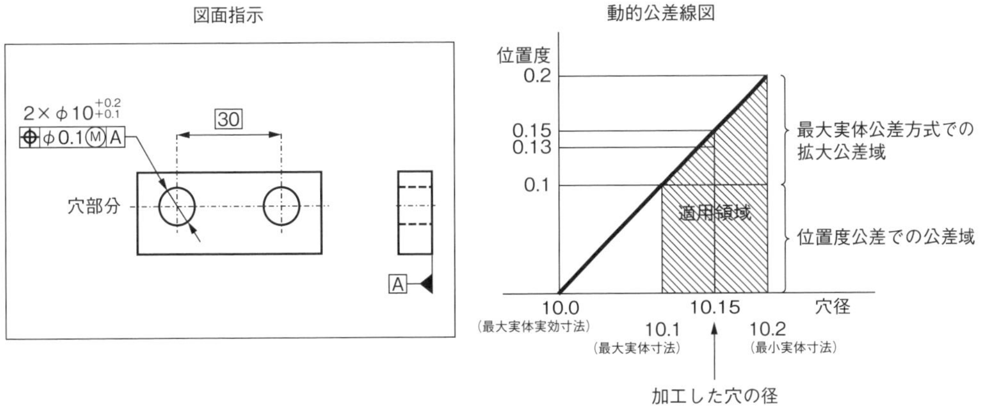

図 7-41　動的公差線図の使い方

めゲージ（検査用の治具で機能ゲージと呼ぶ）を作って全数検査することも可能となる。また、**図 7-40** 左に示すような軸部品、穴部品をもし別々のメーカーが加工しても、お互いが連絡を取ることなく、部品ごとに単独で適用できることもメリットの1つだ。

今まで最大実体公差方式について位置度公差を適用したはめあいの具体例で示してきたが、真直度、平行度、直角度、傾斜度、同軸度、対称度といった他の幾何公差にも適用できる。大きな効果が期待できるので、多用されると良いだろう。

ただし、リンク機構や、歯車の中心間距離など運動機構には適用できない場合もあるので注意が必要である。例えば、歯車の例で説明する。**図 7-41** 左図の2つの穴を歯車の軸穴だとする。これら歯車の軸穴の中心位置にこの最大実体公差方式を適用すると、付加される公差分、中心間距離の変動が増加するので、歯車の噛み合い不良が発生する危険性が高まる。当然、もともと余裕のない設計である場合がほとんどなので、このことを加味した十分な公差計算が必要になる。

7.6　公差計算上の幾何公差のメリット

前節の 7.4.5 では、一般的な線の輪郭度について紹介した。ここでは、線の輪郭度の事例を用いて、公差計算上での幾何公差のメリットについて、**図 7-42** のような部品の事例で説明する。

この部品に対する設計者の意図は、左側にある 2 つの穴を基準として、図において波線で示した部分の精度を必要としている（**図 7-43**）。このような場合、どのような部品図面を描けばよいだろうか。

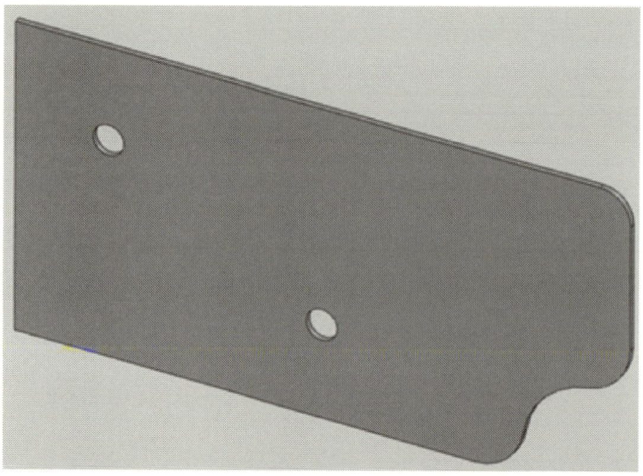

図 7-42　板部品の 3 次元モデル

実際に図面に記載してもらうと、**図 7-44** のような寸法公差だけの表記で図面を描く設計者がかなりいる。これでは前述した設計者の意図は何も表現されていない。寸法を入れてみて、一応公差も指定してみた、という程度の図面である。この図面では多くの寸法公差が影響して、目的形状（R8 と R12 で形成された形状）は大きくばらつくことになる。

具体的な例として、C1 穴からの公差計算を考えてみよう。目的形状である右側の R8 の位置は、X 方向の公差計算と Y 方向の公差計算が影響して、さらに半径値にも公差が付いている。この位置の公差計算を行い、かつ連続した目的形状すべての公差計算を行うことは非常に大変である。当然、最終形状の測定はもとより目的形状を保証することも困難となるだろう。

では、幾何公差（この場合は、線の輪郭度が適している）を使った図面を描いてみよう。**図 7-45** の上部で穴の中心位置を規制する公差記入枠に付けられているデータム D は、この事例の設計者の意図である 2 つの穴を基準とする場合などに使われる手法で、グループデータムと呼ぶ。7.4.5 項では、データム平面 A、デー

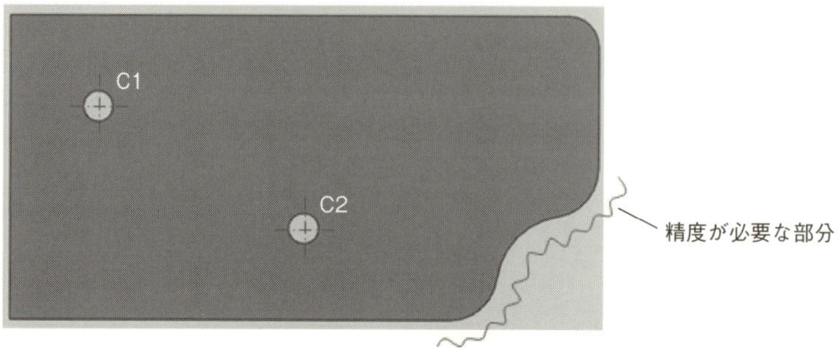

図 7-43　設計者の意図

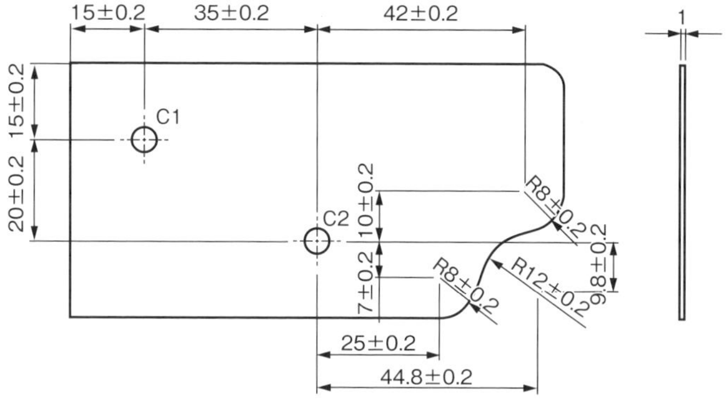

図 7-44　寸法公差だけの表記

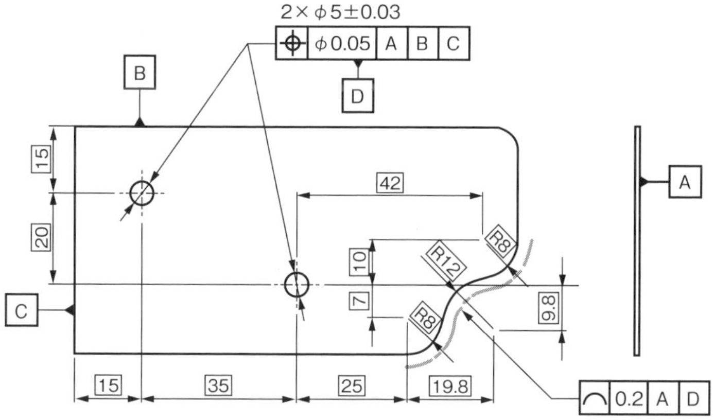

図 7-45　幾何公差を使った表記

タム平面 B、データム平面 C の三平面データム系によって輪郭度の形状を規制した。しかし、この事例のように外形基準ではなく、穴や軸を基準として輪郭度を規制したいというケースはかなり多くある。こういう時には、このグループデータムが大変有効である。

図 7-45 のように幾何公差を用いることにより、設計者の意図（本事例では 2 つの穴基準で目的形状を規制する）を正確に表現できるようになった。目的形状をダイレクトに規制する（この場合は ± 0.1）ことで、公差計算は著しくやりやすくなるし、測定方法も明確で、当然、品質管理も含めて大きなメリットがある。

次に、この輪郭度を三次元測定機（**図 7-46**）で測定する方法を説明する。まず、データムを設定する。三次元測定機メーカーによる仕様の違いはあるが、測定コマンドとして「2 つの穴のエレメントの点による座標系の調整」を指定し、図面上の 2 つの穴の座標を入力し、現物の 2 つの穴にプローブを当てて測定する。これによって 2 つの穴の位置偏差は自動的に補正され、2 つの穴によるデータム、つまりグループデータム D が設定される。

ここで、三次元測定機で自動的に行われる補正を説明する（**図 7-47**）。設計図で基準となる2つの穴（P1，P2）の位置をそれぞれ（x1，y1）、（x2，y2）とする。この基準穴の中間点をC1（x3，y3）とする。設計者の意図であるP1とP2の穴を基準にするというのは、XY座標系ではC1を中心して$\theta 1$の傾きを持った座標系と言い換えることができる。

P1,P2を結ぶ直線の傾き角$\theta 1$および、C1の座標は以下のように求められる。

$$\theta 1=\tan^{-1}((y2-y1)/(x2-x1))$$
$$x3=x1+((x2-x1)/2)$$
$$y3=y1+((y2-y1)/2)$$

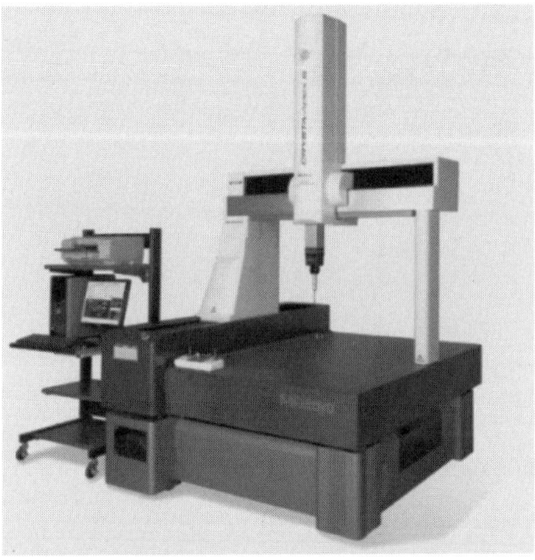

図 7-46　3 次元測定機

さて、三次元測定機では測定コマンドとして「2つの穴のエレメントの点による座標系の調整」を指定し、図面上の2つの穴の座標を入力してから、実際に加工された品物の2つの穴にプローブを当てて測定する。この、実際に加工された品物の基準となる2つの穴をP3（x4，y4）、P4（x5，y5）、これら基準穴の中間点をC2（x6，y6）とする。P3とP4を結ぶ直線の傾き角θ 2、C2の座標は以下のように求められる。

$$\theta 2=\tan^{-1}((y5-y4)/(x5-x4))$$

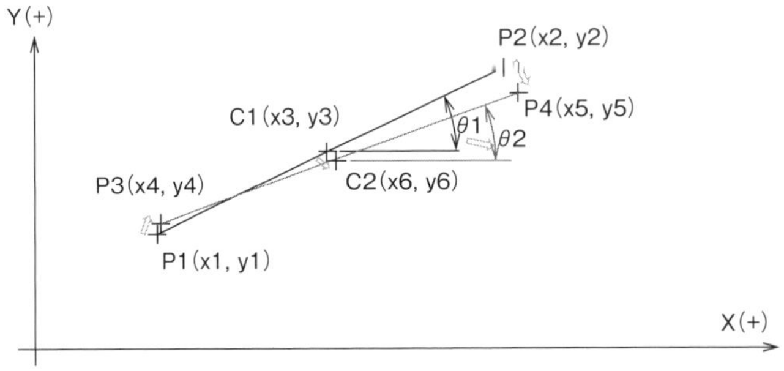

設計図で基準となる2つの穴をP1，P2とし、x，y座標で表す。この基準穴の中間点をC1とする。C1の座標とP1, P2を結ぶ直線の傾き角$\theta 1$を計算する。

$x3=x1+((x2-x1)/2)$、$y3=y1+((y2-y1)/2)$、$\theta 1=\tan^{-1}((y2-y1)/(x2-x1))$

実際に加工された品物の基準となる2つの穴をP3，P4とする。この基準穴の中間点をC2とする。C2の座標とP3、P4を結ぶ直線の傾き角$\theta 2$を計算する。

$x6=x4+((x5-x4)/2)$、$y6=y4+((y5-y4)/2)$、$\theta 2=\tan^{-1}((y5-y4)/(x5-x4))$

図 7-47　穴基準の補正

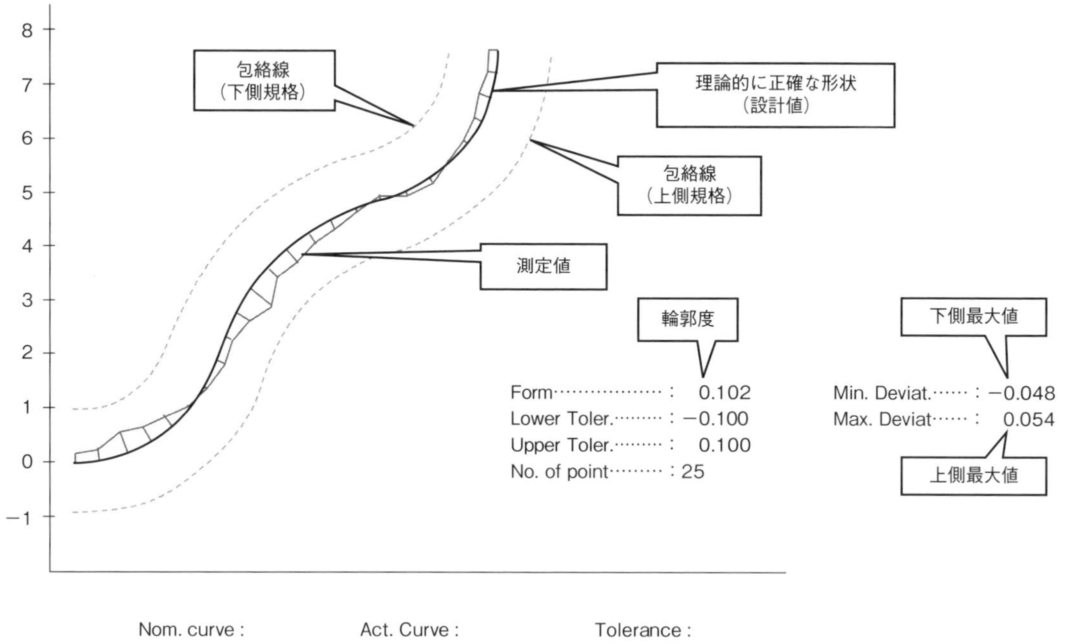

8
7
6
5
4
3
2
1
0
−1
包絡線
（下側規格）
理論的に正確な形状
（設計値）
包絡線
（上側規格）
測定値
輪郭度
下側最大値
Form……………… : 0.102
Lower Toler.……… : −0.100
Upper Toler.……… : 0.100
No. of point……… : 25
Min. Deviat.…… : −0.048
Max. Deviat…… : 0.054
上側最大値
Nom. curve :
Act. Curve :
Tolerance :

図 7-48　輪郭度の測定結果

x6＝x4＋((x5 − x4)／2)
y6＝y4＋((y5 − y4)／2)

実際に加工された品物の2つの穴（P3, P4）基準というのは、C2中心でθ2の傾きを持った座標系と言い換えることができる。

三次元測定機では、このように、設計者の意図である2つの穴（P1, P2）基準、つまりC1中心でθ1の傾きを持った座標系に対して、実際に加工された品物の2つの穴（P3, P4）基準、すなわちC2中心でθ2の傾きを持った座標系へと、自動的に補正（変換）する機能がある。

グループデータムはXY座標軸（C2中心でθ2の傾きを持った座標系）を持っているので、最初のデータム平面Aと合わせて2つの穴（P3, P4）基準の直交座標系が構築されたことになる。その上で、目的形状にプローブを当てて測定し、規制したい形状の理論的に正確な寸法（設計値）を入力することにより、**図7-48**のように輪郭度を出力できる。

さて、設計図面は今後徐々に3次元単独図に移行されていくだろう。**図7-49**は、3次元単独図の一例である。例えば、3次元CADでは、3つのデータムA,B,Cを指定することで、自動的に**図7-49**のような表記が表れるものもある。

部品形状だけを意識した場合は、この表記でも間違いではないが、**図7-45**のように設計者の意図（2つの穴基準）とは異なった表記となる。3次元CADの自動表記機能は、現状では設計者の意図を自動的に把握して、それを正しく表記してくれるまでには至っていない。今後の期待といったところだが、なかなか難しいのも事実だろう。

第7章

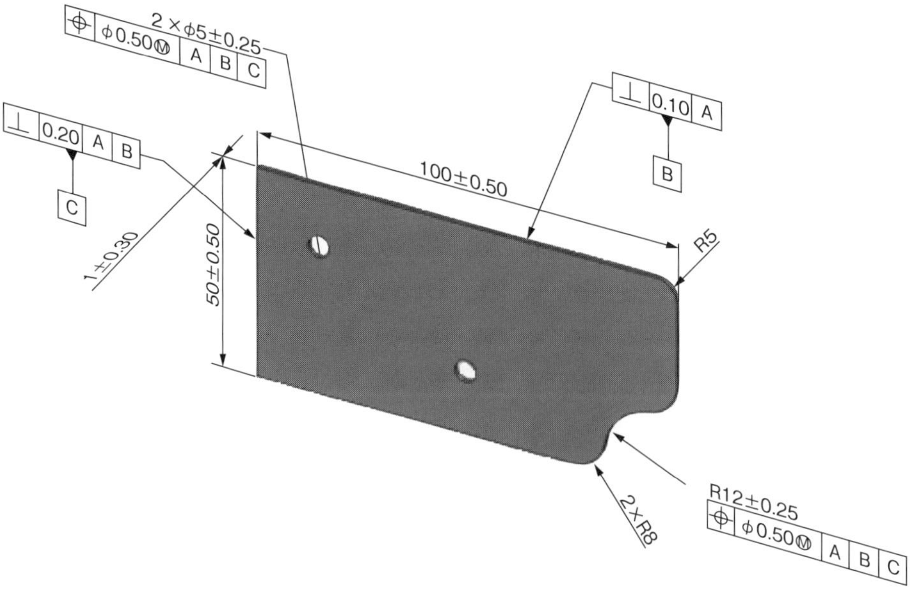

図 7-49　3 次元単独図（例）

目的形状を幾何公差を用いてダイレクトに規制することで、公差計算は著しくやり易くなるし、測定方法も明確で、当然品質管理も含めて大きなメリットがあるんじゃ。

「測定点」の大切さ
—測定者側からの提言—

三次元測定機での測定における測定点の設定の重要性を考えてみる。

三次元測定機による測定において測定結果に不確かさを与える要因は、大きく次の2つに分けられる。

・測定対象の形状偏差によるもの
・三次元測定機の測定不確かさによるもの

仮に、測定機の測定不確かさがゼロであり、測定対象が数学的に完全な平面や円等であるとすれば、測定点数やその配置等を考慮しなくても、数学的に計算可能な最低点数(平面や円では3点)を取得すれば、不確かさのない測定結果を得ることができる。

しかし、実際の製品の測定には上記2つの問題が存在するために、測定方法についての検討が重要な意味を持つようになる。

このことを理解している測定者に測定を依頼すると、「この製品はどのように使うのか、どのような特性を評価したいのか、測定結果をどのように使うのか」等々、さまざまなことを確認してくる。不確かさがゼロではない測定機による、理論的に完全な形状ではない実製品の測定で、より良い評価結果を得るためには、測定方法は図面指示から機械的に決めることはできず、製品の使用方法や測定の目的を考慮して、できるだけ不確かさが小さくなるような測定方法を決めることが必要となる。

まず､測定対象の形状偏差による影響を考える。三次元測定機では通常、最小自乗法により測定対象の形体を計算するので、同じ測定面でも、どの範囲で測定点を取るのか、何点とるのかで結果は変わるし、同じ測定点数でもどのように分布させるかで結果が変わる。どのような測定点の取り方が良いかは、関連学会で議論されたこともある重要な問題である。

例えば第一次データムとして平面を測定する場合、形状偏差（平面度、表面粗さ）があるため、測定点として面の山ばかりとらえられた場合と谷ばかりとらえられた場合とでは、面の位置が違って計算される。また、測定点として山と谷がとらえられた場合は、山と谷の位置によって面の角度が違って計算される。

第二次データムとして第一次データムと直角方向の平面を測定する場合、測定対象が置かれた方向と位置を決めるために、平面から軸を得ることが多い。軸を得るためには第二次データム面で直線を測定し軸とする場合と、平面として測定し第一次データムとの交線を軸として求める場合がある。この場合、2つの平面が正確に直角ではないことにより、その軸の第一次データムからの距離によって軸の位置が変わる。第三次データムについても、第二次データムとほぼ同様である。

また、別の円筒形状の測定対象では、加工時のチャッキングの影響を受けることがある。たとえば、三爪のチャックにより測定対象を固定して加工していた場合、「おむすび型」のような三つ山の形状偏差を持つことも多い。このような周期的な形状偏差を持つ測定対象では、測定点として何点とるのか、測定点をどのように配置するのかで、直径や中心座標の測定結果が変わってくる。

次に測定機の測定不確かさによる影響を考え

る。

測定対象として、回転軸の両端を支持するために、筐体の直線上の両対面にベアリングを入れる穴が２つ設けられたものがある。図面指示としては、一方の穴の軸線をデータムとして、他方の穴の軸線の同軸度を規制していることが多い。この場合、データム側の穴の軸線を測定する際の測定不確かさが大きく影響する。どのような測定機でも、測定不確かさはゼロではないため、穴の軸線は必ず不確かさを持って測定される。筐体両端の２つの穴と穴の間隔が、穴の長さに対し10倍以上という測定対象もあるが、同軸度はデータムの軸線を延長した先で評価されるため、データムの軸線を測定した際のわずかな不確かさが10倍以上に拡大された位置を基準として、反対側の穴の軸線の同軸度が評価されてしまう。

余談であるが、このような場合は、２つの穴を通る軸線全体をデータムとして、それぞれの穴の同軸度を規制すると、不確かさが拡大されない評価が可能となる。

また別の例として、円弧の半径値（R値）を図面指示されることがある。R値は、円弧部で取得した測定点を使って円の計算を行い、その円の半径値がR値として出力される。円弧の中心角度が狭くなると、狭い角度範囲の測定点データを使って円全体を計算（推定）することになるため、円弧部での測定不確かさが拡大され、不確かさが大きくなってしまう。

製品として円弧の実体の部分のみが使われる場合は、この部分の形状が公差の範囲内であれば、実用上問題ないと思われるが、R値は上記のような計算方法であるため、不確かさが大きくなりやすい。これも余談であるが、このような場合は、R値ではなく「輪郭度」という図面指示であれば、円弧部の測定不確かさが拡大されない評価が可能となる。

いくつかの例により、できるだけ不確かさが小さくなるような測定方法を決めることが大切であることを紹介した。そのためには、測定対象の使用方法や測定の目的を考慮することが必要である。測定点の取り方により、どのような影響が起こるのか理解した上で測定方法を考え、測定結果を見ることが大切と思う。

この測定点の取り方に、測定対象の姿勢（立てる、寝せるなど）やプローブの選択、固定方法等も含めた、測定方法全体の基本設計を「測定戦略」と呼ぶ技術者もいる。大きな表現だが、技術的にそのくらい重要な事柄であることは確かである。

測定部門に依頼される製品や図面には、「これでは測定できない」「こんな厳しい公差は保証する方法がない」というものが少なくない。

これは単に公差値の小ささだけでなく、同じ公差値でも、製品の形状やデータムと評価対象形体の配置によっても変わってくる。測定の世界には「測れないものは造れない」という言葉がある。これは、「公差内であることが保証できない製品は、図面指示された製品を造れたとは言えない」ということだろう。

公差設計には、加工方法による加工精度の違いを考えて公差を配分する、という目的も含まれていると思う。ここに、測定方法や測定精度による品質保証の難易度の違いも考慮して公差を配分する、という発想も取り入れてもらいたい。製品の複雑さや要求精度は日々高まっていると実感している。公差設計・解析の技術が、絵の上の数字合わせにならないように、多くの設計・技術者が公差や測定に対する正しい知識を共有できることを期待している。

「測れないものは造れない」「測定点の大切さ」、
現場の声が聞こえて来るのう！

8 公差設計の実践レベル

【学習のポイント】
第6章では、最も基礎的な公差計算事例を説明してきたが、本章では、公差設計を実践する過程で必要になってくる「三角関数」「レバー比」「ガタ」「幾何公差」の公差計算方法の基本的な考え方を解説する。

8.1 三角関数

図8-1は、L字型アングルに固定されたシャフトの軸方向のスキマfの公差計算を行おうとしているところである。**図8-2**はL字型アングルの部品図面だが、スキマfの公差計算に必要な部分だけを表記している。幾何公差を活用していない設計者は、直角曲げ部分に角度公差を用いて指示することが多い。この場合は、

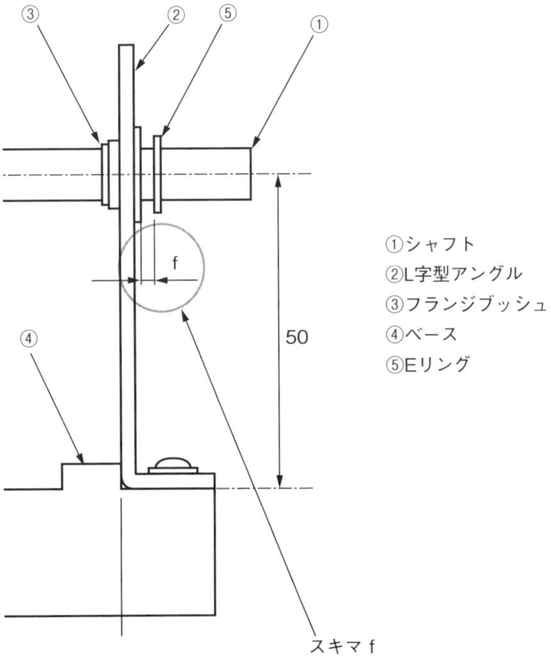

③
②
⑤
①
f
50
④
スキマ f
①シャフト
②L字型アングル
③フランジブッシュ
④ベース
⑤Eリング

図8-1　軸方向のスキマfの公差計算

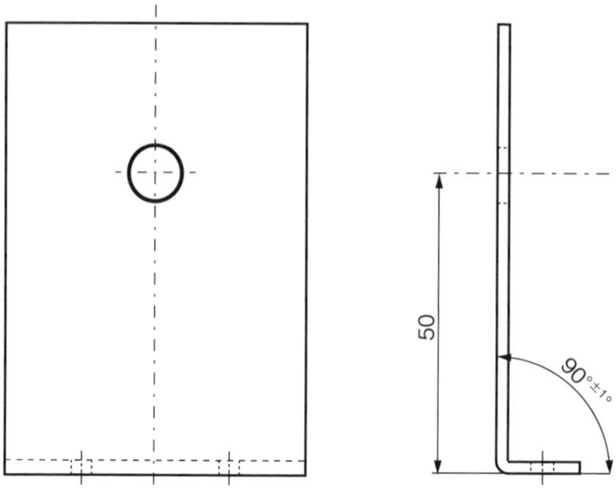

図 8-2　角度公差を用いた図面

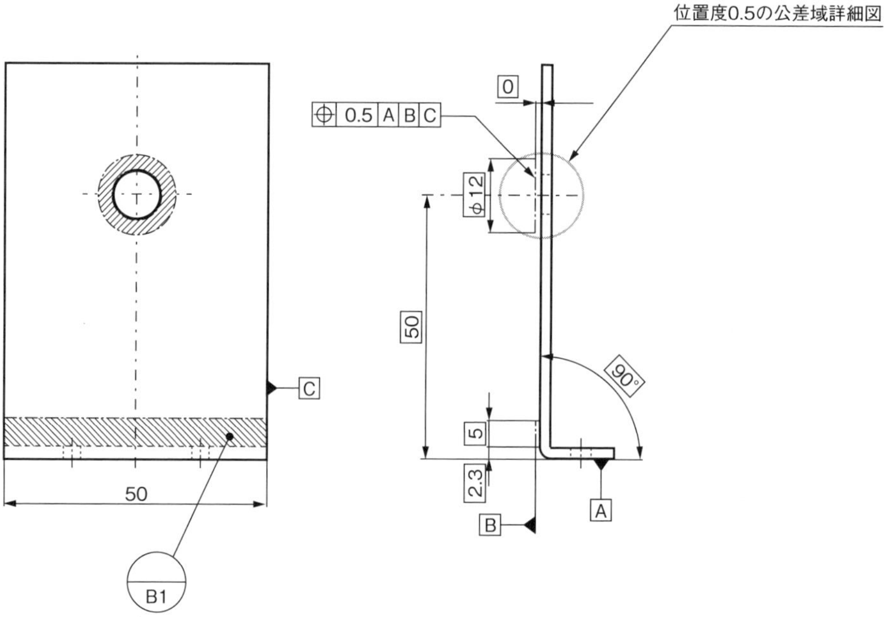

図 8-3　幾何公差を用いた図面

±1°が指定されている。

スキマ f の公差計算を行う場合は、L 字型アングルの角度公差を高さ 50 の位置での軸方向の変位量に変換することが必要になる。つまり、

$$\tan 1^\circ \times 50 = 0.87$$

となり、スキマ f の公差計算では、±0.87 の数値を用いて計算する。

このように角度公差を用いた場合は、三角関数での計算が必要となるケースが多く、計算の手間が増える。また、3 次元公差解析ソフトの中には角度公差に対応していないものもある。

それでは、幾何公差を用いて表記した例を見てみよう（**図 8-3**）。軸が固定される部分には、位置度公差を適用している。加工検討により、位置度公差は0.5を指定できることが分かった。この場合、スキマfの計算には、直接この位置度公差の値0.5（つまり±0.25）を用いることになる。しかも、Eリングが当たる範囲（φ12）に指定できる（**図8-4**）。

このように、幾何公差を用いることにより、設計者は重要な部分にダイレクトに公差を指定できるようになるし、実は加工者も管理が容易になる。公差設計には、幾何公差表記が適しているという、解りやすい一つの例である。

8.2 レバー比

レバー比の基本的な考え方は第1章で説明したが、もう一度復習しておこう。**図8-5**を3次元CADでモデリングしたのが**図8-6**だ。そして**図8-7**では、3次元CAD上で点Cの高さを15.1にしたとき、点Aの高さが確かに14.8になっていることが確認できている。つまり、点Cの変化量0.1に対して、点Aでの変化量

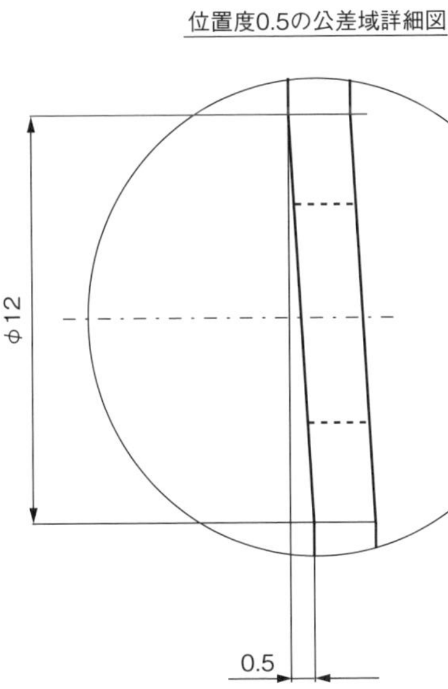
位置度0.5の公差域詳細図
φ12
0.5

図8-4　公差域の詳細図

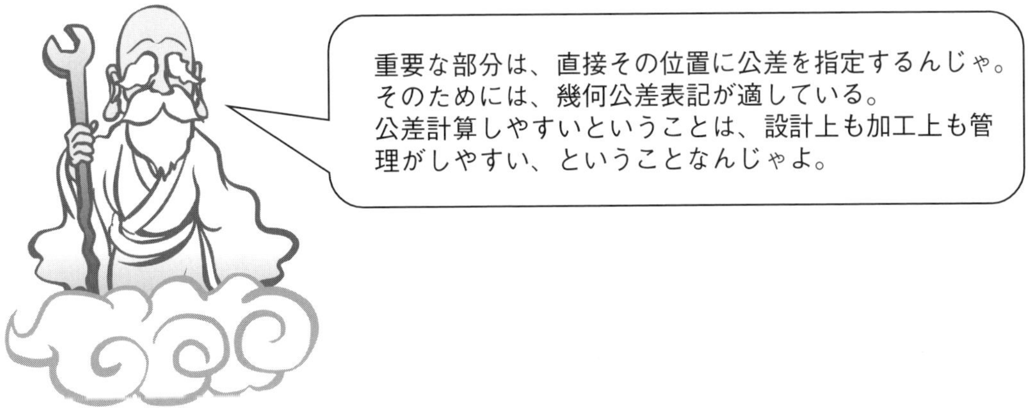
重要な部分は、直接その位置に公差を指定するんじゃ。
そのためには、幾何公差表記が適している。
公差計算しやすいということは、設計上も加工上も管理がしやすい、ということなんじゃよ。

が 0.2 となっているので、レバー比は 2 ということになる。

ここではさらに、**図 8-5** の状態から点 B の高さだけが 0.1 下がった場合で理解を深めよう。点 B、つまり、部品 P が置き換わった状態を考えるわけだ。この場合、点 A への影響は点 C を支点とする運動となる。レバー比とは支点からの距離の比率なので、点 A への影響は支点 C を基準としてレバーの左側への長さの比で決まる。

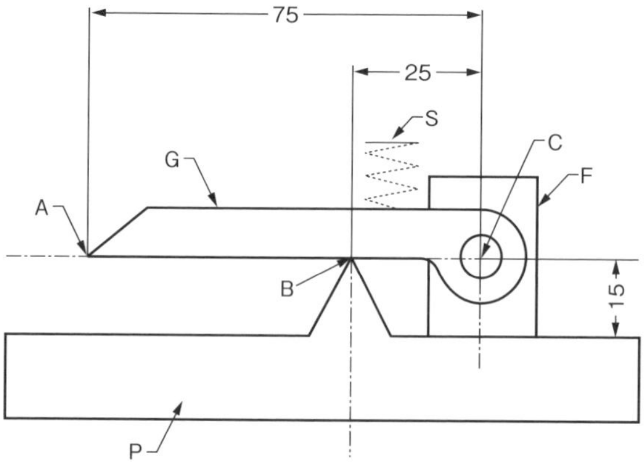
75
25
S
C
G
F
A
B
15
P

図 8-5　レバー比の考え方

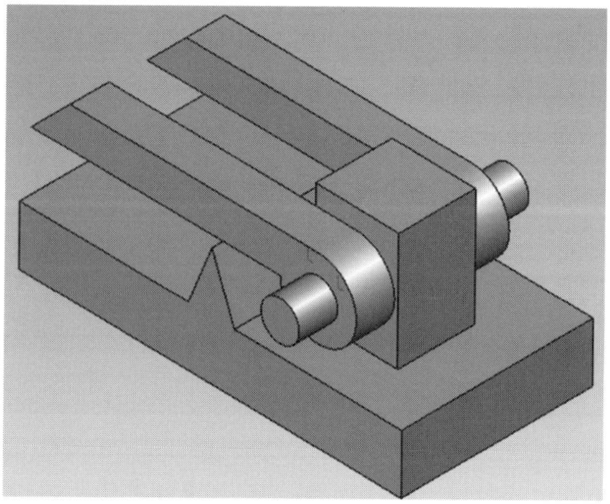

図 8-6　3 次元モデリング

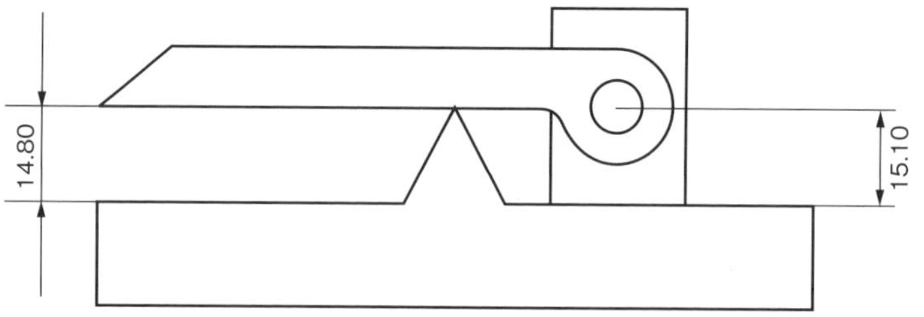
14.80
15.10

図 8-7　レバー比の 3 次元 CAD での確認

レバー比とは支点からの距離の比率であり、
計算したい位置によって、レバー比は変わるんじゃ。

したがって、BC：AC＝25：75＝1：3の比率（即ち、レバー比＝3）で動作量が決まる。よって、点Bの形状が0.1下がると、点Aは0.1×3＝0.3下がることとなる。この場合、公差計算ではレバー比＝3を加算して、この項目（点Bの公差値）を計算する。バラつきの位置により支点、レバー比が変わることに注意が必要である。

8.3 ガタとレバー比の考え方

ガタの考え方も第1章で説明済だが、ここでは他の事例を用いて、ガタとレバー比の複合的扱いの理解を深めよう。

スライダー、レバー、ロッド、軸が**図8-8**のように配置されている。ロッドとレバー間、レバーと軸間、レバーとスライダー間にはそれぞれ微小ガタδが存在している。ロッドが矢印方向に移動するとき、スライダーが矢印方向に移動し始めるのはロッドがどの位移動したときかを考える。

この場合は、次のように考えると分かりやすい。

レバーの上方部をそのままにして、レバーの穴のガタδが反対方向に寄るときまでにレバー下部はレバー比2により2δ移動するため、初期のガタδを含め3δの移動量となる。

この状態で、軸を中心にレバーが左回転し、レバー上部のガタδが0になるまでにレバー下部は（レバー比が1のため）δ移動する。したがって合計4δの移動量となる。

公差計算では、各部のガタ（または、形状の公差値）に上記のそれぞれの係数を掛けて記入し、計算することになる。**図8-9**は3次元CADでモデリングし、上記の各ステップを3

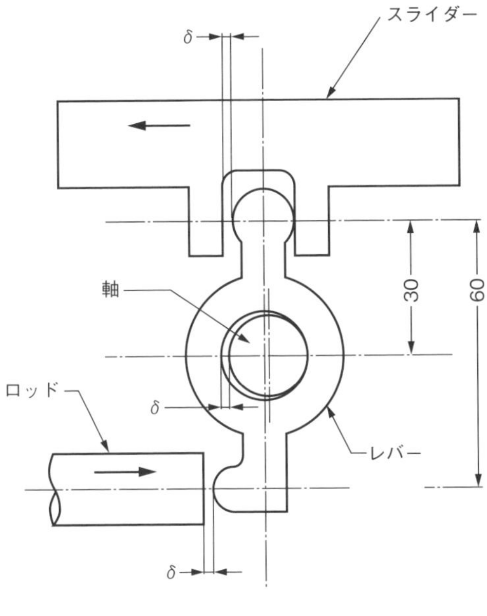

図8-8 ガタとレバー比の複合的扱い

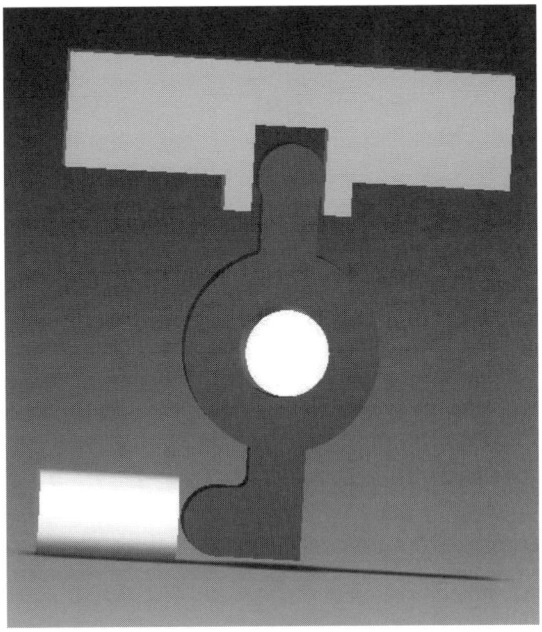

図8-9 3次元モデリング

第8章

次元 CAD 上で確認したものだ。実際に 3 次元 CAD を用いて同様の確認をしている設計者もいる。

8.4　幾何公差の公差計算の考え方

これまでの公差計算の説明では、分かりやすさを重視して、主に寸法公差の例で説明してきたが、今度は幾何公差が設定されている場合の公差計算方法について、基本的な部分を説明する。

まず、**図 8-10** の例で考えてみよう。a、b、c の 3 つの部品で構成された装置があり、b 部品の上面に平行度公差が指示されている。この場合、a 部品と c 部品の右側先端部の間隔（点線で囲まれた部分）の公差計算を考える。

平行度の公差域は、第 7 章で説明した通り、データム平面 A に平行で、間隔が 0.1 である 2 つの平面によって規制される（**図 8-11** 左図）。本来、平行度で規制するのはこの二つの平面の間隔であって、位置は規制されていない。しかし、幾何公差の公差計算を考える際は、「平均的に b 部品の上面がある位置」というものを考

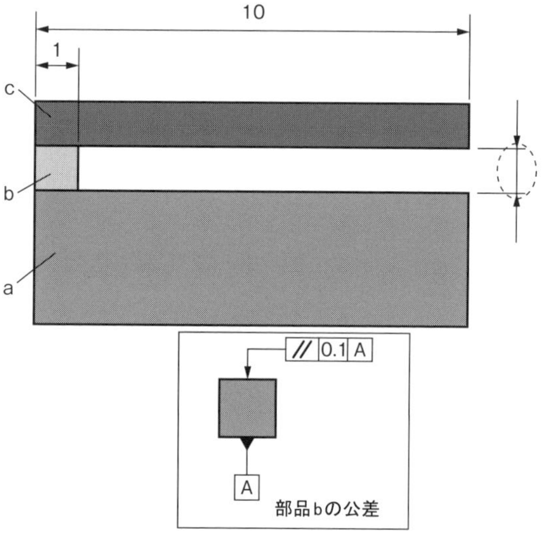
10
1
c
b
a
// 0.1 A
A
部品bの公差

図 8-10　幾何公差の例題

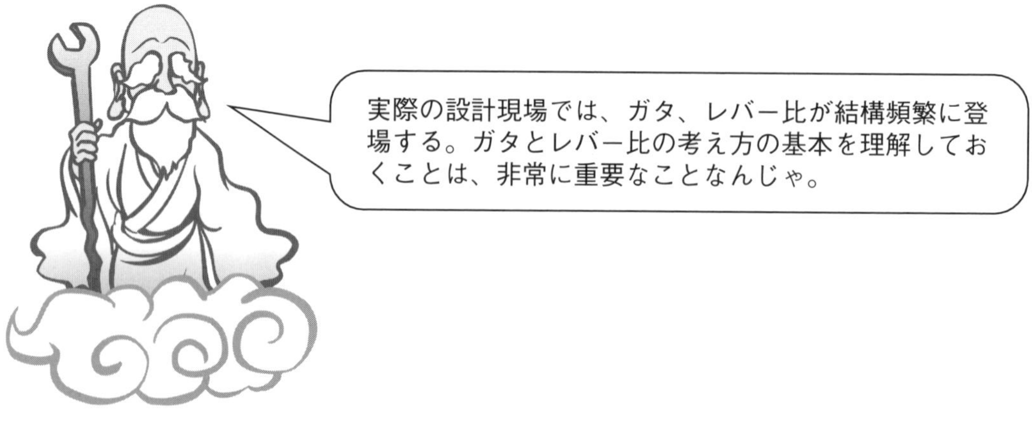
実際の設計現場では、ガタ、レバー比が結構頻繁に登場する。ガタとレバー比の考え方の基本を理解しておくことは、非常に重要なことなんじゃ。

える。極端にいえば、b部品上面の平行度を規制する2つの面は動かないと考える。従って、b部品に0.1の平行度公差が指定されていることから、**図8-11**のように最悪の状態では、±0.05で傾くことになる。

図8-12は、その場合の装置の状態を強調して書いたものだ。c部品の先端は、b部品の平行度公差が拡大されて大きな変位が生じている。その変位量は、±0.05の公差が9.5/0.5倍の比率で大きくなることになる。よって

0.05×(9.5/0.5)＝0.95

図8-10の点線で囲まれた部分の公差は±0.95となる。

それでは、幾何公差の公差計算について、ステップを追って2つの例題をやってみよう。

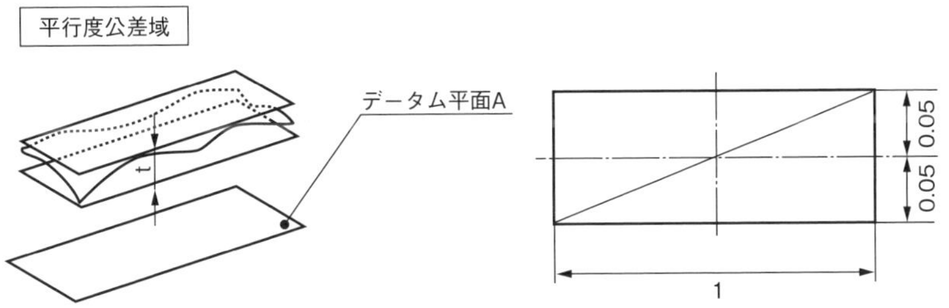

図8-11　平行度の公差計算の考え方

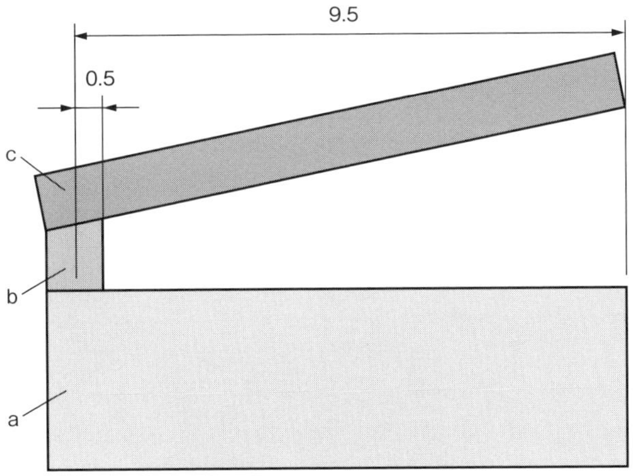

図8-12　平行度の計算

【例題 1】

次の装置で、b 部品のみに平行度公差 0.1 が指定されている場合、部品 a と部品 c の右側先端の位置での寸法（図面では 9.5）の位置での公差計算しなさい（図 8-13）。

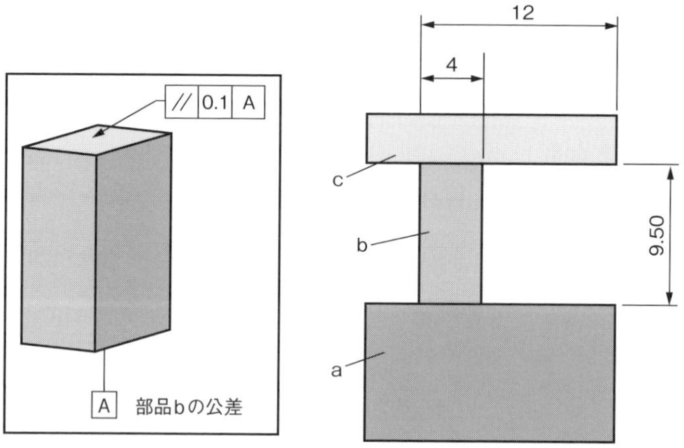

図 8-13　例題 1

【解答】

平行度公差は 0.1 が指定されているので、最大±0.05 で傾くと考えられる。よって、0.05×(10/2)＝0.25 になり、9.5 の寸法の箇所での公差計算結果は、±0.25 となる（図 8-14）。

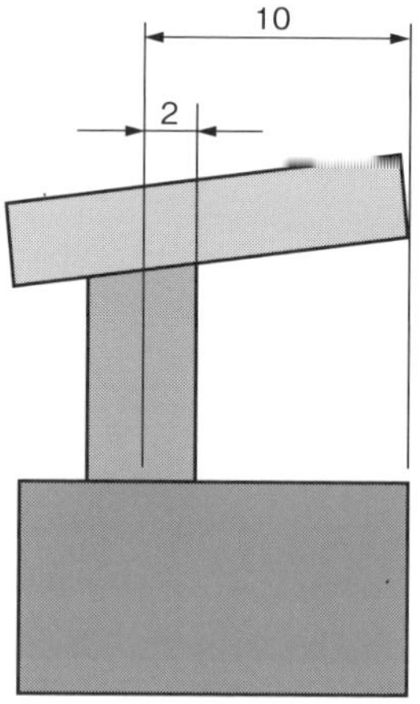

図 8-14　例題 1 の計算

第8章

【例題 2】

例題 1 と同様の装置で、**図 8-15** のような位置に 3 つのブロックが追加された。b 部品のみに平行度公差 0.1 が指定されている場合、0.5 の寸法の箇所の公差計算をしなさい。

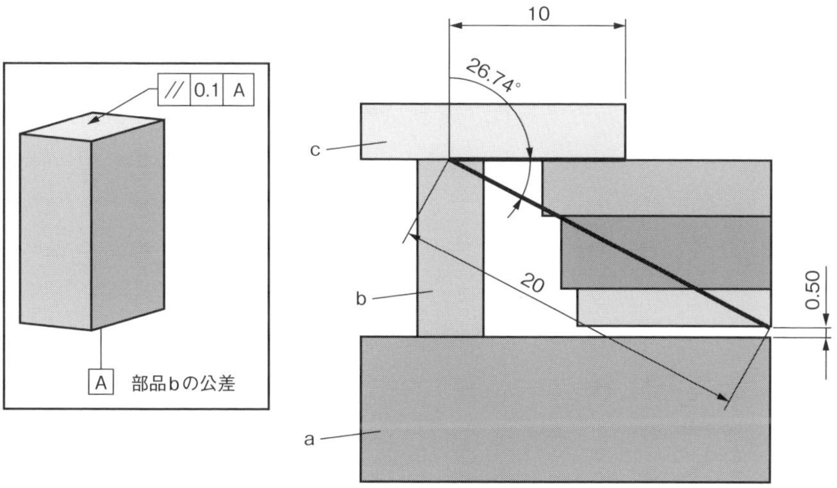

図 8-15　例題 2

【解答】

例題1では、**図8-16**(a) の①点の位置での公差計算をした。例題2で求めるのは、基点から20mm（例題1の2倍の距離：②点）の位置での公差計算となるので、この位置での大きさは次のように求められる。

0.25×2＝0.5

ただし、この値は**図8-16**のP方向の値となる。ここで求めたいのは、0.5のスキマにおける公差計算値なので、Y方向の値である。**図8-16**(b) から、P方向の大きさをY方向に変換するための式が次のようになる。

Y＝0.5×cos26.74°＝0.447

よって、0.5の寸法の箇所の公差計算結果は、±0.447となる。

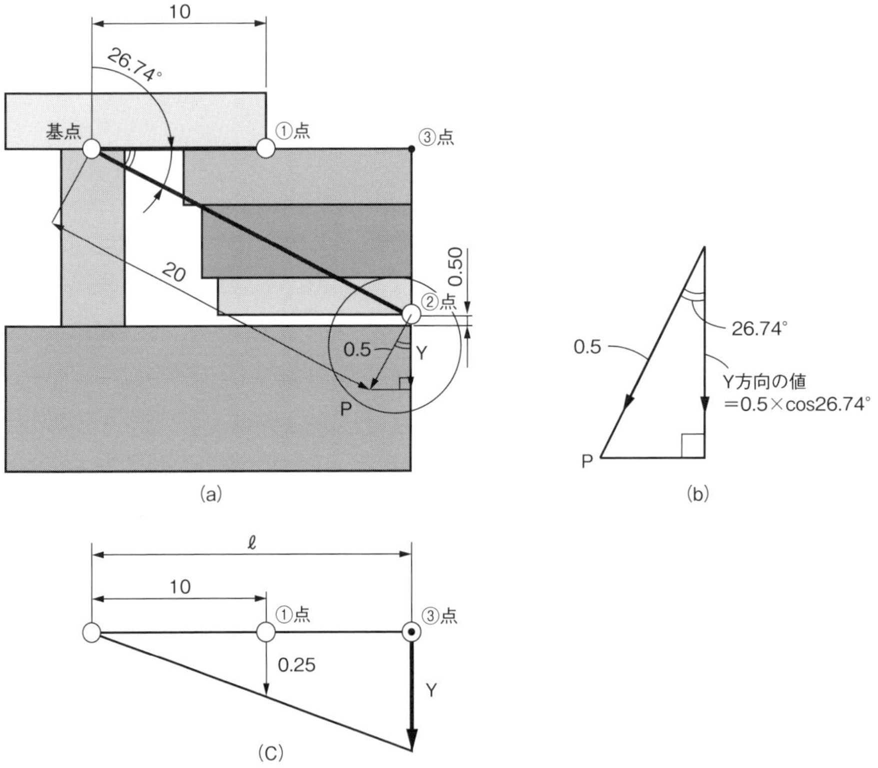

図8-16　例題2の計算

他の計算方法として、**図8-16**(c) の方法でも同様の結果となる。

ℓの長さは、次のように計算される。

ℓ＝20×cos26.74°＝17.86

よって、③点の位置でのY方向の値は次のようになる。

Y＝0.25×(17.86/10)＝0.447

第8章

【例題 3】

ある製品の**図 8-17** の部分において、b 部品の上面に平行度公差 0.01 が指定されている場合、X のスキマ 0.2 の公差計算（結果）をしなさい。

（本事例は企業の設計者からの実際の質問だが、了解をいただいて掲載している。）

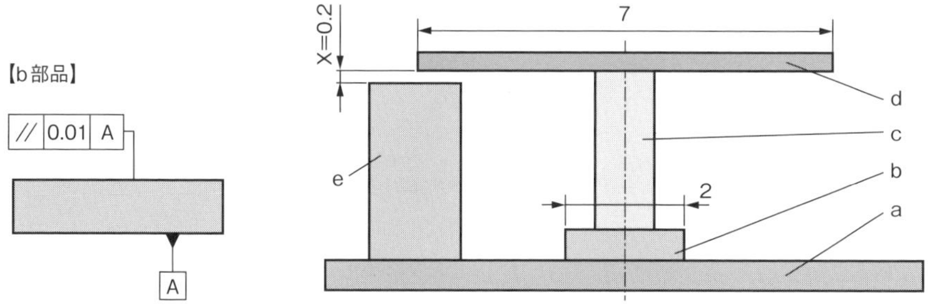

図 8-17　例題 3

【解答】

b 部品の上面に平行度公差 0.01 が指定されているので、**図 8-18** の通り、b 部品上面の中心①点から左端点②点までは±0.005 で傾く。測定点は d 部品左端点の③点である。①点—②点間の距離と、①点—③点間の距離から比の計算をすると、

$0.005\times\{(7/2)/(2/2)\}=0.005\times3.5$

$=0.0175$

よって、X のスキマは 0.2±0.0175 となる。

幾何公差の公差計算もレバー比と同様の考え方が必要である。

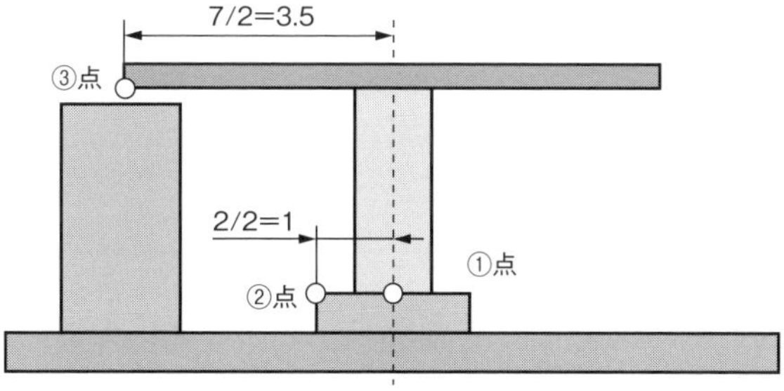

図 8-18　例題 3 の計算

〈備考〉

幾何公差の公差計算事例では平行度を中心に説明をしてきたが、平行度とはデータム面からの平行性を規制するもので、高さを規制することはできない。高さを規定したい場合は、位置度または面の輪郭度を用いる。例えば図 8-13 の平行度を**図 8-19** では位置度で示しており、理論的に正確な 9.5 の高さにおいて、均等に上側に 0.05 と下側に 0.05、両側では 0.1 の公差域を持つ。

以上、ガタ、レバー比、幾何公差の公差計算方法の基本的な考え方と具体的な計算事例を紹介してきた。これらは、実際の設計における応用力が求められる。数多く実践して、身に付けていってほしい。

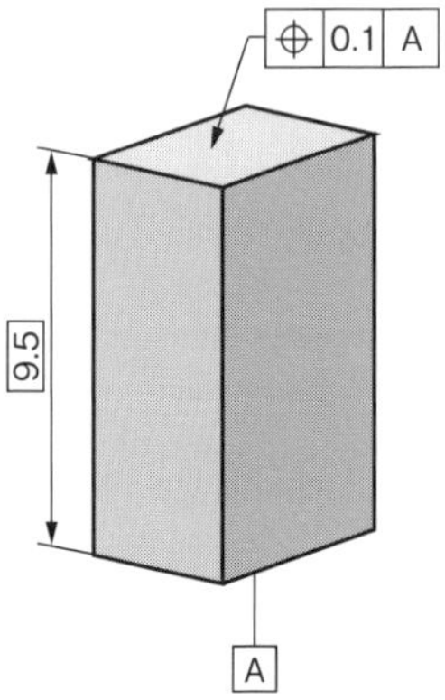
⌖ 0.1 A
9.5
A

図 8-19　位置度を用いた表記

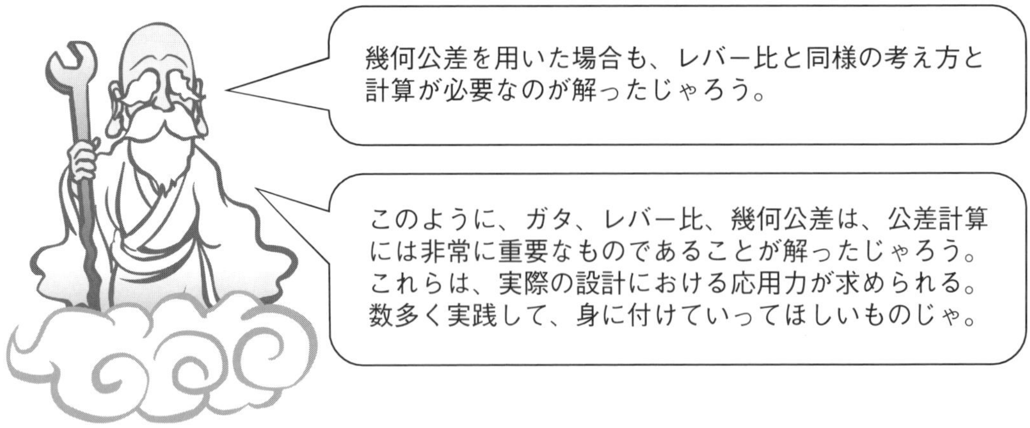
幾何公差を用いた場合も、レバー比と同様の考え方と計算が必要なのが解ったじゃろう。
このように、ガタ、レバー比、幾何公差は、公差計算には非常に重要なものであることが解ったじゃろう。これらは、実際の設計における応用力が求められる。数多く実践して、身に付けていってほしいものじゃ。

9 各種規格と統計的手法

【学習のポイント】

設計者によっては、現場では図面に記入した公差値すべてを全数検査していると考えている人も少なくない。実際には、すべての部品のすべての公差値を全数検査することは、よほど特殊なケースでないと有り得ない。通常の現場は抜取検査を行っているわけで、公差設計を解説する上でそのことを説明しなければならないことが多い。本章では、各種規格と現場での抜取検査の方法について参考として記載する。

9.1 各種品質マネジメントシステムと統計的手法について

9.1.1 ISO9001（品質マネジメントシステム—要求事項）

表 9-1 は、ISO9001（品質マネジメントシステム）の要求事項を示している。規格の中には、「0. 序文」「1. 適用範囲」「2. 引用規格」「3. 用語および定義」もあるが、これらは省略し、4.〜8. の具体的な要求項目のみとした。

図 9-1 は、4.〜8. の具体的要求項目の概念図を表したものだ。この「測定、分析及び改善」の中に統計的手法の活用の要求項目がある。

9.1.2 品質マネジメントシステムにおける統計的手法活用の要求事項

図 9-2 では、ISO9001（JISQ9001）の中で要求されている「統計的手法の活用」について示した。さらに、ISO/TS16949 でも「統計的ツールの明確化」の要求が付加されている。つ

表 9-1　ISO9001 の要求事項

4. 品質マネジメントシステム
  - 4.1　一般要求事項
  - 4.2　文書化に関する要求事項

5. 経営者の責任
  - 5.1　経営者のコミットメント
  - 5.2　顧客重視
  - 5.3　品質方針
  - 5.4　計画
  - 5.5　責任、権限及びコミュニケーション
  - 5.6　マネジメントレビュー

6. 資源の運用管理
  - 6.1　資源の提供
  - 6.2　人的資源
  - 6.3　インフラストラクチャー
  - 6.4　作業環境

7. 製品実現
  - 7.1　製品実現の計画
  - 7.2　顧客関連のプロセス
  - 7.3　設計・開発
  - 7.4　購買
  - 7.5　製造及びサービス提供
  - 7.6　監視機器及び測定機器の管理

8. 測定、分析及び改善
  - 8.1　一般
  - 8.2　監視及び測定
  - 8.3　不適合製品の管理
  - 8.4　データの分析
  - 8.5　改善

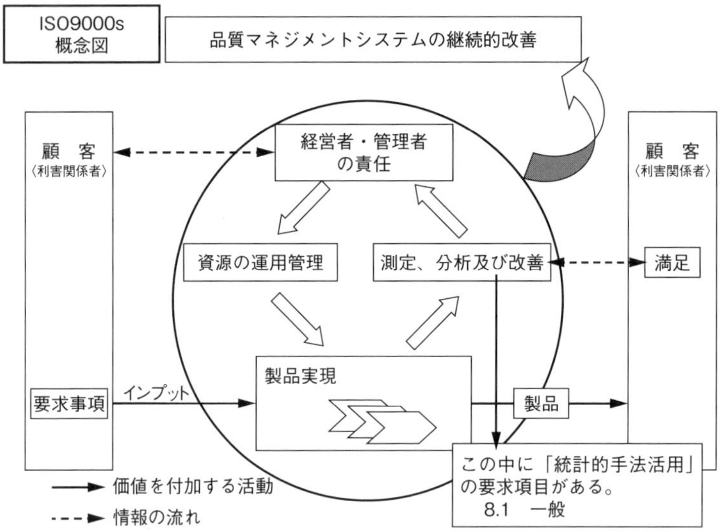

出典：JIS Q 9004 図1 プロセスを基礎とした品質マネジメントシステムのモデル

図 9-1　具体的要求項目の概念図

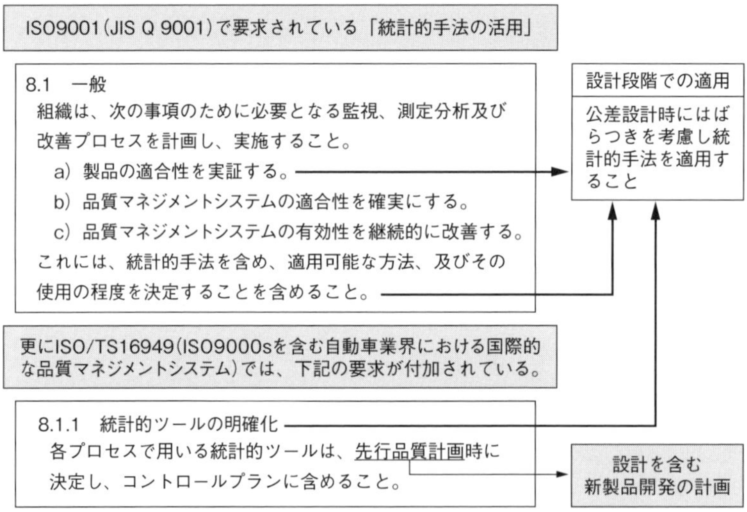

図 9-2　統計的手法の活用

まり、公差設計時にはばらつきを考慮した統計的手法を適用することが求められている。同様に、JIS Q 9100（航空宇宙）の中でも「統計的手法の活用」が要求されている（**図 9-3**）。

図 9-4 は、ISO9001 の要求事項の中で、「8. 測定、分析及び改善」を中心とした要求項目についての相互関係を図示したものだ。特に、全体に対して「統計的手法の活用」が要求されていることが分かるだろう。このように、国際的な品質マネジメントシステムには、必ず

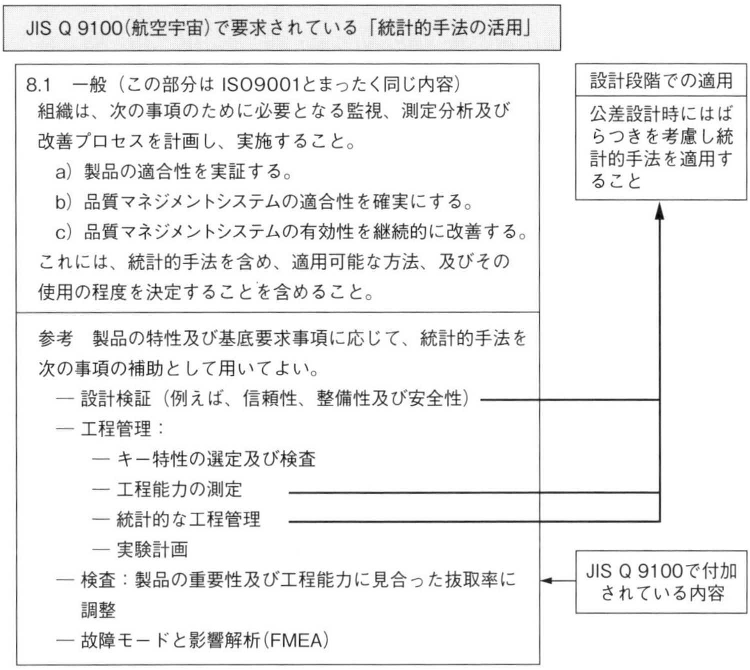
JIS Q 9100(航空宇宙)で要求されている「統計的手法の活用」
8.1　一般（この部分はISO9001とまったく同じ内容）
組織は、次の事項のために必要となる監視、測定分析及び改善プロセスを計画し、実施すること。
a) 製品の適合性を実証する。
b) 品質マネジメントシステムの適合性を確実にする。
c) 品質マネジメントシステムの有効性を継続的に改善する。
これには、統計的手法を含め、適用可能な方法、及びその使用の程度を決定することを含めること。
参考　製品の特性及び基底要求事項に応じて、統計的手法を次の事項の補助として用いてよい。
— 設計検証（例えば、信頼性、整備性及び安全性）
— 工程管理：
— キー特性の選定及び検査
— 工程能力の測定
— 統計的な工程管理
— 実験計画
— 検査：製品の重要性及び工程能力に見合った抜取率に調整
— 故障モードと影響解析(FMEA)
設計段階での適用
公差設計時にはばらつきを考慮し統計的手法を適用すること
JIS Q 9100で付加されている内容

図 9-3　JIS Q 9100 の要求

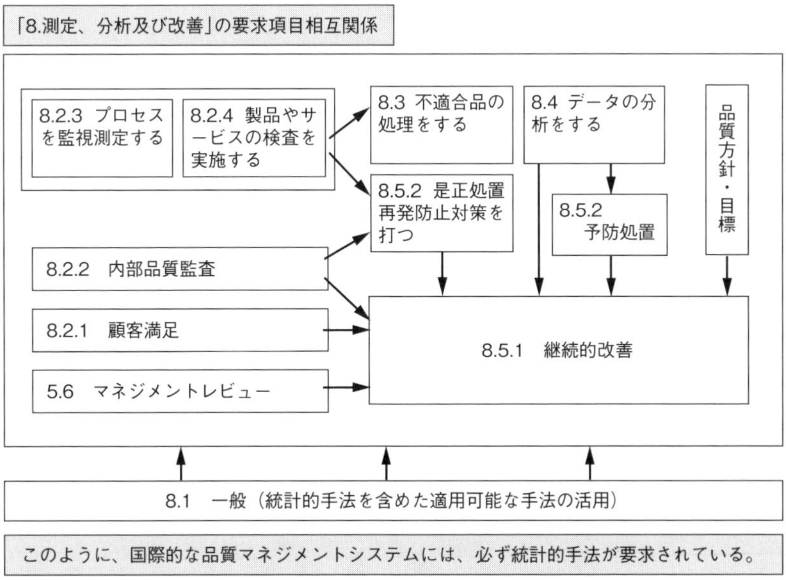
「8.測定、分析及び改善」の要求項目相互関係
8.2.3 プロセスを監視測定する
8.2.4 製品やサービスの検査を実施する
8.3 不適合品の処理をする
8.4 データの分析をする
品質方針・目標
8.5.2 是正処置 再発防止対策を打つ
8.5.2 予防処置
8.2.2 内部品質監査
8.2.1 顧客満足
5.6 マネジメントレビュー
8.5.1 継続的改善
8.1 一般（統計的手法を含めた適用可能な手法の活用）
このように、国際的な品質マネジメントシステムには、必ず統計的手法が要求されている。

図 9-4　ISO9001 の要求項目の相互関係

「統計的手法の活用」が要求されているのだ。

9.2　抜取検査について

9.2.1　抜取検査とは

製造工程においては、生産された部品を全て調査することが事実上不可能な場合がほとんどだ。そのため生産された部品から一部を抜き取って調査し、工程全体を推測するという方法が一般的に行われている。

抜取検査は統計的手法の代表的なものの1つであり、工程のロット保証などにしばしば用いられる。抜取検査には適用場面ごとに多くの種類がある。**表9-2**に、JISに制定されている「抜取検査」の一覧を示した。ここでは、この中で最も良く使われる「**JIS Z 9015-1：1999 調整型抜取検査**」（ISO/DIS 2859-1.2）を例として紹介する。

9.2.2　調整型抜取検査とは

調整型抜取検査とは、なみ、きつい、ゆるい、の3種類の抜取検査表を用意し、**品質が良い**と推定される場合には、ゆるい検査を適用し、**品質が悪い**と推定される場合は、きつい検査を適用して品質の向上を促す。つまり、検査のきびしさを調整することになる。

9.2.3　JIS Z 9015-1：1999（ISO/DIS 2859-1.2）

(1) この規格の由来

調整型抜取検査の起源は、米軍規格であるMIL-STD-105だ。この規格は改正を繰り返して完成度を高めた後、ISO 2859に引き継がれ、役目を終了して廃止された。米国では、1993

表9-2　JISに制定されている抜取検査の一覧

JIS番号	規格名称	対応ISO規格
JIS Z 9002：1956	計数規準型一回抜取検査（不良個数の場合）（抜取検査その2）	—
JIS Z 9003：1979	計量規準型一回抜取検査（標準偏差既知でロットの平均値を保証する場合及び標準偏差既知でロットの不良率を保証する場合）	—
JIS Z 9004：1983	計量規準型一回抜取検査（標準偏差未知で上限又は下限規格値だけを規定した場合）	—
JIS Z 9009：1999	計数値検査のための逐次抜取方式	ISO 8422：91（IDT）
JIS Z 9010：1999	計量値検査のための逐次抜取方式（不適合品パーセント、標準偏差既知）	ISO 8423：91（IDT）
JIS Z 9015-0：1999	計数値検査に対する抜取検査手順―第0部（JIS Z 9015　抜取検査システム序論）	ISO 2859-0：95（IDT）
JIS Z 9015-1：1999	計数値検査に対する抜取検査手順―第1部（ロットごとの検査に対するAQL指標型抜取検査方式）	ISO/DIS 2859-1.2：97（IDT）
JIS Z 9015-2：1999	計数値検査に対する抜取検査手順―第2部（孤立ロットの検査に対するLQ指標型抜取検査方式）	ISO 2859-2：85（IDT）
JIS Z 9015-3：1999	計数値検査に対する抜取検査手順―第3部（スキップロット抜取検査手順）	ISO 2859-3：91（IDT）

年にANSI/ASQC Z 1.4として引き継がれている。

ISO 2859は世界で最もよく用いられる抜取検査の規格となっている。日本では、ISO2859に対応する規格としてJIS Z 9015が制定されている。

JIS Z 9015は、ISO2859に対応して4つの規格で構成されているが、本書では基本となるJIS Z 9015-1（**表9-3**および**表9-4**）を取り上げて説明する。

(2) この規格の特徴

① 長い目で品質を保証する

この抜取検査では、長い期間使用すると受入側はAQL（合格品質水準）の品質が保証される。抜取表では、個々のロットに対する保証よりも、長い目でみた平均品質の方に重点が置かれている。（AQL：Acceptable Quality Level…長い目でみて、概ねこの水準以下の不良率が期待できる。個々のロットを保証するものではない。）

② 不合格ロットの処置方法が決められている

不合格となったロットは原則としてそのまま供給側に返却し、受入側は選別を一切やらないことにしている。これは、供給側に対して品質に関する責任を持たせるという基本方針によるものだ。

③ ロットの大きさに応じてサンプルの大きさが決まっている

ロットの大きさと検査水準からサンプルの大きさが決まるようになっている。検査水準は、「通常の検査」に対して、検査水準Ⅰ・Ⅱ・Ⅲの3種類あり、「小サンプル検査」に対しては、S-1・2・3・4の4種類の特別な水準がある。

このようにロットの大きさによってサンプルの大きさを変えるのは、ロットの大きさが大きいほど大きなサンプルをとって、良いロットと悪いロットの判別力をよくするためだ。

④ 不良率にも欠点数にも使えるようになっている

この抜取表は、不良率（%）にも、100単位当たりの欠点数にも共通して使えるようになっている。

(3) 検査の手順（通常の検査）…

例えば、ロットサイズ：1000個、AQL：0.25 %の場合の検査手順についてみてみよう。運用については省略している部分があるので、詳細は専門書を参照してもらいたい。

・手順1　AQL（合格品質水準）を決める。

不良率（%）については、0.010～10までの16段階、100単位当たりの欠点数については、0.010～1000までの26段階のAQLから適当なものを選定する。この例では、AQL＝0.25。

・手順2　検査水準を決める。

検査水準Ⅰ・Ⅱ・Ⅲのうちから、どの水準を選ぶかを決める。通常、特に指定がない場合には、検査水準Ⅱを用いる。この例では、検査水準Ⅱ（特に指定なし）となる。

・手順3　抜取方式を決める。

①ロットの大きさから、サンプル文字を「サンプル文字」の表（**表9-3**）から求める。この例ではまず、ロットサイズ：1000個なので、501～1200の行を見る。次に、指定した検査水準（通常は、検査水準Ⅱ）の列を見る。これらが交わる欄から、サンプル文字を読み取る。この例では、「**J**」と読み取れる。

②**表9-4**を使って、抜取方式を求める。まず、①で求めたサンプル文字の行「J」を見る。

表 9-3 サンプル文字

サンプル（サイズ）文字

JIS Z 9015-1:1999

ロットサイズ	特別検査水準				通常検査水準		
	S-1	S-2	S-3	S-4	I	II	III
2 ～ 8	A	A	A	A	A	A	B
9 ～ 15	A	A	A	A	A	B	C
16 ～ 25	A	A	B	B	B	C	D
26 ～ 50	A	B	B	C	C	D	E
51 ～ 90	B	B	C	C	C	E	F
91 ～ 150	B	B	C	D	D	F	G
151 ～ 280	B	C	D	E	E	G	H
281 ～ 500	B	C	D	E	F	H	J
501 ～ 1200	C	C	E	F	G	J	K
1201 ～ 3200	C	D	E	G	H	K	L
3201 ～ 10000	C	D	F	G	J	L	M
10001 ～ 35000	C	D	F	H	K	M	N
35001 ～ 150000	D	E	G	J	L	N	P
150001 ～ 500000	D	E	G	J	M	P	Q
500000以上	D	E	H	K	N	Q	R

表 9-4 抜取方式の決定

調整型抜取検査　なみ検査の一回抜取方式（主抜取法）
注）ゆるい検査ときつい検査の抜取表は省略

JIS Z 9015-1:1999

サンプル文字	サンプルサイズ	合格品質水準、AQL、不適合品パーセント及び100アイテム当たりの不適合数																									
		0.010	0.015	0.025	0.040	0.065	0.10	0.15	0.25	0.40	0.65	1.0	1.5	2.5	4.0	6.5	10	15	25	40	65	100	150	250	400	850	1000
		Ac Re	Ac Re	Ac Re	Ac Re	Ac Re	Ac Re	Ac Re	Ac Re	Ac Re	Ac Re	Ac Re	Ac Re	Ac Re	Ac Re	Ac Re	Ac Re	Ac Re	Ac Re	Ac Re	Ac Re	Ac Re	Ac Re	Ac Re	Ac Re	Ac Re	Ac Re
A	2	↓	↓	↓	↓	↓	↓	↓	↓	↓	↓	↓	↓	↓	↓	0 1	↓	↓	1 2	2 3	3 4	5 6	7 8	10 11	14 15	21 22	30 31
B	3	↓	↓	↓	↓	↓	↓	↓	↓	↓	↓	↓	↓	↓	0 1	↑	↓	1 2	2 3	3 4	5 6	7 8	10 11	14 15	21 22	30 31	44 45
C	5	↓	↓	↓	↓	↓	↓	↓	↓	↓	↓	↓	↓	0 1	↑	↓	1 2	2 3	3 4	5 6	7 8	10 11	14 15	21 22	30 31	44 45	↑
D	8	↓	↓	↓	↓	↓	↓	↓	↓	↓	↓	↓	0 1	↑	↓	1 2	2 3	3 4	5 6	7 8	10 11	14 15	21 22	30 31	44 45	↑	↑
E	13	↓	↓	↓	↓	↓	↓	↓	↓	↓	↓	0 1	↑	↓	1 2	2 3	3 4	5 6	7 8	10 11	14 15	21 22	30 31	44 45	↑	↑	↑
F	20	↓	↓	↓	↓	↓	↓	↓	↓	↓	0 1	↑	↓	1 2	2 3	3 4	5 6	7 8	10 11	14 15	21 22	↑	↑	↑	↑	↑	↑
G	32	↓	↓	↓	↓	↓	↓	↓	↓	0 1	↑	↓	1 2	2 3	3 4	5 6	7 8	10 11	14 15	21 22	↑	↑	↑	↑	↑	↑	↑
H	50	↓	↓	↓	↓	↓	↓	↓	0 1	↑	↓	1 2	2 3	3 4	5 6	7 8	10 11	14 15	21 22	↑	↑	↑	↑	↑	↑	↑	↑
J	80	↓	↓	↓	↓	↓	↓	0 1	↑	↓	1 2	2 3	3 4	5 6	7 8	10 11	14 15	21 22	↑	↑	↑	↑	↑	↑	↑	↑	↑
K	125	↓	↓	↓	↓	↓	0 1	↑	↓	1 2	2 3	3 4	5 6	7 8	10 11	14 15	21 22	↑	↑	↑	↑	↑	↑	↑	↑	↑	↑
L	240	↓	↓	↓	↓	0 1	↑	↓	1 2	2 3	3 4	5 6	7 8	10 11	14 15	21 22	↑	↑	↑	↑	↑	↑	↑	↑	↑	↑	↑
M	315	↓	↓	↓	0 1	↑	↓	1 2	2 3	3 4	5 6	7 8	10 11	14 15	21 22	↑	↑	↑	↑	↑	↑	↑	↑	↑	↑	↑	↑
N	500	↓	↓	0 1	↑	↓	1 2	2 3	3 4	5 6	7 8	10 11	14 15	21 22	↑	↑	↑	↑	↑	↑	↑	↑	↑	↑	↑	↑	↑
P	800	↓	0 1	↑	↓	1 2	2 3	3 4	5 6	7 8	10 11	14 15	21 22	↑	↑	↑	↑	↑	↑	↑	↑	↑	↑	↑	↑	↑	↑
Q	1250	0 1	↑	↓	1 2	2 3	3 4	5 6	7 8	10 11	14 15	21 22	↑	↑	↑	↑	↑	↑	↑	↑	↑	↑	↑	↑	↑	↑	↑
R	2000	↑	↑	1 2	2 3	3 4	5 6	7 8	10 11	14 15	21 22	↑	↑	↑	↑	↑	↑	↑	↑	↑	↑	↑	↑	↑	↑	↑	↑

備考　↓＝矢印の下の最初の抜取方式を使用する。もしサンプルサイズがロットサイズ以上になれば、全数検査する
↑＝矢印の上の最初の抜取方式を使用する。
Ac＝合格判定個数
Re＝不合格判定個数

第9章

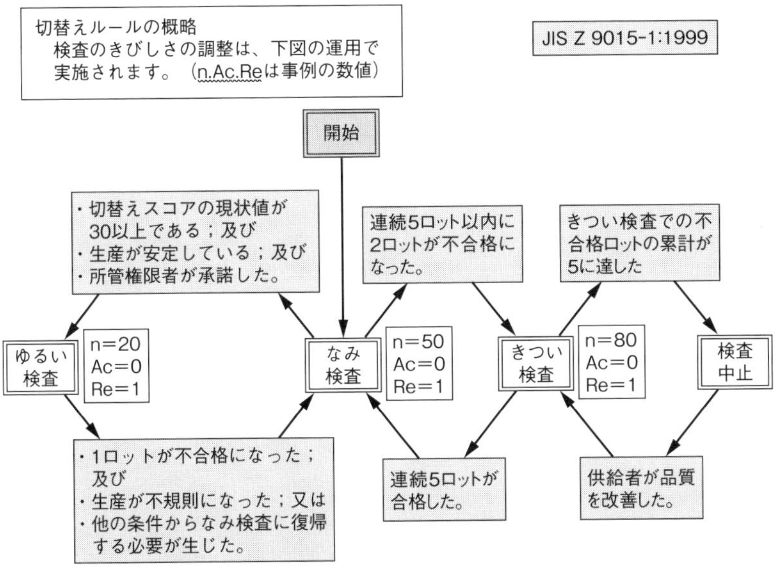

図 9-5　抜取方式の切り替えルール

次に、**手順 1** で指定した AQL「0.25」の列を見る。これらが交わる欄から、合格判定個数 *Ac*、不合格判定個数 *Re*、およびサンプルの大きさの列との交わる欄からサンプルの大きさ n を求める。

この例では、交わる欄は、「↑」となっている。該当の欄が、↓または↑の場合には、矢印方向に移って、数値のある欄から *Ac*、*Re*、n を求める。n も移った欄の行に該当するサンプルの大きさに変わるので、注意してほしい。この例では、$Ac=0$、$Re=1$、$n=50$ となる。

図 9-5 では、抜取方式の切り替えルールの概略を示した。

9.2.4　抜き取りによる工程能力の評価

公差設計においては、工程の平均値、ばらつきを把握しなければならないが、繰り返しにな

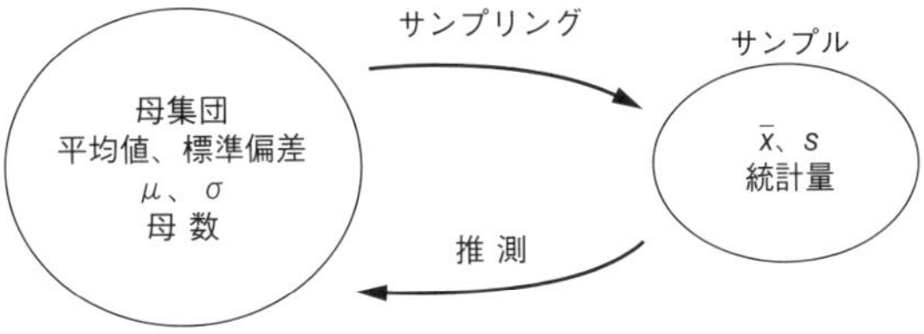

図 9-6　母集団とサンプル

るが、工程の部品を全数調査することは事実上不可能だ。

従って、工程（母集団）から一部の部品を抜き取ったサンプルから統計量を得て、工程の平均値、ばらつきを推測することになる（**図9-6**）。

サンプリングする必要個数は、得られる統計量の信用性を確保するため、理想的には 100 個だが、最低 50 個は必要だと考えてほしい。それ以下だと、統計量の信用性は下がってしまう。

10 設計現場の実際

【学習のポイント】

公差の見直しが必要だと分かっていても、どこから手を着けていいのか迷う場合もあるだろう。実業務の中に定着させていくのはさらに難しい。本章では、先進企業が実際の開発案件を使った公差の最適化事例を紹介すると共に、公差を最適化する（公差を変更する）基準を定義した事例、公差解析ツールの使い方や各部品の公差がアセンブリにどう影響するのかを計算する基礎的なスキルを教育する取り組みについて紹介する。

10.1　企業事例

10.1.1　ローランド ディー. ジー

ローランド ディー. ジー（以下、ローランドDG）の主力製品の一つである業務用の大型インクジェット・プリンタ。同社は、その新製品でヘッド駆動機構を刷新、特に待機時の位置決め機構を大きく改良した（図 10–1）。

複数のヘッドを搭載したキャリッジは、水平に設置されたレールに沿って往復運動しながら印字するが、待機時には「キャップユニット」と呼ぶモジュールの上に、正確に停止させる必要がある。キャップユニットには、ヘッドと同じ数の「キャップトップ」という部品が取り付けてあり、待機時に各ヘッドのインク吐出口をぴったりカバーし、インクの乾燥を防いだり、

図 10–1　大型インクジェット・プリンタのヘッド駆動機構

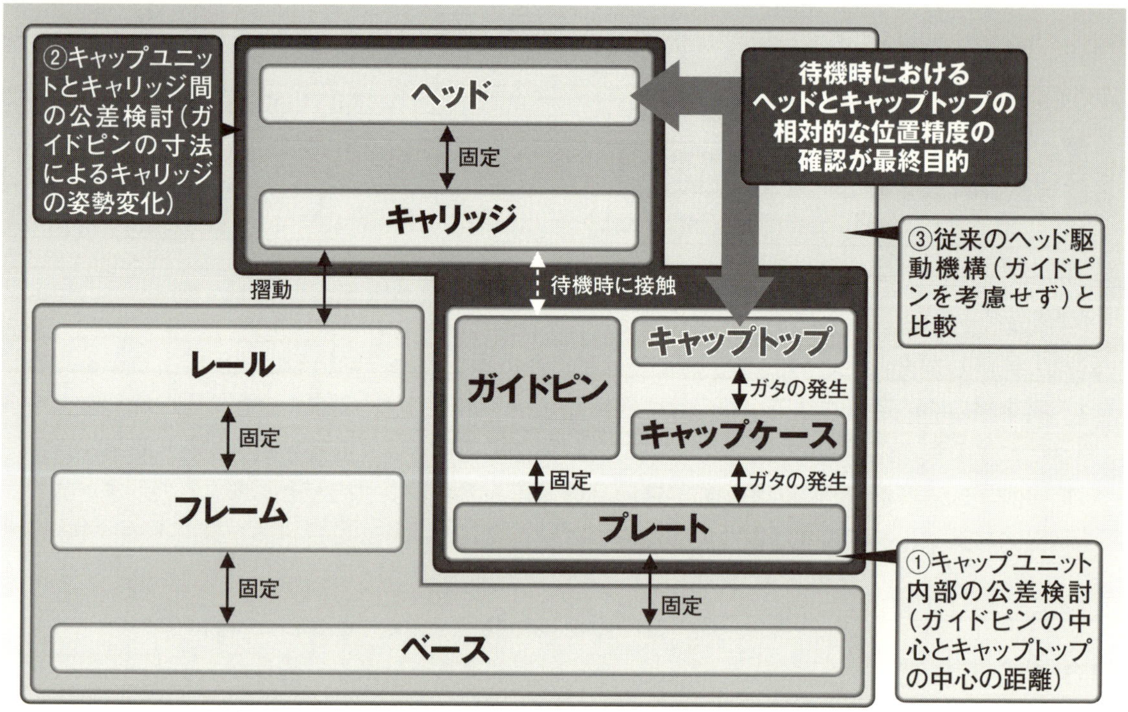
②キャップユニットとキャリッジ間の公差検討(ガイドピンの寸法によるキャリッジの姿勢変化)
ヘッド
固定
キャリッジ
待機時における
ヘッドとキャップトップの
相対的な位置精度の
確認が最終目的
③従来のヘッド駆動機構(ガイドピンを考慮せず)と比較
摺動
待機時に接触
レール
固定
フレーム
固定
ガイドピン
キャップトップ
ガタの発生
キャップケース
固定
ガタの発生
プレート
①キャップユニット内部の公差検討(ガイドピンの中心とキャップトップの中心の距離)
固定
ベース

図 10-2　公差検討の概要

ノズルクリーニングの際に出てくるインクを受け止めたりする。このため、ヘッドの停止位置がズレると役目を果たせなくなってしまう。

そこで新製品では、キャップユニットに2本の「ガイドピン」を設置することにした。キャリッジが待機位置に移動すると、キャリッジの端面にガイドピンが当たり、これによってヘッドとキャップの相対位置が決まる仕組みである。しかし、この仕組みが量産品でも十分に機能するかどうかは、各部品の公差をどう決めるかにかかってくる。

一気に検討するのは難しい。そこでローランドDGは、ヘッド駆動機構の公差を大きく三つのステップに分けて解析した（**図10-2**）。①キャップユニット内部の公差を検討②キャップユニットとキャリッジ間の公差を検討③ガイドピンを使わなかった場合の位置決め精度との比較——である。

①を言い換えると、ガイドピンの位置とインクを受けるキャップトップ部品の中心位置の距離が、どの程度ばらつくのか、となる。ここでポイントになったのが「ガタ」の存在だった。

キャップトップは「キャップケース」と呼ぶ部品を介してプレートに取り付けるのだが、キャップトップとキャップケース、キャップケースとプレートの間には、意識的にガタを設けてある。キャップトップを衝撃から保護し、組み立てやすさを確保するのが主な目的である。

しかし、あまりガタが大きいと、せっかくガイドピンによってキャリッジを位置決めしても、キャップトップとの相対位置はズレてしまう。そこで、必要なガタを設けた場合、ガイドピンとキャップトップの距離がどの程度ばらつくのかを詳細に調べ、その値を把握した。

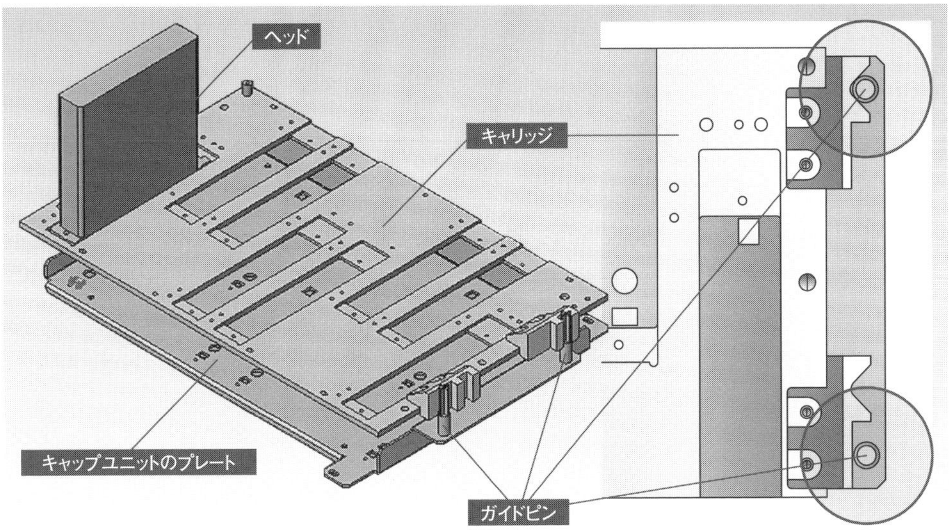

図 10-3　ガイドピンで姿勢が決まるキャリッジ

次に②で実施したのが、キャップユニットとキャリッジ間の公差検討である（**図 10-3**）。具体的には、ガイドピンの直径やキャリッジ端面の公差がヘッドの位置に与える影響を検討した。

前述のように、キャップユニットとキャリッジの位置関係は、キャップユニットのプレートに固定したガイドピンに、キャリッジの端面が接触することで決まる。垂直に立てたガイドピンを２本としたことで、キャリッジの移動方向（左右方向）の位置だけでなく水平面内の傾きを規制し、さらにキャリッジの端面に切ったV溝に片方のガイドピンがはまり込むようにすることで移動方向と直角な方向（前後方向）の位置も決める。

このような構造を採ったので、ガイドピンの直径のばらつきがヘッドの位置決め精度に影響する。最も大きな位置ズレが発生するのは、ガイドピンから最も遠い所にあるヘッド。キャリッジの水平面内の傾きが最大、つまり片方のガイドピンの直径が公差範囲内の最小値、もう一方が最大値となったケースだった。

最初の公差計算を実施した際にはガイドピンには高い精度が必要と考え、丸棒の直径には、特別な切削加工を依頼しないと達成できない寸法公差を指定していた。しかし、公差計算の結果から、標準品として販売されている丸棒を購入しても目標の位置決め精度を実現できることが判明し、コストを削減できた。

基本的に、ヘッドとキャップトップの位置決め精度の検討は、上記の①と②で事足りる。最後に行った③は、ガイドピンがなかったと仮定した場合との比較である。キャリッジとガイドピンの接触は考慮せず、レールやフレーム、ベースなどの公差を積み上げていった場合の位置決め精度を調べ、ガイドピン設置の効果を確認したのだ。

以上のように、ローランド DG は段階的に公差を検討し、その都度、各部の公差が適切かどうか、確認していった。一つの機構を複数のブロックに切り分ける方法は、検討が容易になる半面、公差の変更が思わぬ部分に影響する危険性もはらむ。機構の動作や各部品の役割をしっかりと把握した上で、切り分け方を考える必要がある。

ローランドDGでは、このような実務展開を通じて設計者のスキル向上を図る一方、公差設計に関するノウハウの蓄積にも取り組んでいる。「資材部門からはすべての図面についてコメントをもらっており、その情報をいかに共有化していくかにも取り組んでいきたい」（同社の杉山裕一氏）という。その一環として実施しているのが、設計標準への落とし込みだ（**図10-4**）。

同社は2004年、ちょうど公差設計に取り組み始めたのと同じ時期に第1版の設計標準を完成。設計標準は、「いわば憲法のようなもの。内容としては初歩的なものが多いが、板金加工ではどの程度の精度を実現できるのか、穴の寸法はどう設定すべきかといった情報を載せている」（同氏）。単にルールを記載するだけでなく、「なぜ、そうなっているのか」という注記も記載することで、設計者が見た際に採用の可否を判断したり、応用方法を考えたりできるようにしている。

10.1.2 アスリートFA

「コピーされた製品にシェアを奪われていった2000年以降、ものづくりをしていく上での我々のノウハウとは一体何なのかを考え直す必要性に迫られた」と語るのは、アスリートFAの土橋美博氏である。この、自分たちの本当のノウハウを問うプロジェクトは、技術者出身の社長が主導したこともあり、すぐに全社的なものになっていった。

その活動の中で浮かび上がってきたのが「調整機構」の存在である。半導体製造装置に求められる高い精度を実現するため、同社製品では現在、調整機構を各部に設けている。例えば、ねじの回転角度で高さを微調整するような機構である。「寸法や組み付けのばらつきがあっても、最後に調整できるようにしてあった。しかし、調整機構が実はもろ刃の剣となった」（同氏）。

組み付くかどうかといったことさえクリアすれば、最終的な精度は調整機構で出せる。しかし、この利点はコピー製品を造るメーカーにしても同じこと。製品を分解し、部品の寸法を計測し、通常の工作機械で出せる精度で加工すればコピーできてしまう。

アスリートFAが指定した公差で加工した部品を使い、特別な方法で組み立てないと精度が出ない――。このような装置を開発できれば、コピー製品のはんらん防止に役立つ。部品の公差や組み立て方法は、模倣されにくいノウハウだからだ[1]。

そこでアスリートFAは2007年、こうしたことが可能なのかを確かめるための活動に取り組み始めた。最初に手を着けたのは、既存製品の設計データを例題とした公差検討である。対象に選んだのは、LSI（BGAパッケージ）の端子面に、はんだボールを形成するマウンタ（**図10-5**）。特に、内部に組み込まれている「印刷ステージユニット」を中心に検討を進めた。同ユニットは、端子にフラックスを塗布する対象物を搬送、位置決めする役割を持つ。従来は、ステージ（搬送面）の高さ調整機構を使い、組み立て時に精度を確保していた。

同社はまず、現状の設計で指定している各部品の公差を基に計算を行ってみた。その結果、互換性の方法では±4.8759mm、不完全互換性

[1] 調整機構をなくすことは、部品点数の削減と、コスト低下にもつながる。

板金

a　ハーフピアス

＊　ハーフピアス標準的な高さは板厚の3～4割とする。（※1）

＊　位置決め用のハーフピアスはφ3及びφ4とし、相手側の部品の穴はφ3のときはφ3.2、
φ4の時はφ4.2とする。（※2）

＊　ハーフピアス加工条件は※3を参照のこと。

＊　図面に凸方向の指示をすること。（2DDRAWの項参照）（※4）

解説・資料

※1 高さを希望する場合は、打ち抜きリスクが高まるため別途相談。もしくは厳密な高さ指定をする場合も別途相

※2 一般公差にて勘合の不具合がない為、基本の組合せとする。
もっと精密に位置決めしたい場合は、別途公差検討し組み合わせを考慮すること。（バリにも注意）

※3 エッジからのハーフピアス端面までの必要最小距離A：5mm
同一平面状のタレパン抜きエッジからの必要最小距離B：5mm
ハーフピアス端面からハーフピアス端面までの必要最小距離C：15mm
曲げからのハーフピアス端面までの必要最小距離D：12.5mm

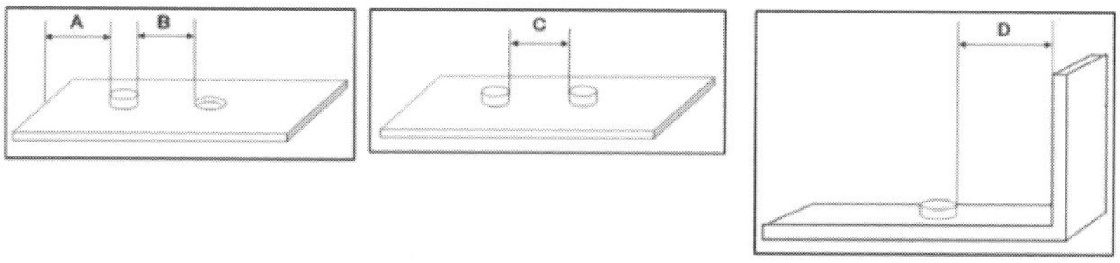

上記以外を使用するときはコストアップ等の可能性があるため試作実施前に、資材、仕入先に確認のこと。

※4 ハーフピアスとは？
穴が開かない程度に板を打ち抜く加工方法である。

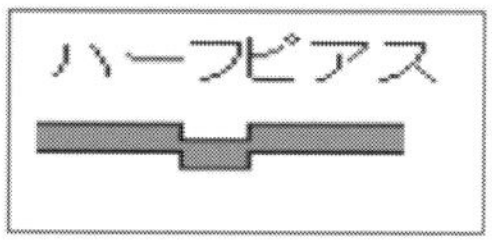

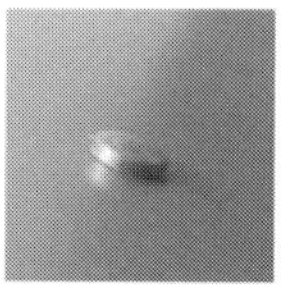

情報
ハーフピアスの向きの違いによるコスト差は特になし。

※5 過去の失敗事例

図 10-4　ローランド ディー.ジー.における「ハーフピアス」の設計標準

の方法では±1.3125mmという範囲で高さがばらつくことが分かった（**図 10-6**）。ステージの高さは±0.2mmで管理する必要がある。組み立て時の調整を省くと、公差の規格内に入る確率（規格適合率）は35.25％しかない。当然、公差の見直しが必要になった。

そこで同社は、実部品の測定や製造部門や外注先への調査などを通じて、工程能力の実態把

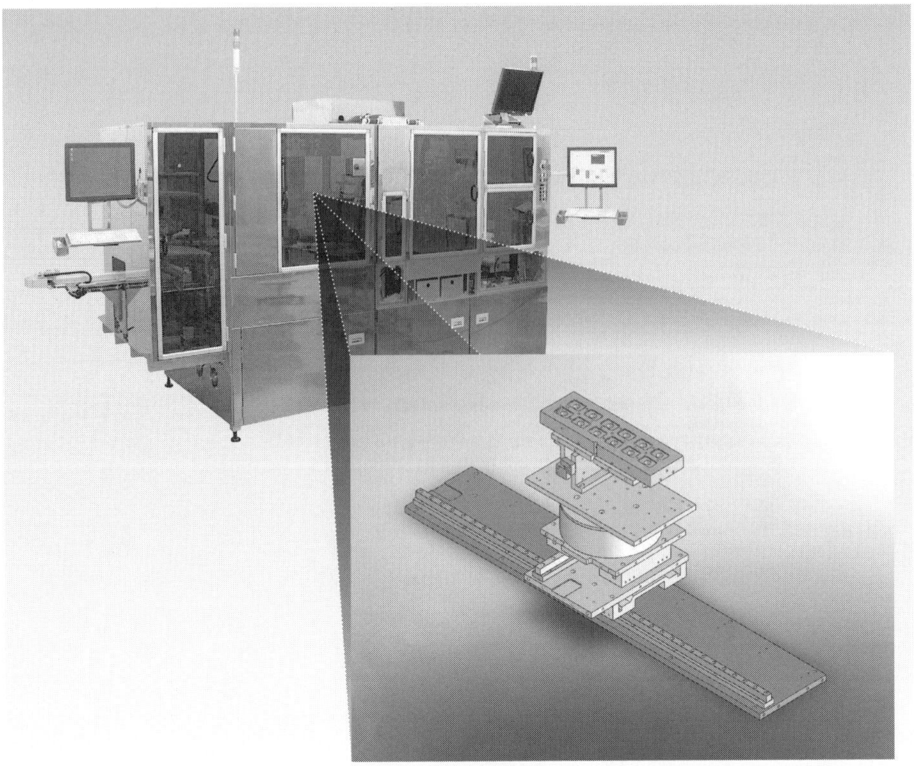
印刷ステージの3次元モデル

図 10-5　半導体製造装置「BA-1500PP」

握を進めた。その結果、以下の三つのことが分かった。

第一に、最初の公差計算で使用した寸法公差の多くは、工程能力を考えると厳しさを約2倍にしても十分に対応できること。これは、コストを高めずに対応可能な範囲である。

第二に、幾何公差として指示していた部分については、規格内に入っていない部品が多かったこと。そこで、実力値に合うものに再設定を行った[2]。

第三に、ステージの高さへのばらつきへの影響度（公差寄与率）が大きい、ある購入品の存在。この購入品の規格値を見直し、より高精度のものに変更した。購入品の価格は上がるが、逆にほかの部品はコストダウンが可能になり、トータルではコストアップにはならないことも判明した。

このような対策を勘案して公差を再計算したところ、互換性の方法では公差が±2.7238mm、不完全互換性の方法では公差が±0.6214mmという結果が得られた[3]。規格適合率は66.58％と、30ポイント以上も向上したの

[2]　購入品の外形寸法に関する公差はカタログに掲載されていないことが多く、またメーカー側が保証することも少ない。受け入れ時の検査で対応するしかないのが現状だという。
[3]　第1章で紹介した事例とは計算結果が違っているのは、検討の実施時期が異なるため。

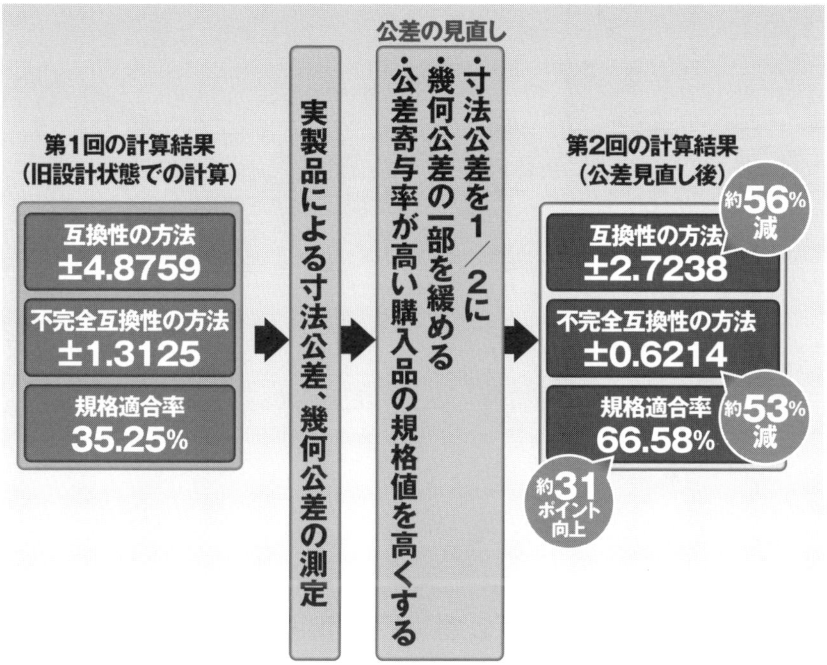
公差の見直し
第1回の計算結果
(旧設計状態での計算)
互換性の方法
±4.8759
不完全互換性の方法
±1.3125
規格適合率
35.25%
実製品による寸法公差、幾何公差の測定
・寸法公差を1/2に
・幾何公差の一部を緩める
・公差寄与率が高い購入品の規格値を高くする
第2回の計算結果
(公差見直し後)
互換性の方法
±2.7238
約56%減
不完全互換性の方法
±0.6214
規格適合率
66.58%
約53%減
約31ポイント向上

図 10-6 公差検討の内容

である。

もちろん、まだ最終的な目標には達していないが、たった1回の公差見直しだけで大幅に精度を向上できたことは事実。今後、さらに公差の見直しを進めていけば、調整機構なしの実現に必要な公差±0.2mmを達成できる可能性は十分にあると同社は見ている。しかも、上記の公差見直しだけでも、最終調整工程の大幅な時間短縮という効果が得られる。

このように、公差の見直しによって調整レスの実現にメドを付けたアスリートFAだが、「公差設計に関しては、まだ初めての事例を出した段階。今後、社内展開に向けて取り組んでいく」(土橋氏)。公差設計の手法に関する知識の習得だけでなく、公差計算に必要な時間の短縮なども実現していかねばならない。

ただ、実際の製品で調整レスを適用することについては「現在のところ、設計と生産の両方の現場から抵抗もある」(同氏)という。公差を設定する設計者は、精度が出なかったときの責任を負うことになり、組立工程の現場の技術者は、極めて低い確率でも精度が出ない場合を考えてしまうからだ。

一般に、ばらつきを考慮する公差設計は、大量生産する製品でこそ効果を発揮すると考えられがちだ。しかし、それは誤りである。半導体製造装置は、月間数台を長期間にわたって生産する製品。累計でも1機種当たり100台程度。1台しか製造しないカスタム機もある。「たとえ1台しか製造しない装置でも、調整作業にはコストが掛かる。特に、海外など遠隔地へ出荷した後に調整が必要となった場合の経費は膨大。だからこそ、公差設計をやる意味がある」(同氏)。

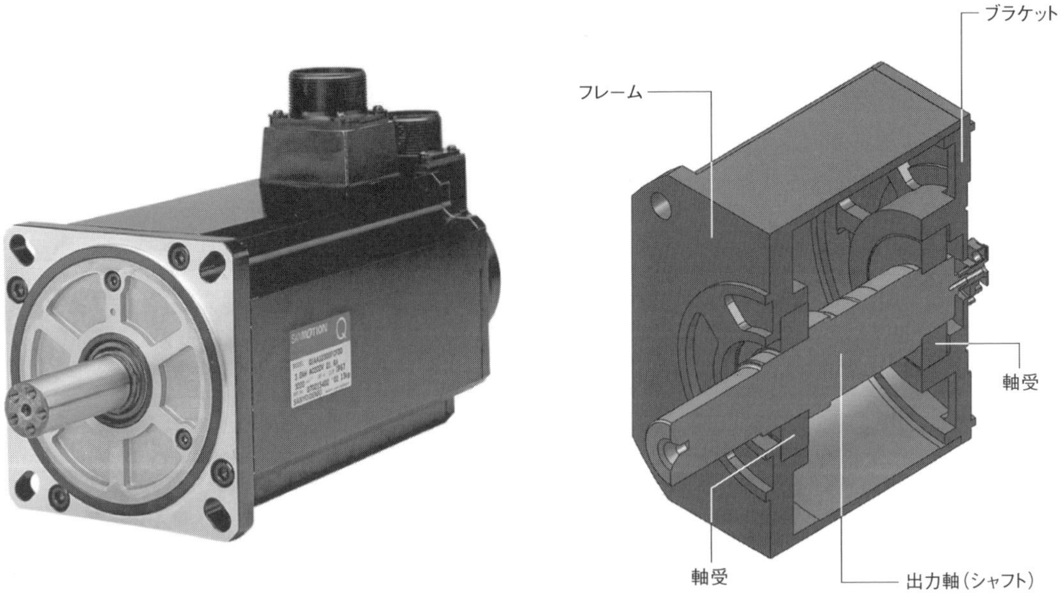

図 10-7　山洋電気が公差解析を適用したサーボモータ

10. 1. 3　山洋電気

山洋電気サーボシステム事業部では、仕様と品質を上流工程で作り込むための方策として、3次元CADの活用とフロントローディング型の開発体制の構築に取り組んでいる。3次元モデルの活用によって設計者の頭の中を見える化し、デザインレビューなどでの不具合抽出の前倒しを目指す。

その中で「公差設計こそ、フロントローディングだという意識を持っている」（同社の牧内一浩氏）。公差設計を実施しないと、最終段階での調整工程が必要だったり、歩留まりが悪いことによる全数検査が必要になったり、場合によっては目的の機能が満たせなかったりする事態に陥るからだ。

最終検査に合格し、一見問題がない製品でも、生産現場での擦り合わせ技術に頼って品質を確保している場合があり、そこには本来掛けなくても済む無駄なコストが隠されているかもしれない。生産工程で使用する工作機械や測定設備の決定にも影響するため、本当にその公差が必要かを考えることは大切だ。「公差設計は地味だが、品質・コストの問題に直結する」（同氏）のである。

そこで同社は、3次元CADを活用したフロントローディングの1つの取り組みとして、サーボモータの新開発品に対して3次元データを使っての公差解析を実施した（**図 10-7**）。各部品の公差を積み上げていった場合に、製品の品質に影響する部分のバラつきがどうなるのかを検証したのだ。目的は、公差設計の効果や公差解析ツールの実力を確認 / 検証すること。設計者が楽になるか、結果を資産として活用できるか、PDCA（計画、実行、評価、改善）サイクルを回せるか、公差設計の文化が根付くかといったことを見極めようとしたのである。

その具体的な検討項目の1つが、出力軸（シ

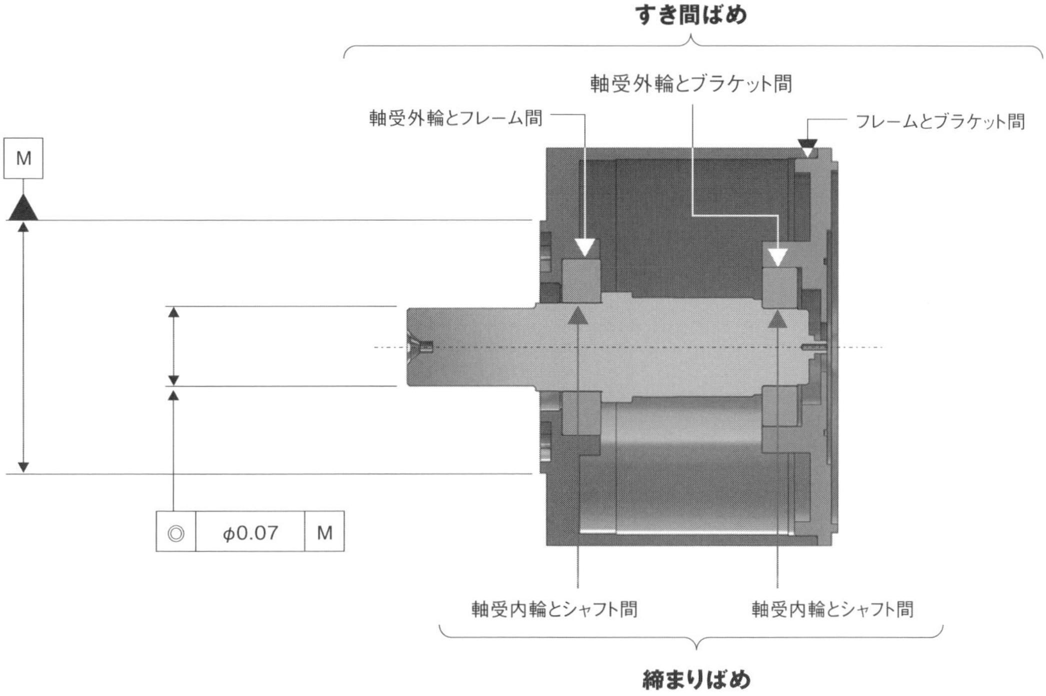
すき間ばめ
軸受外輪とブラケット間
軸受外輪とフレーム間
フレームとブラケット間
M
◎ φ0.07 M
軸受内輪とシャフト間
軸受内輪とシャフト間
締まりばめ

図 10–8 公差指示と部品間の関係

ャフト）と取り付け基準部の同軸度である（**図10–8**）。サーボモータでは、取り付け後の出力軸の中心位置と方向が「取り付け基準から決まる、ある範囲」の中に収まっていなければならない。従来、山洋電気では組み立て後に同軸度を全数検査し、同軸度が仕様を満たすように基準部を加工して保証していた。これに対し、各部品の公差を最適化することで全数検査と後加工が不要になれば、コスト面でのメリットは大きい。

現時点は、設定した部品の公差で同軸度を算出できることを確認した段階。今後、各部品の公差や形状を見直していくことで、検査や後加工を不要にすることを目指す。同社では、これを実現できれば、設計者に対して公差設計の有用性を大きくアピールすることにつながるとみている。

さらに山洋電気は公差解析ツールの実力検証という観点から、同ツールによる解析結果と手計算での結果を比較した。手法としては、公差の幅でバラついた場合の最悪状態を考えるΣ計算と、統計的な√￣計算の２つを用いた[4]。

前述の同軸度の計算では、√￣計算で若干の差があった。その原因は、軸受外輪の取り付け部などで発生するガタの取り扱い方にある。これらの取り付け部はすき間ばめとなっているた

[4] Σ計算では単純に各部品の公差の値を合計していくため、アセンブリを構成する各部品を複数個造った場合、部品と部品のあらゆる組み合わせを考えたバラつきとなる。一方の√￣計算では、各部品の寸法などが公差範囲内で正規分布でバラついていると考え、「分散の加法性」を利用してアセンブリのバラつきを計算する。ある確率では不良品が出ることを前提とした計算方法だが、Σ計算よりも比較的、部品の公差を緩くできる。

め、取り付け状態が同軸度に大きく影響する。公差解析ツールでは、その取り付け状態をどうモデル化するかで結果が変わってしまうのだ。

このモデル化方法を検討するためには、ガタとして定義した部分を公差解析ツールでどう内部処理しているのかを知る必要がある。同社は現在、公差解析ツールのベンダーにこの件について問い合わせ中だという[5]。

公差解析ツールを設計支援ツールとして活用していくためには、このようなツールの特性についても十分に理解しておくことが必要だ。すべてを理解するまで使えないというわけではなく、何に使えて、どのような使い方の場合に注意が必要なのかを切り分けておくことが大切である。

公差解析ツールは部品が多く、複雑なアセンブリになればなるほど、手計算よりも計算が楽になる。公差解析の結果を3次元モデルとリンクできるので、公差設計のノウハウを資産として活用できることも大きな利点だ。3次元設計との相性も良いので、設計の3次元化が進んでいれば、公差検討のPDCAサイクルを回したり、公差解析の文化を定着させたりする上でも有利といえる。

今後、山洋電気は公差解析ツールとFEM（有限要素法）解析ツールとの連携にも挑戦していく計画だ。具体的には、熱変形したモデルを使って公差解析する。サーボモータを連続運転させた場合には、発熱によって各部品が膨張する。これによって、公差設計で設定したすき間などがどのような影響を受けるのかを把握しようというのだ。温度上昇による各部品の形状と寸法の変化を把握し、さらなる品質の安定化につなげることを目指している。

10.1.4 富士ゼロックス

富士ゼロックスが公差解析ツールを使った検証に取り組みだしたのは、2009年秋のことだ。「公差の最適化には、かなり前から取り組みたいと思っていた」（同社の北森正一氏）という。

その背景には、強度などをCAEを使って事前検証しても「図面の公差次第で、その結果が影響される」（同氏）ということがあった。つまり、板厚や形状などが公差の範囲内で変化したときの状態まで検証しきれないのだ。過去の公差を流用したところ取引先からの手戻りが発生し、結果的に公差を緩和せざるを得ないといった問題も生じていた。

加えて、部品の内製化を進めていく過程で、治具の工夫など組立工程でアセンブリの精度を出すノウハウも蓄積され、厳しすぎる公差を緩めてもらう際に「設計に根拠を示せるようになった」（同氏）ことも大きな動機付けになっている。

同社が、公差解析ツールの適用先の1つとして選んだのが、現在開発中である複合機のユニットだ。同ツールを出図前の公差の最適化に活用しようと試みたのである。従来は設計者が実績ベースで公差を設定し、出図してから生産技術部門で公差の妥当性をチェックしていた。それをこのユニットでは、3次元モデルと前機種の公差を使って仮出図の前に公差解析を実行し、公差を最適化することに取り組んだのだ。

公差解析を実施するに当たってはまず、製品

[5] このほか、平行度の考え方の違いで手計算との差が出たという解析事例もある。日本では幾何公差と寸法公差は独立して扱うが、米国では幾何公差を寸法公差内に収まるように規制するため、図面上では同じ公差でも、公差の累積結果に差が出てしまう。

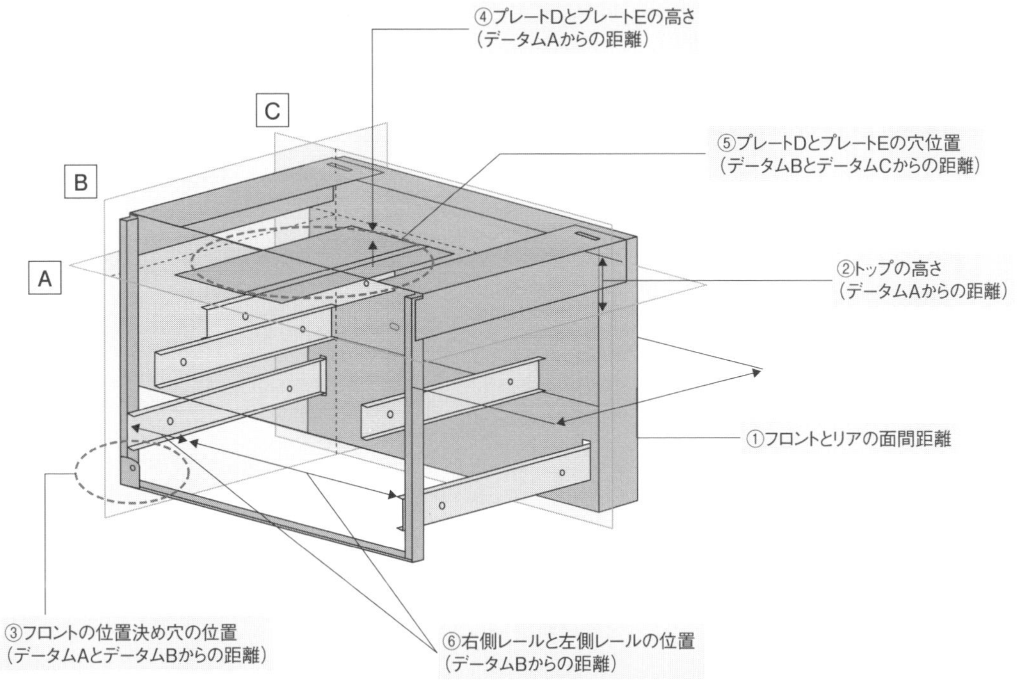
④プレートDとプレートEの高さ
（データムAからの距離）
C
⑤プレートDとプレートEの穴位置
（データムBとデータムCからの距離）
B
A
②トップの高さ
（データムAからの距離）
①フロントとリアの面間距離
③フロントの位置決め穴の位置
（データムAとデータムBからの距離）
⑥右側レールと左側レールの位置
（データムBからの距離）

図 10-9　公差解析を適用した複合機のユニット

仕様から精度として確保しなくてはならないアセンブリの寸法や位置を選び出した（**図 10-9**）。その上で、精度に影響しそうな部品を抜き出し、それらの寸法を公差解析ツールの入力条件とした（**図 10-10**）[6]。

このように計算して得られた結果から、緩和すべき公差と厳しくすべき公差を判断する。ここで参考にしたのが、工程能力と寄与率だ。工程能力は、言い換えればアセンブリ精度を満たす確率の高さ。この確率が低い場合には、関連する部品の公差を厳しくする必要がある。逆に、確率が高い場合には公差を緩めることができる（**図 10-11**）。

コスト面から考えると、公差を厳しくすればコスト増になり、公差を緩めればコスト減になるとは必ずしも言えない。ある段階からは、いくら緩めてもコストが変わらない場合があるからだ。逆に、あるしきい値よりも厳しくすると、極端にコスト増になる場合もある。単純に寄与率と工程能力指数（Cp）からは決められないので、生産部門のノウハウを入れながら実際には公差を決めていくことになる[7]。

公差解析の結果は、公差を厳しくしたり緩和したりするだけではなく、管理ポイントを厳選することにも役立つ。アセンブリの管理精度に全く影響していないような部品寸法は、測定す

[6]　今回、公差解析で評価したユニットは 18 の部品で構成され、部品の寸法数は合計で 108 カ所。評価結果から 22 カ所の公差見直しを提案し、実際に 17 カ所の公差最適化が実施された。

[7]　ただし、検査に関しては「±0.1 では全数検査、±0.2 では半数検査、±0.3 では抜き取り検査」といったような指針があるため、ある程度のコスト換算のメドは付きやすい。

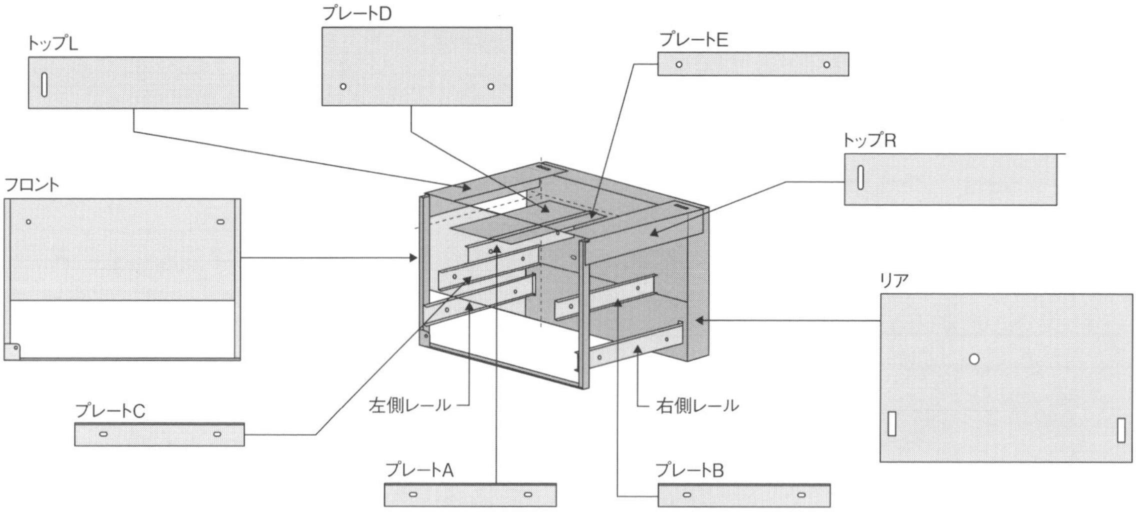

図 10-10　ユニットの構成

公差最適化ルール

Cp ＼ 寄与率	10%未満	10%以上30%未満	30%以上
1.33未満	緩和	維持	厳しく
1.33以上2.00未満	緩和	維持	維持
2.00以上	緩和	緩和	維持

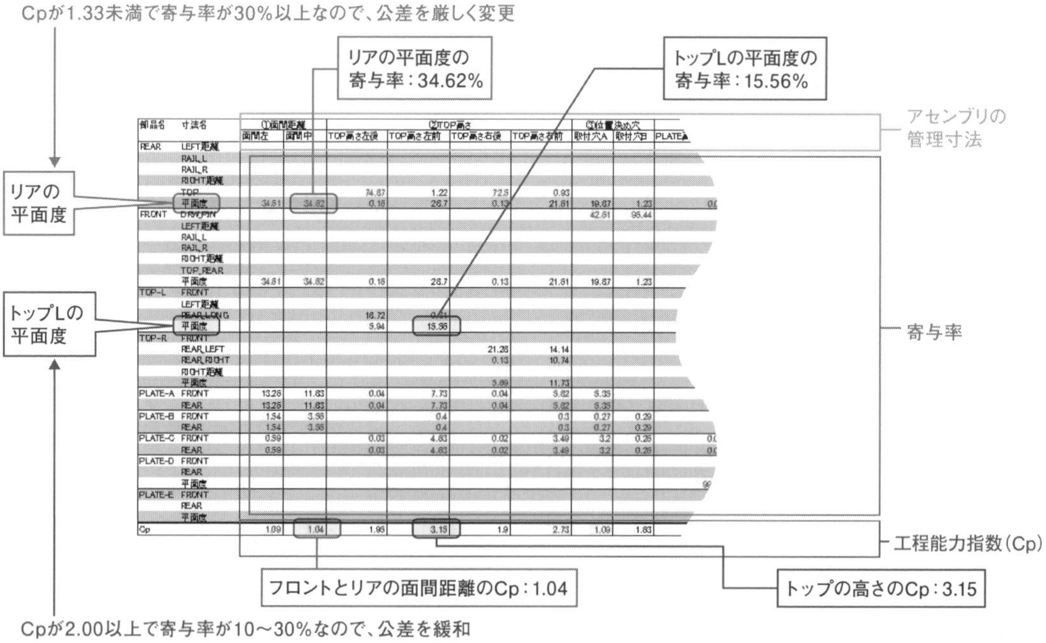

図 10-11　公差解析の結果と最適化ルール

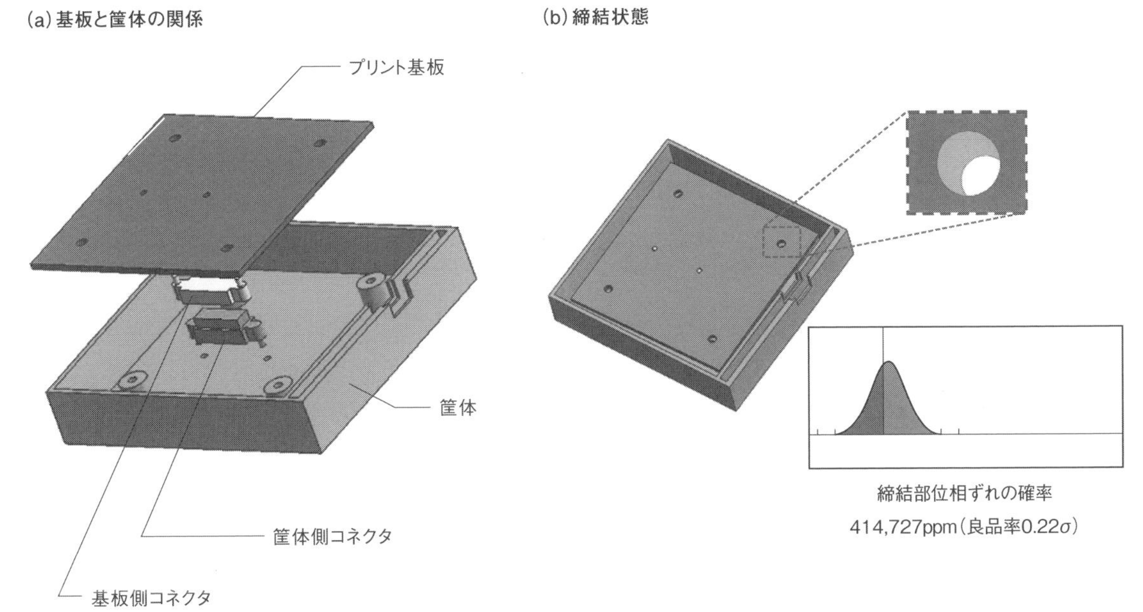
(a) 基板と筐体の関係
プリント基板
筐体
筐体側コネクタ
基板側コネクタ
(b) 締結状態
締結部位相ずれの確率
414,727ppm（良品率0.22σ）

図 10-12　プリント基板締結部の公差検証

る必要がない。従来は、部品の図面に公差が指定されていれば、すべてを測定することになっていた。

このように、公差の最適化には工程能力の見積もりが不可欠である。公差を検討するプロセスをどのように構築すべきなのかを富士ゼロックスでは模索中だ。例えば、設計仕様がある程度固まった段階で、生産技術部門が加工方法や部品間の接合方法などを含めて各部品の公差を検討する。設計者が設定した公差を出図前に確認するというプロセスではなく、設計者と生産技術者で公差をつくり込んでいくプロセスである。

10.1.5 富士通

富士通が公差解析ツールを導入したのは2004年。設計者は解析部門〔富士通アドバンストテクノロジ（本社川崎市）〕に委託し、解析結果から寸法値や公差をどう変更するかといった対応方法についても教えてもらうという使い方だった。

例えば、プリント基板を筐体に固定する際に、ねじ留めする穴の位置がずれてしまう問題が発生した（**図 10-12**）。基板と筐体のそれぞれに固定してあるコネクタをはめてからねじで締結するため、コネクタの取り付け状態がねじ穴の位置に影響する。そのため、プリント基板側の穴を少し大きくしてあり、ある程度のずれは許容できるはずだった。設計者は手計算で公差検証し、問題がないことを確認したはずだったが、実際に組み立ててみるとねじ締結できないほどのずれが発生した。

公差解析を実施してみると、穴がねじを締められないほどずれる確率は約41.5%。良品率は0.22σであるという結果が出る。このような状態で強引にねじ留めすると、基板に無理な力が加わってしまう。

手計算の内容を見直してみると、手計算では

1次元で公差を積み上げていくような計算しかしておらず、コネクタ実装部のレバー比[8]やガタの影響を考慮していないことが判明した。「コネクタを実装する際の条件はかなり複雑で、単なる考慮漏れというよりは手計算に限界があった」(富士通アドバンストテクノロジの濱添一彦氏)。

このようなこともあり、富士通では2006年から設計者も公差解析ツールを使えるよう、同ツールの操作教育を開始した。「設計品質を高めるには、より上流で公差設計を設計者自身が実施する必要がある」(同氏)。

この結果、徐々に設計者が公差解析ツールを使いだしたが、公差解析ツールの条件設定や結果の見方については、「設計者はどうもしっくりきていないようだった」(同氏)。ツールの操作方法の教育だけでは、上流工程での公差検討という目的を十分に果たせなかったのだ。

公差設計の基本的なスキルを向上させる必要性を感じた富士通は2007年、現場の技術者の実力や公差設計のやり方などについての調査を開始した。設計現場に公差検討の現状をヒアリングしてみると「公差設計は困ったときにやっている」「デザインレビューの実施基準に公差検討が入っていない」「公差の積み上げ自体ができない」といった実態が明らかになった。

同社では「この10～15年で部品が内製から外注・購入へと大きく変わり、社内は組立主体になってきた」〔FUJITSUユニバーシティ(本社川崎市)の金田裕之氏〕[9]。公差に関しては基本的にOJTで対応していたが、不適切な公差であっても生産現場で柔軟に対応していたこともあり、公差設計を業務の中で実施する機会が徐々に少なくなっていたのだ。

そこで富士通は、2008年から公差設計スキルを身に付けるための講座を開設。基礎編と応用編の2つを半年にそれぞれ1回、特定の開発部門の技術者を集める講座を不定期ながら年に5～6回開催するようになった。2009年の受講者は、延べ300人日になるという。

この講座は、公差設計のコンサルタントであるプラーナー(本社東京)に委託しているが、応用編の演習問題で使用する事例に関しては富士通独自の問題を作成した(**図10-13**)。「技術者にとって親しみのある事例を使った方が、受講者の理解が早まり、実際の業務で役立つ」(同氏)と考えたからだ。事例作成に当たっては、複数の開発部門の意見を取り入れて、ある程度汎用性のあるものとしている。

公差の講座の開始後に出図の承認条件として公差をチェックするようになる部門が出てくるなど、業務の中で公差検討を実施するという文化が根付きだしている。今後は、品質保証部門や製造部門などでの公差設計スキルの向上にも取り組んでいく予定だ。

2010年2月には幾何公差についての講座もスタートし、第1回には若手からベテランまで約10人が参加。幾何公差の図示方法や読み方だけではなく、幾何公差に対応した測定方法を教えることで、幾何公差の設定が後工程へどう影響するかを考えるきっかけとすることを目指している。

[8]　レバー比　部品の寸法の変化が、製品(アセンブリ)の寸法にどの程度拡大(または縮小)されて伝わるのかを示す値のこと。
[9]　FUJITSUユニバーシティは、富士通グループの人材育成を担う会社。

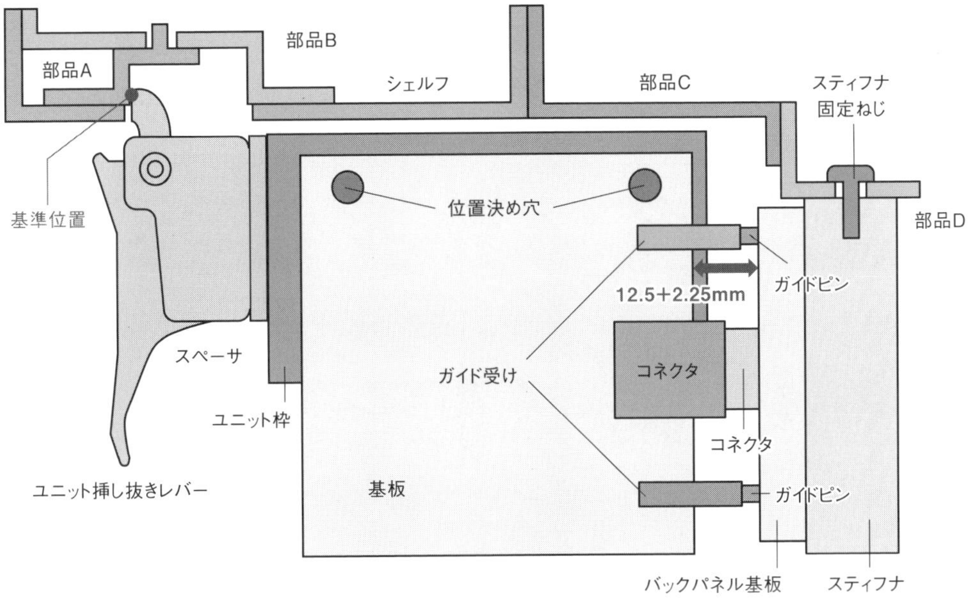

図 10-13　公差解析教育の演習問題

10.2　公差解析ツール

部品点数が少なく、ただ積み上げるような単純な構造であれば、アセンブリの公差は簡単に計算できる。しかし部品点数が多く、部品と部品が接触する部分の向きや形状が複雑なアセンブリの公差を計算するのは、かなりの手間を要する。

忙しい設計者にとって、公差計算をいかに効率化するかは非常に重要な課題だ。計算結果を見ながら対応策を検討することこそ時間を割くべき本来の設計業務であり、それ以外の作業工数が増えるのはムダである。このムダをすっきり排除しないと、公差設計の導入にも黄信号がともりかねない。

10.2.1　検討結果を帳票化

公差の計算処理を自動化する方法として、まず思い付くのは表計算ソフトの活用だろう。公差の値を入力する欄と計算結果を表示する欄を用意し、計算結果の欄には互換性の方法や不完全互換性の方法などに従った計算式を埋め込めばよい。

しかし、公差計算は設計業務の中で何回も実施し、試行錯誤しながら求めていくもの。せっかく表計算ソフトを利用するなら、使い回しができ、自分以外の技術者が見ても分かりやすいテンプレートを用意しておくといいだろう。

例えば、プラーナーが作成した公差計算シート（**図 10-14**）。大きく三つのエリアに分けたレイアウトになっていて、左上のエリアAには、アセンブリの構造を示す概要図や部品間の公差の関係である計算式などの基本情報、右上のエリアBには部品の一覧および各部品の寸法や公差などに関する情報、下側のエリアCに複数の手法による計算結果を配置している。

設計者がエリアBの一覧表に寸法や公差の

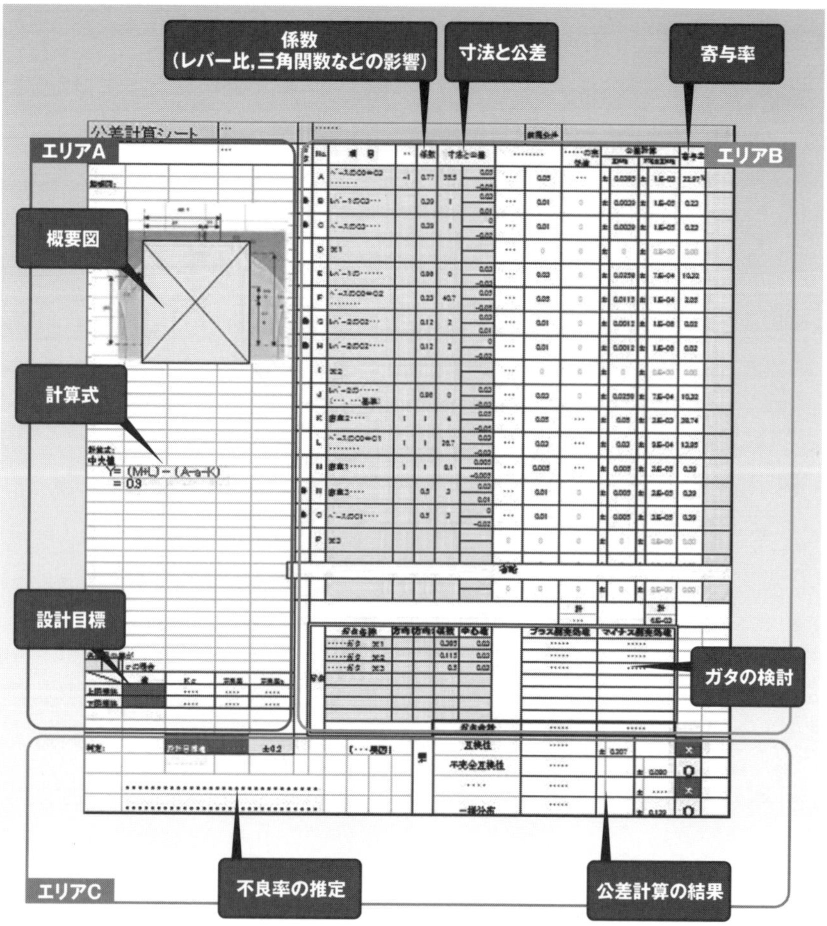

図 10-14　公差計算シート

数値を入力すると、エリアCに管理すべき部分の公差が表示されると同時に、エリアBには各部品の寄与率も表示されるように工夫してある。

管理すべき公差が一つのアセンブリ内に複数あった場合は、エリアBの一覧表を拡大することで対応可能だ。縦の項目欄にアセンブリを構成する全部品を列挙し、横の表題欄に管理すべき公差を並べればよい。こうすることで、ある部品の公差が影響を与える管理項目がどれなのかも把握しやすくなる。

このように、入力情報と計算結果などの大事な数値が見やすいレイアウトで表示されるようにしておくと、帳票として印刷する場合にも便利だ。社内で実施するデザインレビュー（DR）などに活用できるだけでなく、顧客から公差計算の結果を教えてほしいと求められた場合にも即座に対応できる。公差設計に取り組んでいる先進企業は、モジュールの設計を外注した場合などに公差計算書を出すことを要求するようになってきている。

10.2.2　3次元モデルを使って公差検討

表計算ソフトを用いる公差計算シートの活用

は、取り組み始めやすい半面、計算式の定義などは手作業となる。自ら考えねばならない部分が多いため、公差設計の本質を習得するという意味では効果が大きいものの、ある程度のレベルに達した設計者なら「もっと便利なツールはないのか」と言いたくなるだろう。

特に、3次元CADを設計ツールとして導入している場合は、公差検討も3次元CADと連携して実施したくなる。そこで今後、利用が確実に拡大していくのが3次元公差解析ツールだ。3次元CADとの連携が強まるなど、公差解析ツールの使い勝手はここ数年で大幅に向上している。

前述したローランドDGの事例では、公差の計算に3次元公差解析ツールを使っている。同社の杉山氏は「(現状のツールで) できる部分とできない部分があるので工夫は必要。しかし、公差解析の結果が3次元CADデータの中に残るのは有用だ」と、そのメリットを強く感じている。公差を決めた根拠に関する情報を3次元データとは別に保管すると、後で参照しづらいからだ。

アスリートFAも、公差解析ツールの有用性を認める。「現在、公差設計が定着していない理由の一つは、レバー比やガタなどを含む計算が複雑で、手計算では時間がかかり過ぎること。3次元CADとの連携が可能な公差解析ツールの評価を急いでいる」(同社開発設計部3DCAD推進G課長の土橋美博氏)。

同社ではツールベンダーなどと共同で、公差解析ツールの使いこなしについて検討するプロジェクトを推進中。「他社に先んじて活用ノウハウを蓄積できれば、大きなアドバンテージになる」(同氏) と意気込む。今後は、公差解析ツールと構造解析などのCAEツールを連携させるニーズも高まってこよう。公差解析ツールでは基本的に、各部品のバラつきによってアセンブリが幾何学的にどう変化するのかを計算する。これによって強度や変形量などがどう変化するかは、別に検討しなくてはならない。

10.2.3 公差解析の結果

第6章の例題4では手計算で行った公差計算の結果を、各種公差解析ソフトを用いて同じ解析を実施した結果を紹介する。**図10-15**は公差計算シート（表計算ソフトを活用）による計算結果、**図10-16**～**図10-19**は3次元公差解析ツールによる計算結果だ。いずれも同じ解析結果（値）が得られている。

第10章

公差計算シート（Microsoft Excelで作成）

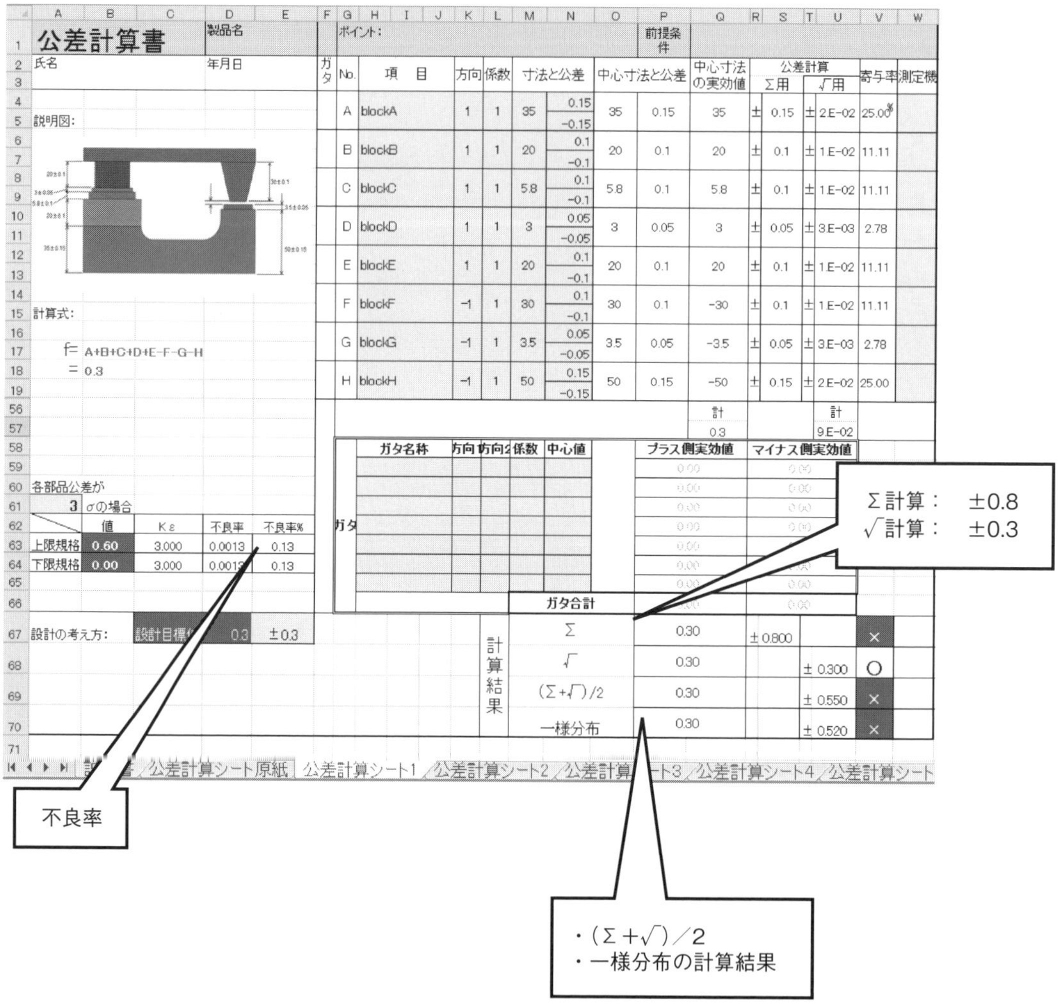

図 10-15 公差計算シートによる計算結果

3DCS（米Dimensional Control Systems社）

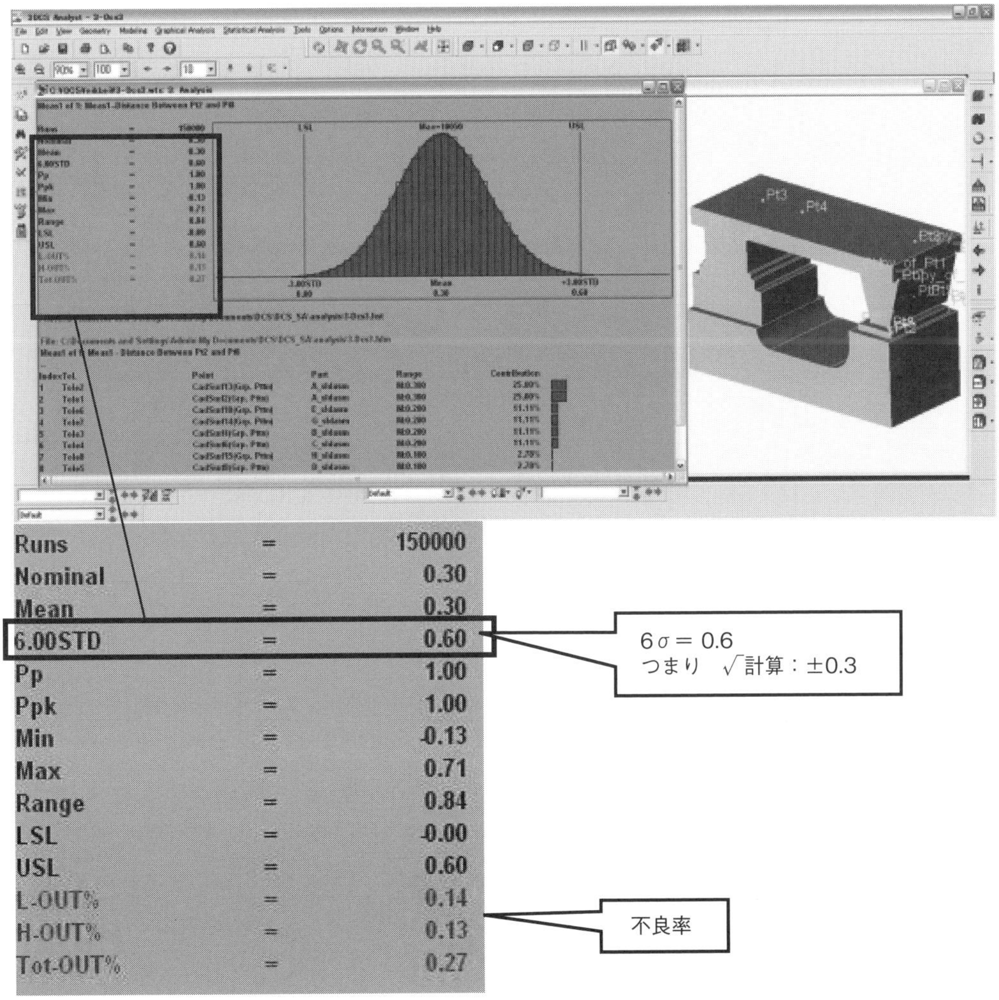
Runs = 150000
Nominal = 0.30
Mean = 0.30
6.00STD = 0.60
Pp = 1.00
Ppk = 1.00
Min = -0.13
Max = 0.71
Range = 0.84
LSL = -0.00
USL = 0.60
L-OUT% = 0.14
H-OUT% = 0.13
Tot-OUT% = 0.27
6σ = 0.6
つまり √計算：±0.3
不良率

※ファソテックの了解のもとで掲載。

図 10-16 「3DCS」による計算結果

CETOL 6σ（米Sigmetrix社）

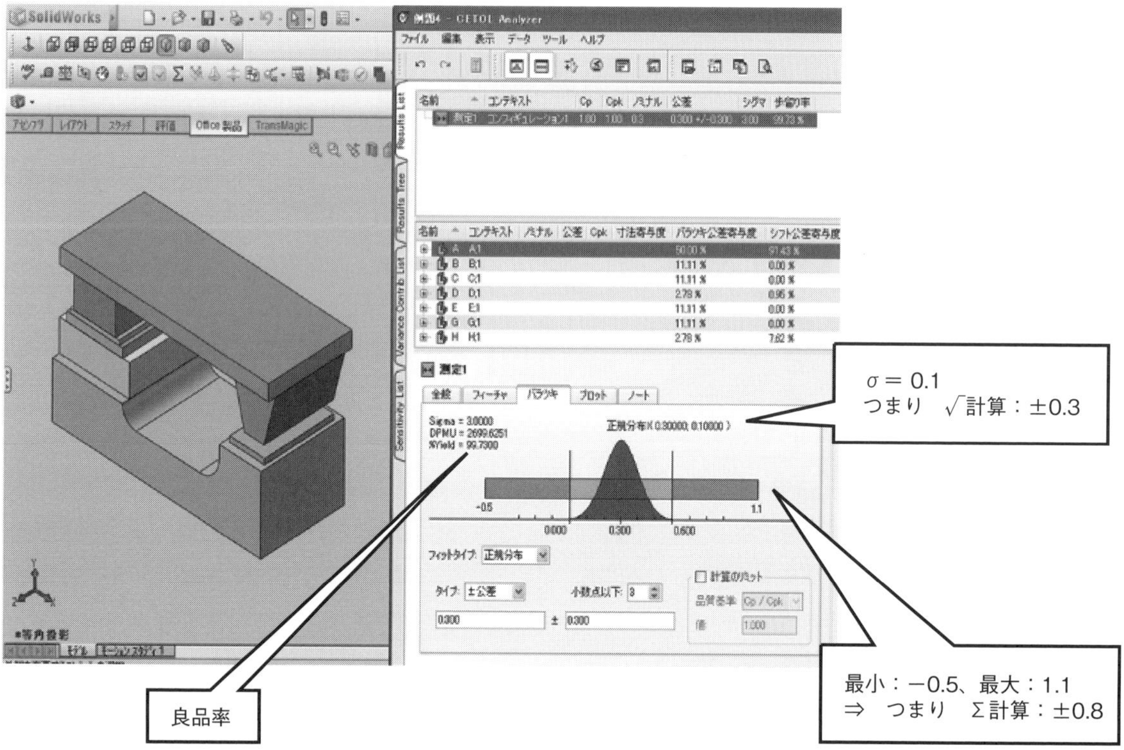
σ = 0.1
つまり √計算：±0.3
最小：−0.5、最大：1.1
⇒　つまり　Σ計算：±0.8
良品率

※サイバネットシステムの了解のもとで掲載。

図 10-17　「CETOL 6σ」による計算結果

TolAnalyst（米Dassault Systemes SolidWorks社）

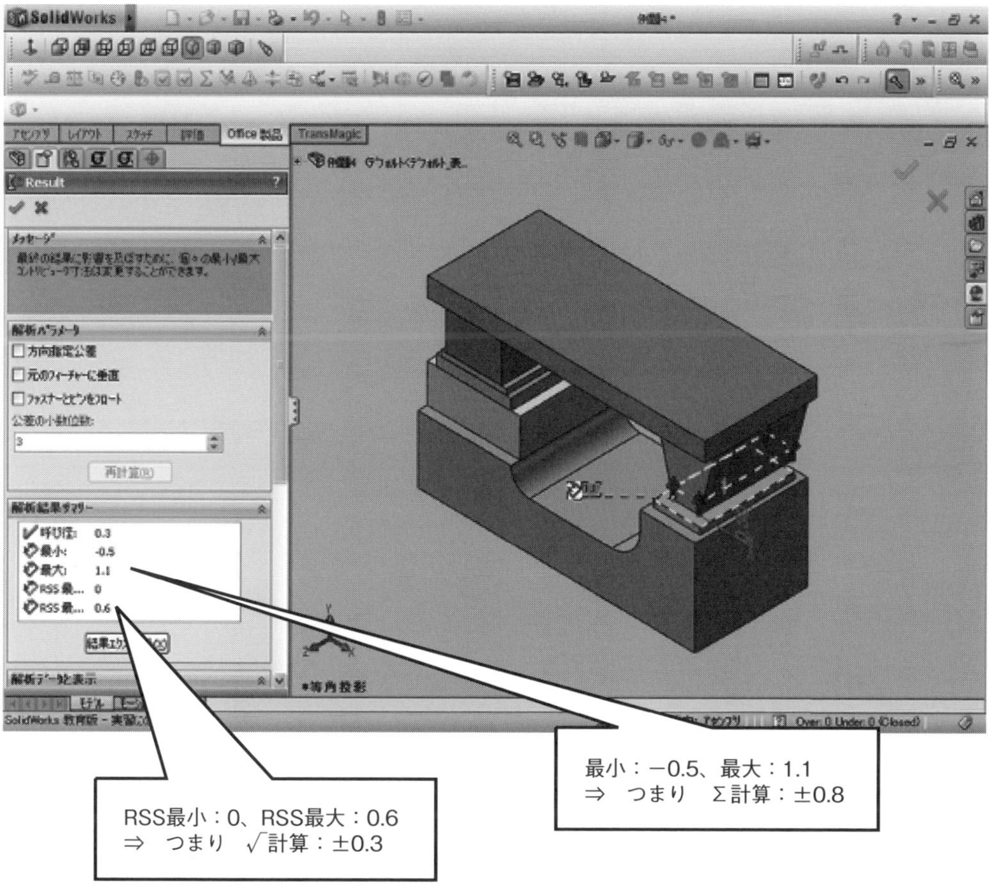
SolidWorks
Result
TransMagic
Office 製品
解析パラメータ
方向指定公差
元のフィーチャーに垂直
ファスナーとピンをフロート
解析結果サマリー
呼び値: 0.3
最小: -0.5
最大: 1.1
RSS 最... 0
RSS 最... 0.6
*等角投影
最小：−0.5、最大：1.1
⇒　つまり　Σ計算：±0.8
RSS最小：0、RSS最大：0.6
⇒　つまり　√計算：±0.3

※ソリッドワークス・ジャパンの了解のもとで掲載。

図 10–18　「TolAnalyst」（SolidWorks Premium に搭載）による計算結果

Variation Analysis（米Siemens PLM Software社）

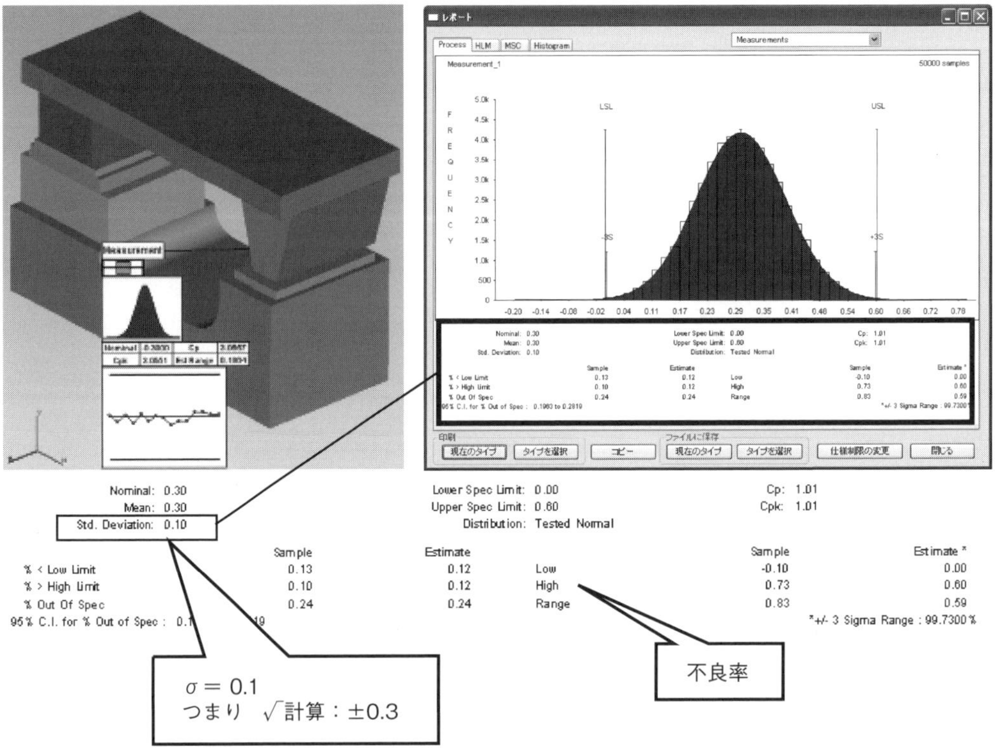

※電通国際情報サービスの了解のもとで掲載。

図 10-19　「Variation　Analysis」による計算結果

10.3　電子回路の公差設計

電子回路の設計において、部品の特性のばらつき方を統計的に考えて、部品コストを削減しようという動きが広まっている。これまでは、特性の中心値と最悪値を使って計算していることが多かったというあるメーカーの技術者は、「統計的な検討は、抵抗値や静電容量、インダクタンスなどの許容差を含むアナログ回路の検討に適している」と期待を寄せる。正確な公差設計ができれば、利用価値は高い。

10.3.1　調整部品を無くす

バラつきは、機械部品の大きさや形状の寸法公差だけでなく、電子部品の特性にも存在する。機械部品であれば、設計段階で各部品の公差を設定することが可能だが、電子部品は調達、購入することが多い。このため、許容差や公差として部品メーカーが決めた値を使って、いかに効率良く回路設計（部品の選択）を行うかが重要となる。

機械部品と同じく、電子部品でも公差が小さい部品ほど基本的には高価だ。電子回路における公差設計をきちんと実施し、適切な公差の部品を選択することはコスト低減に直結する。ここで重要なのが、単に公差の許容限界値に基づいた検討をするのではなく、バラつきを統計的に処理する方法を採用することである。さらに、電子回路の公差設計では、機械部品とは少し異なった考え方を活用する必要もある。

複数の部品で電子回路を構成した場合、各部品の特性は公差内でバラつく。これら特性値が異なる部品が、どのように組み合わされるのかという考え方によって、電子回路を構成する部品のトータルコストは変わってくる。その1つが、調整用部品の有無だ（図10-20）。

調整用部品が必要となる考え方では、最悪（バラつきが最大）の部品が組み合わせられることを前提とする。つまり、規格上限値の部品だけを組み合わせたケースと、規格下限値の部品だけを組み合わせたケースだ。両ケースでは、電子回路の特性が大きく異なるため、そのままでは製品の仕様を満足させることができない。

そこで、調整用部品を組み込んで、調整工程を経ることで目的の性能を出す。しかし、調整用部品のコストは調整機能がない固定部品よりもかなり高いし、調整作業に必要となる人のコストも大きい。調整用部品には可動部があるため、信頼性の点でも好ましくない。

そもそも、大量の部品をランダムに組み合わせることを考えると、規格上限値の部品ばかりが組み合わされる可能性はかなり低い。公差内でバラついているとはいっても、多くの部品の特性は公差の中央値付近で、上限値や下限値となる部品は少ない。公差中央値を平均とした正規分布となっていると考えるのが一般的だ。

そこで必要となるのが、各部品の特性の公差を統計的に考えること。これによって、特性を調整しなくてはならない範囲が狭まり、固定部品だけで回路を組むことが可能になる。

ただし、この方法を導入するには、複数の部品の公差を組み合わせた場合に、回路全体での特性がどのようにばらつくのかを計算することが必要になる。詳しくは後述するが、寸法公差のように、長さや距離といった同じ単位のものを合成するのではなく、電圧や電流、抵抗といったさまざまな単位を合成することに、電子回路の公差設計の難しさがある。

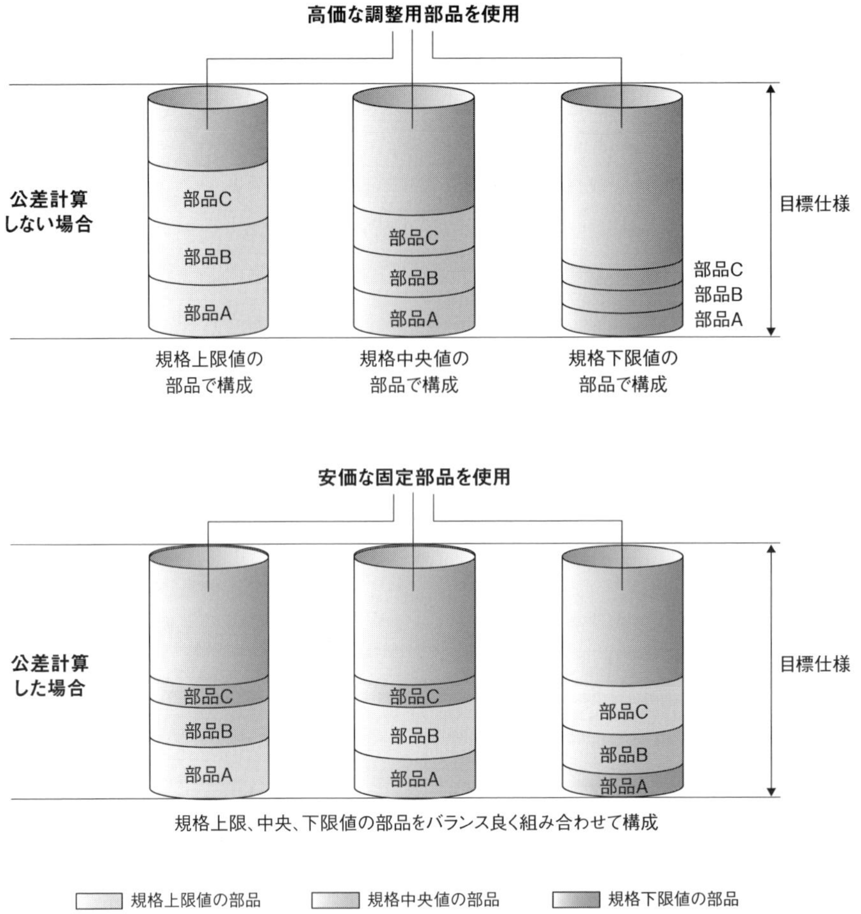

図 10-20　公差計算と調整部品

10. 3. 2　変化する公差範囲

もう1つ、冒頭でも述べたが、電子部品の場合は部品の特性や公差の値そのものを設計者が調整することはできない。例えば抵抗やコンデンサには標準数列というものがあり、抵抗値などの特性値とその許容差が決められている。市販されている部品の仕様（ラインアップ）は基本的に、標準数列に従って設定されている。その代表例が「JIS C 5063：抵抗器及びコンデンサの標準数列」だ（**表 10-1**）。

JIS C 5063におけるE3系列では許容差は40％、E12系列では10％、E24系列では5％と決められている。特性値の間隔は、10、15、22、33といった具合に数値が大きくなるほど広がる。許容差が特性値に対する百分率で定義されているので、これらの数値の間をちょうど、補完する形になる（**図 10-21**）。

つまり、同じ系列（許容差）の部品であっても、10±2と33±6.6というように、公差の大きさは異なる。電子回路で各部品の公差を合成する際には、この値を用いて計算していくことになる。

さて、ここからは公差を合成する方法について、説明しよう。機械部品では複数の部品の公差を統計的に合成する不完全互換性の方法

表 10-1 JIS C 5063 の標準数列

E3	E6	E12	E24	E48		E96			
許容差 40%	許容差 20%	許容差 10%	許容差 5%	許容差2%		許容差1%			
10	10	10	10	100	105	100	102	105	107
			11	110	115	110	113	115	118
		12	12	121	127	121	124	127	130
			13	133	140	133	137	140	143
	15	15	15	147	154	147	150	154	158
			16	162	169	162	165	169	174
		18	18	178	187	178	182	187	191
			20	196	205	196	200	205	210
22	22	22	22	215	226	215	221	226	232
			24	237	249	237	243	249	255
		27	27	261	274	261	267	274	280
			30	287	301	287	294	301	309
	33	33	33	316	332	316	324	332	340
			36	348	365	348	357	365	374
		39	39	383	402	383	392	402	412
			43	422	442	422	432	442	453
47	47	47	47	464	487	464	475	487	499
			51	511	536	511	523	536	549
		56	56	562	590	562	576	590	604
			62	619	649	619	634	649	665
	68	68	68	681	715	681	698	715	732
			75	750	787	750	768	787	806
		82	82	825	866	825	845	866	887
			91	909	953	909	931	953	976

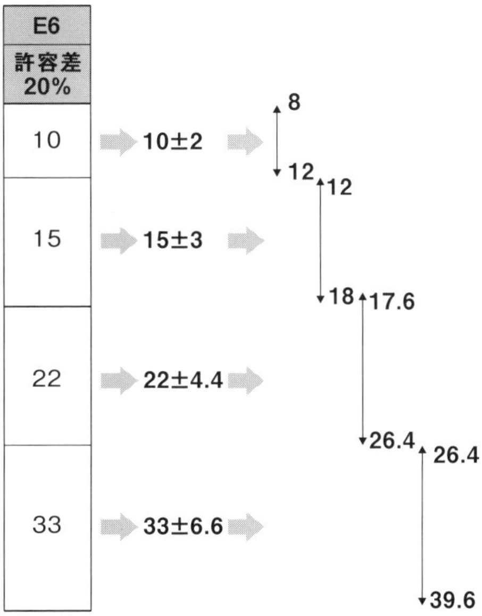
E6
許容差 20%
10
10±2
8
12
15
15±3
12
18
22
22±4.4
17.6
26.4
33
33±6.6
26.4
39.6

図 10-21 E6 系列の範囲

($\sqrt{\ }$計算）を使う場合、分散の加法性を適用する。電子部品でも、単純な足し算となる特性値に対しては、同様の方法が使える。

例えば、2つの抵抗 R_1（抵抗値が R_1 で、公差が $\pm r_1$）と R_2（抵抗値が R_2 で、公差が $\pm r_2$）が直列に接続されている場合を考えてみる。この場合の合成抵抗 R_X は、

$$R_X = R_1 + R_2$$

で表せる。公差に関しては、分散の加法性を適用して、

$$r_X = \sqrt{{r_1}^2 + {r_2}^2}$$

となる。

これを応用して、先ほどのJIS C 5063のE6系列の抵抗を使って、30Ωの抵抗をつくることを考えてみる。30Ωとするには、10Ωの抵抗を3つ使うか、15Ωの抵抗を2つ使うかだ。いずれも、合成抵抗は30Ωで違いはない。

さて、10Ωの抵抗を使った場合は、許容差20%（±2Ω）なので、3つを合成した公差は

$$\sqrt{2^2 + 2^2 + 2^2} = 2\sqrt{3}$$

となる。一方、15±3Ωの抵抗を2つ使った場合は、

$$\sqrt{3^2 + 3^2} = 3\sqrt{2}$$

となり、両者の値は異なってくる。同じ系列の部品を使っても、回路全体での公差計算結果が異なってくるのだ。

このように、直列に並んだ抵抗の公差を合成するのには分散の加法性が適用できるが、実際の電子回路ではさまざまな部品が複雑に関係する。特に、公差を単純に足し合わせるのではなく、乗算や除算が含まれる場合には、分散の加法性を適用できない。

そのような場合には、テイラー展開によって、公差分だけ変化したときの回路特性の値を導き出す。さらに、数式がかなり複雑になる場合にはモンテカルロ法シミュレーションを適用することになる（図10–22）

10.3.3　数式をテイラー展開

例えば、図10–23のような回路を考えてみる。ここで、V_{OUT} は出力電圧、R_1 と R_2 は抵抗、V_{SENSE} は抵抗 R_2 の両端の電圧である。

$$V_{OUT} = V_{SENSE} \times (R_1 + R_2) / R_2$$

となり、このような場合には分散の加法性を適用できない。除算が入っているためだ。そこで、上の数式をテイラー展開する。まず、それぞれの平均値と公差は μ または T に下付き文字を添えて表す。つまり、

$$V_{OUT} = \mu_{VO} \pm T_{VO}$$
$$V_{SENSE} = \mu_{VS} \pm T_{VS}$$
$$R_1 = \mu_{R1} \pm T_{R1}$$
$$R_2 = \mu_{R2} \pm T_{R2}$$

求めたいのは、V_{OUT} の公差 T_{VO} である。そこで参考にするのが次式だ。幾つかの正規分布（分散は ${\sigma_{Xi}}^2$）をテイラー展開を用いて表したものである。

$${\sigma_y}^2 = \sum_{i=1}^{n} \left(\frac{\partial f}{\partial Xi} \right)^2 \cdot {\sigma_{Xi}}^2$$

公差は、$\sqrt{\ }$計算を用いる場合、分散の平方

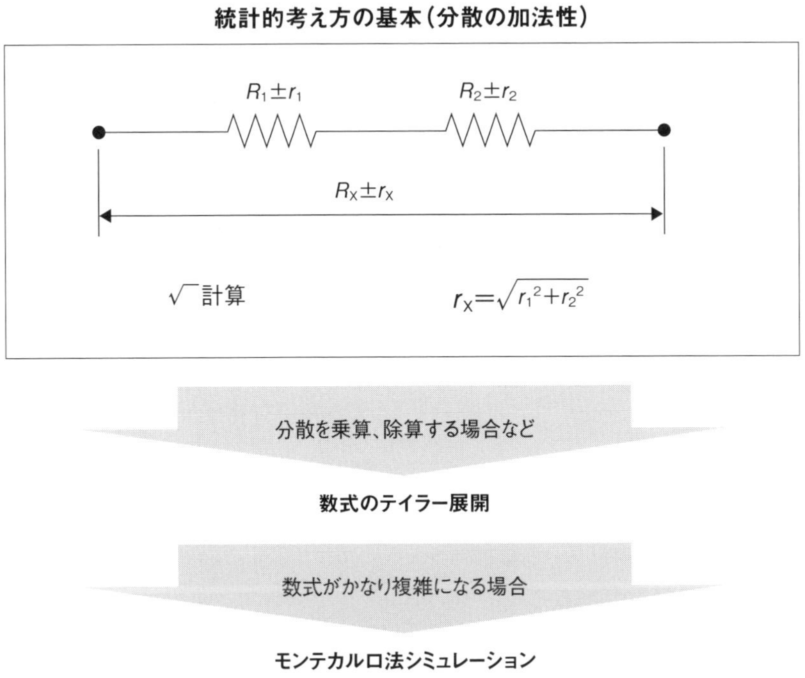
統計的考え方の基本（分散の加法性）
$R_1 \pm r_1$
$R_2 \pm r_2$
$R_X \pm r_X$
√ 計算
$r_X = \sqrt{r_1^2 + r_2^2}$
分散を乗算、除算する場合など
数式のテイラー展開
数式がかなり複雑になる場合
モンテカルロ法シミュレーション

図 10-22　電子回路における公差計算の手法

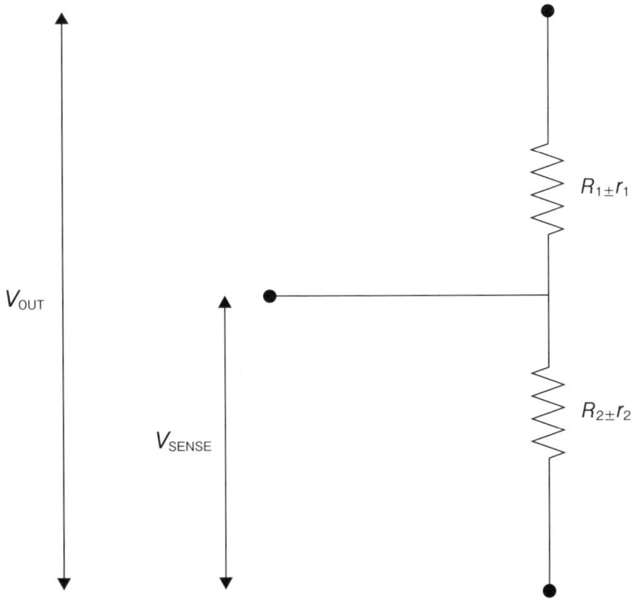
$R_1 \pm r_1$
$R_2 \pm r_2$
V_{OUT}
V_{SENSE}

図 10-23　テイラー展開で計算する回路図

根（標準偏差）の倍数となっていることが多い。従って、公差と分散の平方根は比例関係にあるので、公差も上式に当てはめて導ける。すなわち、

$$
\begin{aligned}
T_{VO}{}^2 &= \sum_{i=1}^{3}\left(\frac{\partial V_{OUT}}{\partial Xi}\right)^2 \cdot T_{Xi}{}^2 \\
&= \left(\frac{\partial V_{OUT}}{\partial V_{SENSE}}\right)^2 \cdot T_{VS}{}^2 + \left(\frac{\partial V_{OUT}}{\partial R_1}\right)^2 \cdot T_{R1}{}^2 \\
&\quad + \left(\frac{\partial V_{OUT}}{\partial R_2}\right)^2 \cdot T_{R2}{}^2 \\
&= \left(\frac{R_1}{R_2}+1\right)^2 \cdot T_{VS}{}^2 + \left(\frac{V_{SENSE}}{R_2}\right)^2 \cdot T_{R1}{}^2 \\
&\quad + \left(-\frac{V_{SENSE} \cdot R_1}{R_2{}^2}\right)^2 \cdot T_{R2}{}^2
\end{aligned}
$$

となる[10]。各要素でV_{OUT}を偏微分して２乗し、その要素の分散を掛ける。これを、それぞれに要素で計算して足し合わせるわけだ。

ここに、具体的な数値を代入することで、出力電圧V_{OUT}の公差T_{VO}が求められる。例えば、R_1＝2500±24.905Ω、R_2＝800±7.9Ω、V_{SENSE}＝0.8×0.028V とした場合のT_{VO}は、

$$T_{VO} = \pm\sqrt{0.01457} = \pm 0.1207\text{V}$$

と計算できる。

10.3.4　ランダムに数値を代入

テイラー展開も、数式が複雑になってくると計算が煩雑になる。そこで有用なのがモンテカルロ法だ。正規分布となる乱数を発生させ、それらを数式に代入して計算する。

つまり、V_{SENSE}やR_1、R_2で具体的な数値を発生させ、それらをランダムに組み合わせる。実際の部品を組み合わせたことをシミュレーションすると考えればよい。計算は数千回行うことで、妥当な結果を得られる。

特に、最近はコンピュータの計算処理能力も向上しており、膨大な時間が必要なわけではない。逆に、テイラー展開では数式を間違ったり、途中の計算を間違ったりする危険性もあるので、モンテカルロ法シミュレーションは手軽で間違いの少ない方法ともいえる。

10.3.5　部品の公差を把握する

電子部品の公差計算を実施する上では、各部品のバラつき方を正確に把握する必要がある。基本的には、規格幅を標準偏差の６倍（±3σ）として考えるが、日本の部品メーカーでは、それよりも工程能力が高いことがある。前述の標準数列に基づいた部品でも、実際には１段階厳しい許容差を満たしている場合も少なくない。厳密に公差設計するためには、単に公差の規格幅だけでなく、その規格幅の工程能力も把握することが必要だ。

では、実際のバラつき方を把握するにはどうしたらよいか。１つには、部品メーカーと交渉して、情報を開示してもらったり、契約時に工程能力を明記したりする。しかしこれは、大量の部品を購入する場合など、部品メーカーに対して強い立場になければ難しい。カタログなどを見て市販の部品を購入する場合には、こうはいかない。

そのような場合には、受け入れ検査を通して自社で把握することになる。全量検査は無理でも、適切な方法でサンプルを抽出すればバラつき方は把握できる。

[10]　ここでは、X1＝V_{SENSE}、X2＝R_1、X3＝R_2とする。

また、電子部品の場合には必ずしも公差が厳しい（精度が高い）部品のコストが高くなるとは限らない。「市場に多く出ている主流のスペックが何なのかを把握し、それを前提に設計する」（電子機器の設計者）というように、最も安い部品の公差を知ることも大切だ。

おわりに

私が公差設計を柱に独立・起業して、はや10年。当時は耳を傾けてくれる方が少なかった公差設計が、今では多くの企業で本格的な取り組みが始まっている。10年間で1万人を超える設計者が私の講義を聴いてくれているが、特に「公差設計は当然やっている」という方が一番喜んでくれている。

「自分がやってきたことは正しかったんだ。これで自信を持ってやっていけるし、部下にも教えられる」と言ってくれ、さらに「自分は10年以上かけ、失敗しながらも公差設計のスキルを何とか身に付けてきたが、ここにいる参加者はたった2日間でそれを習得できる」は、特に嬉しい言葉である。そういった意味では、日本全国で30万人いると言われている機械系設計者の多くの方が喜んでくれると確信している。

私自身が「10年間やれば必ず花開く」をモットーとしてきただけに、それを再確認するとともに、ちょうど丸10年の記念にと本書を執筆させていただいた。

設計・技術者にとって、公差とは一生の付き合いとなる。本書で基礎を固めて、おおいに実践を積んで行ってほしい。また、3次元公差解析ソフトについても、設計者の負担軽減のためにも今後のますますの発展に期待している。

最後になって恐縮だが、(株) プラーナーのシニアコンサルタントである岡田高美氏（統計）と高戸雄二氏（幾何公差）には多大な協力をいただいた。両氏に心より感謝の意を表したい。

栗山　弘

初出一覧

以下の章は、一覧の記事を再編集した上で掲載したものです。記事は執筆当時の情報に基づいており、現在では異なる場合があります。

第0章　中山力,「公差 再入門 Part 1／Part 2」, 日経ものづくり, 2009年6月号, 特集, pp. 34–41.
第1章　栗山弘,「第1回：トータルコストを考える」, 日経ものづくり, 2008年1月号, ベーシック公差設計, pp. 122–126.
栗山弘,「第2回：工程能力を見積もる」, 日経ものづくり, 2008年2月号, ベーシック公差設計, pp. 135–139.
栗山弘,「第3回：公差設計の実践」, 日経ものづくり, 2008年3月号, ベーシック公差設計, pp. 123–126.
第10章　中山力,「公差 再入門 Part 3／Part 4」, 日経ものづくり, 2009年6月号, 特報, pp. 42–49.
中山力,「公差解析で品質／コストを最適化」, 日経ものづくり, 2010年5月号, 特報, pp. 50–55.
中山力,「公差設計で安価な電子部品を使う」, 日経ものづくり, 2011年11月号, 特報, pp. 72–76.

参考文献

1. 栗山弘ほか（2008）　3次元CADから学ぶ機械設計入門, 森北出版.
2. 栗山晃治ほか（2009）「公差設計」スキルアップ講座, 工学研究社
3. JIS B0001　機械製図, 日本規格協会.
4. JIS B0021　製品の幾何特性仕様（GPS）－幾何公差表示方式－, 日本規格協会.
5. JIS B0022　幾何公差のためのデータム, 日本規格協会.
6. JIS B0023　製図－幾何公差表示方式－, 日本規格協会.
7. JIS B0024　製図－公差表示方式の基本原則－, 日本規格協会.
8. JIS B0401-1 寸法公差及びはめあいの方式, 日本規格協会.
9. JIS B0405　削り加工寸法の普通許容差, 日本規格協会.
10. JIS Z8317　製図－寸法記入方法－, 日本規格協会.
11. JIS Z8318　製図－長さ寸法及び角度寸法の許容限界記入方法, 日本規格協会.
12. 公差設計のための統計的手法（2005）、岡田高美, プラーナー.
13. 知らなきゃ困る幾何公差（2009）, 高戸雄二, プラーナー.

イラスト

モリナガカツトシ

索　引

〈数字〉

3次元単独図 ……… 101
3次元公差解析 ……… 88, 165
三次元測定機 ……… 107, 123, 127
4M ……… 61

〈アルファベット〉

C

Cp →工程能力指数
Cpk →工程能力指数

F

FMEA ……… 27, 40

K

Kε ……… 21, 71

〈その他の記号〉

ε ……… 21, 71
μ→平均値
σ→標準偏差

〈かな〉

い

一様分布 ……… 9, 92

か

片側規格 ……… 78
管理図 ……… 55
ガタ ……… 25, 135

き

幾何公差 ……… 95, 136
許容範囲 ……… 13, 32, 65, 120
規準化 ……… 71
寄与率 ……… 161

け

計数値データ ……… 57
計量値データ ……… 57
検図 ……… 38, 79
罫書き ……… 100

こ

公差記入枠 ……… 104, 123
公差計算 ……… 16, 24, 31, 79, 131, 151
公差設計のPDCA ……… 13, 91
公差とコスト線図 ……… 36
工程能力 ……… 18, 73
工程能力指数 ……… 18, 73
互換性の方法 ……… 17, 81
コスト転換点 ……… 35

さ

座標寸法記入法 ……… 53
三平面データム系 ……… 112
最小自乗法 ……… 110
サンプル ……… 67, 147
最大実体公差方式 ……… 116

し

実用データム形体 ……… 106
重点管理ポイント ……… 40

主投影図……47
定盤……103
自由度……68
上限規格……71

す

寸法公差方式……43, 54
寸法線……50
数値データ……57

せ

正規分布……17, 65
設計目標値……31, 91

そ

測定点……127

た

ダイヤルゲージ……101
端末記号……50

ち

直列寸法記入法……52
調整型抜取検査……146

て

データム……105

と

統計的手法……18, 60, 143
特性値……59
度数分布表……62
独立の原則……109

ぬ

抜取検査……146

は

ばらつき……1, 13, 32, 60, 65

ひ

ヒストグラム……62
標準正規分布……19, 69
標準偏差……17, 69
品質管理……55, 123
品質マネジメントシステム……143

ふ

普通公差……54
不完全互換性の方法……17, 81
不良率……19, 71, 147
分散……17, 81
分散の加法性……17, 79

へ

並列寸法記入法……52
平均値……21, 68, 81

ほ

母集団……67, 149
母数……67, 149

も

モンテカルロ法……92

る

累進寸法記入法……52

れ

レバー比……24, 133

〈著者経歴〉

栗山　弘（くりやま　ひろし）

株式会社プラーナー　会長

セイコーエプソンを経て2001年にプラーナーを設立。数々の世界初・業界初の商品開発を行い特許出願数は約300件。公差設計を主体に設計・技術者教育を展開、企業の商品開発や人材育成を支援するとともに、信州大学非常勤講師、3次元設計能力検定協会理事を務める。著作は、「今すぐ実践！公差設計」（共著、工学研究社）、「3次元CADから学ぶ機械設計入門」（共著、森北出版）、「マンネリ設計を打破する発想法・企画法の新活用術」「適切な公差の設定と解析手法を理解する」（機械設計、日刊工業新聞社）、「ベーシック公差設計」（日経BP）など多数。

〈協力〉

㈱プラーナー　シニアコンサルタント　岡田　高美
㈱プラーナー　シニアコンサルタント　高戸　雄二

コストと品質のバランスを最適化する
設計のムダ取り　公差設計入門

2011年11月16日　初版第1刷発行
2023年3月6日　初版第7刷発行

著　者　栗山　弘

編　集　日経ものづくり

発行者　小向将弘

発　行　株式会社日経BP

発　売　株式会社日経BPマーケティング
〒105-8308　東京都港区虎ノ門4-3-12

装　丁　市川事務所（市川美野里）

制作・印刷　美研プリンティング

ISBN 978-4-8222-3133-0